李百平 王芳 编著

U0117699

Network Video

网络视频教学
同步指导

Sibelius
入门到精通

史上功能最强音乐制谱软件操作全攻略

CnS
PUBLISHING & MEDIA
中南出版传媒

湖南文艺出版社

图书在版编目(CIP)数据

sibelius入门到精通/李百平，王芳编著.—长沙：湖南
文艺出版社，2011.9
ISBN 978-7-5404-5035-9

Ⅰ.①s… Ⅱ.①李… ②王… Ⅲ.①作曲—应用软
件—教材 Ⅳ.①J614.8

中国版本图书馆CIP数据核字（2011）第131838号

作者介绍

李百平

　　毕业于广西师范大学音乐学院，多年从事相关专业的研究与教学，努力推进国外音乐软件和打谱软件中文化进程，汉化翻译的作曲及打谱软件Finale、Sibelius、Encore等已在全国各地多所音乐院校、教育机构以及出版单位使用，创办中国MIDI网站，发布大量打谱软件教学文章与视频教学。

王 芳

　　毕业于华南师范大学教育学院，参与本书编写，为软件中专业术语提供翻译及校对，参与多个软件的汉化。

中国 MIDI 网站
http://www.cnmidi.org

中国MIDI网站（http://www.cnmidi.org）创办于2004年，是国内创建较早的专业打谱网站，网站汇集了国内外职业作曲家、大中专音乐院校教师、出版社等相关人士，网站的建站宗旨是搭建网络交流平台，在国内推广国际著名作曲软件Finale和Sibelius等。

Sibelius入门到精通

编　　著: 李百平 王 芳

出 版 人: 刘清华
责任编辑: 何征 ☎(0731)8598 3118
　　　　　 ✉ Music-he@163.com
　　　　　 柯 俊
封面设计: 黄勋

湖南文艺出版社出版、发行
（长沙市雨花区东二环一段508号 邮编410014）
湖南省新华书店经销
湖南省长沙丰华印刷厂

2011年10月第1版第1次印刷
开本: 16开　印张: 18.5
字数: 380，000

书号: ISBN 978-7-5404-5035-9
定价: 45.00元

音乐部网址： http://www.hnwy.net/music/
邮购电话： （0731）8598 3102
传真： （0731）8598 3016　联系人：李莉莉

若有质量问题，请直接与本社出版科联系

前 言
Preface

  Sibelius 是一款功能强大的乐谱排版和作曲软件，全世界绝大部分作曲家在使用 Sibelius 进行音乐创作。由于目前国内关于 Sibelius 的教学资源十分稀缺，广大使用者十分迫切需要相关的教学引导，以更快更好地为自己的工作服务。应广大 Sibelius 使用者的需求，我们精心准备，编辑出版本教材，以丰富国内同类软件的教学资源，服务广大音乐爱好者。

  作者多年从事相关专业教学与研究，并阅读大量国内外相关电脑音乐知识，由作者翻译的电脑音乐软件和相关教学内容已在国内多所专业音乐院校和教育机构使用，作者在多年的工作与教学过程中积累了十分丰富的教学经验和软件使用方法。

  本书具有以下四大特点：

  ·结合 Sibelius 使用者使用思维，深入浅出；

  ·结合 Sibelius 使用者学习习惯，每步操作配有详细说明图片；

  ·中英文并举，满足语言方面不同使用者的需求；

  ·Sibelius 操作问答，十分具有针对性；

  通过学习本教材，可以让您在最短的时间内迅速掌握 Sibelius 的功能，以便使用 Sibelius 快捷、方便、灵活地创作出自己心中想要的任何风格的音乐，并可以使用 Sibelius 将您制作的音乐作品以最专业的标准出版印刷。

  本教材的内容及章节安排，均按照国内大中专音乐院校教师教学的思维编写，内容由浅入深，章节由局部到整体，是国内各大中专院校教师教学与学生自学必不可少的专业教材，同时也是广大音乐爱好者非常好的自学教材，特向大家大力推荐。

  国内电脑音乐起步较晚，许多技术理论尚未普及，能够在这个过程中为中国电脑音乐事业添砖加瓦，是笔者最大的荣幸。如果您因学习本教材而有所收益，这也将是笔者最大的快乐。

  让我们一起走进神奇而美妙的 Sibelius 音乐世界。

编 者

2011 年 8 月

目 录
Contents

第一章　认识 Sibelius

1.1　软件介绍 002
1.2　文件菜单 006
1.3　编辑菜单 010
1.4　视图菜单 011
1.5　音符菜单 014
1.6　创建菜单 015
1.7　播放菜单 018
1.8　布局菜单 021
1.9　排版样式菜单 024
1.10　插件菜单 028
1.11　其他菜单 029
1.12　音频和 MIDI 设置 032

第二章　新建与保存乐谱

2.1　新建向导 040
 2.1.1　快速启动 040
 2.1.2　使用和定义五线谱模板 041
 2.1.3　选择排版样式 043
 2.1.4　拍号和速度 044
 2.1.5　符尾和休止符群组方式 045
 2.1.6　调号 048
2.2　打开 MIDI 文件 049
 2.2.1　MIDI 文件参数设置 049
 2.2.2　记谱 051
2.3　导入 XML 文件 053
 2.3.1　MusicXML 文件 053
 2.3.2　导入 MusicXML 文件 053
 2.3.3　MusicXML 文件的局限性 055
2.4　打开其他版本 Sibelius 文件 056

2.5　合并乐谱 059
 2.5.1　合并乐谱 059
 2.5.2　注意事项 060
2.6　保存文件 061

Contents

2.6.1　保存 sib 文件 061

2.6.2　保存音频文件 061

2.6.3　图形 063

2.6.4　导出模板 068

2.6.5　导出 MIDI 文件 068

2.6.6　保存为网页乐谱页面 069

2.6.7　保存低版本 Sibelius 文件 072

2.7　打印乐谱 073

2.7.1　打印 073

2.7.2　参数介绍 073

2.7.3　打印所有分谱 074

第三章　音符输入与编辑

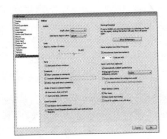

3.1　鼠标输入 076

3.1.1　适用对象 076

3.1.2　鼠标输入法的优缺点 076

3.1.3　使用方法 076

3.1.4　小键盘介绍 077

3.1.5　键盘字母输入音符 078

3.2　键盘输入 080

3.2.1　适用对象 080

3.2.2　键盘输入法的优缺点 080

3.2.3　准备工作 080

3.2.4　实时录制选项设置 081

3.2.5　录制 083

3.3　综合输入法 084

3.3.1　适用对象 084

3.3.2　输入法的优缺点 084

3.3.3　准备工作 084

3.3.4　音符的输入 084

3.3.5　休止符的输入 086

3.4　谱号、调号、拍号 088

3.4.1　谱号 088

3.4.2　调号 090

3.4.3　拍号 092

3.5　音符与和弦的输入 098

3.5.1　多连音的输入 098

3.5.2　倚音 102

3.5.3　提示音 102

3.5.4　多声部音符 103

3.5.5　符头样式 103

3.5.6　临时升降记号 106

3.5.7　和弦 107

Sibelius 6

Contents

3.6 音符群组与跨行音符 110
  3.6.1 音符群组 110
  3.6.2 跨行音符 111
3.7 自由节奏 113
  3.7.1 修改拍号 113
  3.7.2 隐藏小节线 114
3.8 移调与移调乐器 115
  3.8.1 调号移调 115
  3.8.2 音程移调 116
  3.8.3 移调调号 116
  3.8.4 快速移调 118
  3.8.5 移调乐器 119
3.9 谱面元素选中状态介绍 120
  3.9.1 选择音符 120
  3.9.2 选择小节 121
  3.9.3 选中一件或多件乐器 121

3.10 显示与隐藏谱面元素 123
  3.10.1 布局标记 123
  3.10.2 页边距 123
  3.10.3 标尺 123
  3.10.4 编辑手柄 124
  3.10.5 查看与隐藏对象 124

第四章　文本、符号

4.1 文本分类 126
  4.1.1 五线谱文本 126
  4.1.2 五线谱组文本 127
  4.1.3 空白页面文本 128
4.2 插入乐谱信息 130
  4.2.1 乐谱信息对话框 130
  4.2.2 创建乐谱信息 131
  4.2.3 使用通配符 133
4.3 歌词 140
  4.3.1 输入歌词 140
  4.3.2 编辑歌词 143
4.4 表情符号与演奏技法 146
  4.4.1 表情符号 146
  4.4.2 演奏技法 148

4.5 插入其他文本 150
  4.5.1 节拍器标记与速度文本 150
  4.5.2 铜管与弦乐指法文本 150
  4.5.3 小文本和带边框文本 151
  4.5.4 版权文本 151

Contents

4.5.5 页眉与页脚 151
4.5.6 罗马数字和弦级数 153
4.5.7 页码 154
4.5.8 反复记号 156

4.6 编辑和新建文本样式 157
4.6.1 编辑五线谱样式 157
4.6.2 新建五线谱样式 162

4.7 编辑与新建线样式 166
4.7.1 编辑线样式 166
4.7.2 新建线样式 168

4.8 排练标记 169
4.8.1 参数介绍 169
4.8.2 插入排练标记 170

4.9 插入、编辑与新建符号 171
4.9.1 插入符号 171
4.9.2 编辑与新建符号 172
4.9.3 定义 Keypad 面板上的符号 175

4.10 小节序号与五线谱名称 176
4.10.1 小节序号 176
4.10.2 五线谱名称 178

第五章　五线谱与排版

5.1 添加、删除与更换乐器 184
5.1.1 添加乐器 184
5.1.2 删除五线谱 185
5.1.3 提示乐谱 186
5.1.4 括弧与小节线 187
5.1.5 更改乐器 189

5.2 编辑五线谱乐器 190
5.2.1 编辑乐器对话框介绍 190
5.2.2 创建与删除乐器组 198
5.2.3 使用新建乐器组及乐器 201

5.3 调整五线谱细节 202
5.3.1 符尾位置 202
5.3.2 重复小节 206
5.3.3 连音线 208
5.3.4 渐强渐弱线 213
5.3.5 和弦样式 216
5.3.6 自定义和弦样式 218

5.4 调整五线谱间距 225
5.4.1 默认五线谱间距 225
5.4.2 手动调整五线谱间距 226
5.4.3 音符间距 226

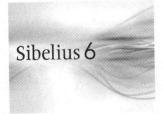

Sibelius 6

Contents

    5.4.4 对齐五线谱 232
5.5 磁性布局 234
5.6 调整页面小节数与谱行数 237
    5.6.1 自动分割 237
    5.6.2 手动分割 241
5.7 对齐谱面元素 248
5.8 文档设置 250
5.9 动态分谱 252
    5.9.1 生成分谱 252
    5.9.2 自定义分谱分组 252
    5.9.3 自定义分谱样式 253
5.10 模板与排版样式 257
    5.10.1 模板制作与使用 257
    5.10.2 导入与导出排版样式 258

第六章 播放

6.1 播放控制与软音源调用 262
    6.1.1 播放控制 262
    6.1.2 软音源调用 263
    6.1.3 导出音频 263
6.2 演奏符号音效设置 264
6.3 编曲功能及影视配乐 266
    6.3.1 编曲功能 266
    6.3.2 影视配乐 267

第七章 乐理试卷制作

7.1 乐理试卷制作 270
    7.1.1 音值组合题型 270
    7.1.2 音级标记题型 275
    7.1.3 空白五线谱制作 275
    7.1.4 标注音程与和弦类题型 275

第八章 常用插件介绍

8.1 常用插件介绍 278

第九章 常用操作问答

常用操作问答二十则 282

附录一 常用快捷键

附录二 GM 音色中英文对照表

第一章

认识 Sibelius

本章重点

1. 初步了解 Sibelius 菜单基本的功能
2. Sibelius 的音频播放设备的选择

本章主要内容概要

本章分两大部分，共十二节：

1. 第一部分主要介绍 Sibelius 各个操作界面和菜单，采用中英文对照的形式，对于 Sibelius 常规操作过程中用到的各项功能做一个初步介绍；

2. 第二部分主要介绍启动 Sibelius 后需要进行的基本设置。

第一章 认识sibelius

第二章 新建与保存乐谱

第三章 音符输入与编辑

第四章 文本、符号

第五章 五线谱与排版

第六章 播放

第七章 乐理试卷制作

第八章 常用插件介绍

第九章 常用操作问答

第一节 软件介绍

一、软件介绍

图 1.1.1 Sibelius 包装图

1978 年，就读于剑桥大学和牛津大学的双胞胎兄弟 Ben 和 Jonathan Finn 开始了 Sibelius 的开发工作，花费了六年的时间，开发了一个功能强大、智能的音乐程序。1993 年大学毕业的双胞胎兄弟开始创建公司，销售他们的音乐软件，客户遍及全球 100 多个国家。2006 年 Sibelius 被 Avid 公司收购，它是世界上最畅销的音乐软件。

Sibelius 功能强大、智能，操作简单，使用群体众多，包括学生、教师、作曲家、出版商等。

二、Sibelius 套装

一套 Sibelius 6 完整版包含以下程序：

· Sibelius 6 主程序

· Sibelius Sounds Essentials 采样音色库及音色库安装软件

· Sibelius Scorch 有声网页乐谱制作软件

· PhotoScore Lite 乐谱扫描识别软件

· AudioScore Lite 音频辨识软件

图 1.1.2 Sibelius 套装安装程序

· Sibelius 6 主程序

Sibelius 主程序提供 Sibelius 的各项操作功能，其他程序可以依据主程序为依托进行运行，使主程序的功能更加完善和强大，其操作界面如图 1.1.3 所示。

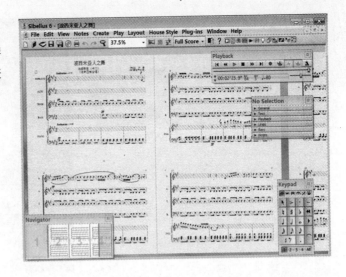

图 1.1.3 Sibelius 主程序界面

· Sibelius Sounds Essentials 采样音色库及音色库安装软件

这是 Sibelius 6 完整版附带的一套高品质音色库，Sibelius 可以读取调用这套音色库中的音色，并通过 Sibelius 软件内置的播放器进行播放，使用这套音色库中的音色可以更加完美的展现各种风格流派的音乐作品。如果您已经安装该高品质音色库，Sibelius 默认启用，无需设置，可以通过菜单 Play-Playback Devices 进行选择，如图 1.1.4 所示。

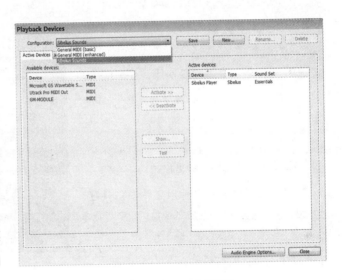

图 1.1.4 Essentials 音色库

· Sibelius Scorch 有声网页乐谱制作软件

西贝柳斯有声网页乐谱制作软件是一套免费网页浏览器插件，它允许任何人查看、回放、改变的调号和乐器，甚至直接从互联网打印乐谱，不管他们是否已安装西贝柳斯，其界面如图 1.1.5 所示。

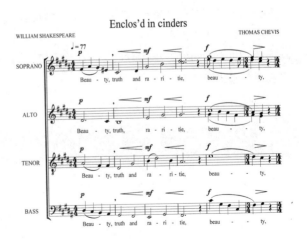

图 1.1.5 Sibelius Scorch 网页乐谱

第一章 认识sibelius

第二章 新建与保存乐谱

第三章 音符输入与编辑

第四章 文本、符号

第五章 五线谱与排版

第六章 播放

第七章 乐理试卷制作

第八章 常用番牛介绍

第九章 常用操作问答

· PhotoScore Lite 乐谱扫描识别软件

这是一个光学识别程序，可以使用扫描仪将乐谱扫描识别，在 Sibelius 中进行重新编辑乐谱，以节省乐谱重新输入所需要时间。

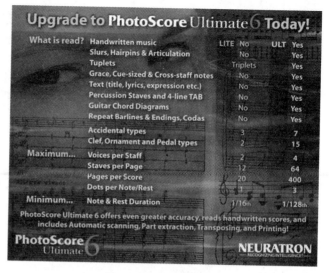

图 1.1.6 谱扫描识别软件

· AudioScore Lite 音频辨识软件

AudioScore 是来自 Neuratron 公司设计的一种音频识别软件，作为 Sibelius 完整版的配件之一。你可以使用这个软件来录制乐器，比如长笛、单簧管等，录制过程中 AudioScore 实时的将提取到的声音转化为音符，您可以将录制得到的乐谱发送到 Sibelius 进行编辑；或者您可以直接导入一个 wav 或 aiff 格式的音频文件识别并在 Sibelius 中编辑。

图 1.1.7 音频辨识软件

三、界面介绍

Sibelius 操作界面图，如图 1.1.11。

Sibelius 的工具栏会随着窗口的大小变化增加或减少，窗口最大化状态下显示的所有工具栏。

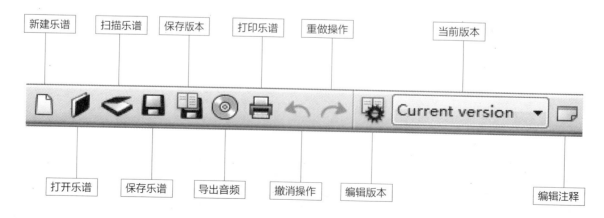

图 1.1.8 Sibelius 常用工具栏一

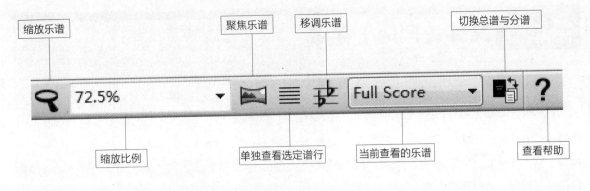

图 1.1.9 Sibelius 常用工具栏二

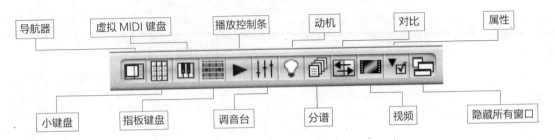

图 1.1.10 Sibelius 常用工具窗口

图 1.1.11 Sibelius 操作界面

　　细心的读者会发现，上述几个按钮有的颜色是蓝色的，有的是灰色的，蓝色的按钮表示该窗口处于显示状态，灰色的表示该窗口处于隐藏状态。为了方便使用和集中查找，Sibelius 常用工具窗口都集中在第四组工具栏中，这组窗口涉及到 Sibelius 的音符输入、播放、编辑、分谱等各项重要操作，掌握这部分内容是学习 Sibelius 的一个重要环节，在后面章节中我们会陆续对各个窗口的作用和使用方法进行介绍。以上工具栏的相应功能在通过菜单可以全部查找到，下面我们对 Sibelius 的菜单进行一一介绍。

第一章 认识sibelius
第二章 新建与保存乐谱
第三章 音符输入与编辑
第四章 文本、符号
第五章 五线谱与排版
第六章 播放
第七章 乐理式卷制作
第八章 常用插件介绍
第九章

第二节 文件（File）菜单

Sibelius 菜单共有 11 项菜单，分别是文件（File）、编辑（Edit）、视图（View）、音符（Notes）、创建（Create）、播放（Play）、布局（Layout）、排版样式（HouseStyle）、插件（Plug-ins）、窗口（Window）、帮助（Help），这些菜单下有 Sibelius 目前所有的功能列表，为了方便读者使用和快速掌握软件，我们采用中英文对照的形式，对 11 个菜单项进行简要介绍，让大家了解在需要实现某个功能时去对应的菜单下查找相应的功能。

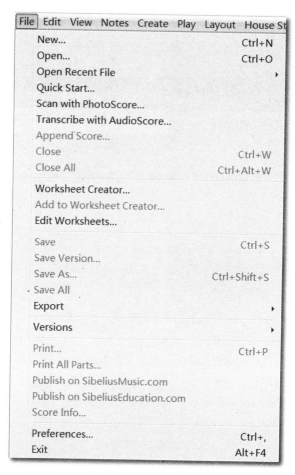

图 1.2.1 文件菜单

· New：启动快速启动的新建乐谱向导，新建 Sibelius 乐谱文档，默认快捷键为 Ctrl+N；

· Open：打开旧的乐谱文档，快捷键为 Ctrl+O。

· Sibelius6.2 版本支持通过打开方式打开的文件类型有 sib、mid、opt、xml、mxl 五种，如图 1.2.2。

sib 格式是 Sibelius 固有的文件保存格式；mid 格式是各个多媒体软件通用的标准文件格式，可以存储 midi 事件的每个信息，主要有 midi 格式 0 与 midi 格式 1 两种，主要区别在于 midi 格式 0 是将所有音轨的 midi 信息保存到了同一个音轨中，不分音轨，而 midi 格式 1 则是把不同音轨的 midi 信息分轨保存，通过 Finale 等软件打开这个 midi 文件时，该 midi 文件依然保持在原软件导出 midi 前的分轨方式；opt 是 Sibelius 乐谱扫描工具软件 PhotoScore 的文件存储格式；xml 和 mxl 是一种文本格式的数据存储语言，可以用这种格式的乐谱文件同 Finale 等支持 xml 文件的软件进行数据互通，乐谱转换。

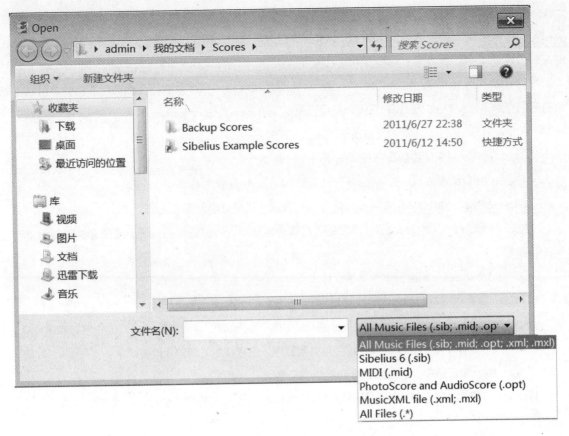

图 1.2.2 Sibelius 支持打开的文件类型

· Open Recent File：打开最近使用过的文件，可以保留最后使用过的 10 个乐谱文件。

· Quick Start：启动快速启动窗口，默认启动 Sibelius 时启动该窗口，取消"Show this each Sibelius 6 starts"后，下次启动 Sibelius 这个快速启动窗口不再显示。选择菜单文件（File）| 个性参数设置（Preferences）| 其他 (Other)| 显示快速启动对话框（Show Quick Start Dialog）后恢复每次启动 Sibelius 显示快速启动窗口。在这个窗口中提供了 7 种建立和打开乐谱方式，如图 1.2.3- 图 1.2.4。

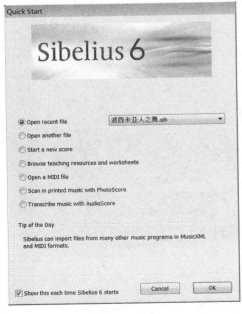

图 1.2.3 快速启动窗口

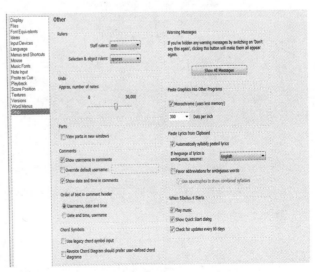

图 1.2.4 恢复显示快速启动窗口

第一章 认识sibelius

第二章 新建与保存乐谱

第三章 音符输入与编辑

第四章 文本、符号

第五章 五线谱与排版

第六章 播放

第七章 乐理试卷制作

第八章 常用番牛介绍

第九章 常用菜作可杂

· Scan with PhotoScore：Sibelius 完整版提供了一个乐谱扫描软件 PhotoScore，用这个软件可以将图形乐谱或纸质乐谱进行识别为 Sibelius 文档进行编辑，用这个软件可以处理的格式 TIF、pdf、BMP。

· Transcribe with AudioScore：Sibelius 完整版提供的一个可以进行音频识别的软件，可以将简单的音乐文件（wav 格式）识别为乐谱，并可以发送到 Sibelius 进行编辑。

· Append Score：附加乐谱，将乐谱附加到当前打开的乐谱结尾。

· Close：关闭，关闭当前正在操作的乐谱，快捷键为 Ctrl+W。

· Close All：全部关闭，关闭当前打开的所有乐谱，快捷键为 Ctrl+Alt+W。

· Worksheet Creator：工作表单创建器，可以进行乐理试卷制作等工作。

· Add to worksheet Creator：添加到工作表单创建器，将设置好的乐谱（或乐理试题）添加到工作表单创建器中。

· Edit worksheet：编辑工作表单创建器。

· Save：保存，保存当前乐谱，快捷键为 Ctrl+S。

· Save Version：保存版本，Sibelius 独有的功能，将乐谱保存为不同版本，便于日后编辑处理。

· Save As：另存为，将当前乐谱另存为其他名称，快捷键为 Ctrl+Shift+S。

· Save All：全部保存，保存当前打开的所有乐谱。

· Export：导出，将乐谱导出为其他格式，Sibelius 支持导出音频、图形、midi 文件、模板、web 乐谱以及低版本的 Sibelius 文件等。如图 1.2.5：

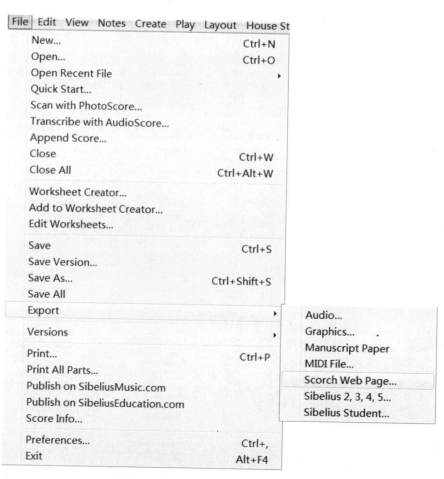

图 1.2.5 Sibelius 导出菜单

· Versions：版本，编辑已保存的 Sibelius
乐谱版本。

· Print：打印，打印当前乐谱，快捷键为
Ctrl+P。

· Print All Parts：打印所有的分谱。

· Publish on SibeliusMusic.com：将乐
谱发布到 SibeliusMusic.com 网站。

· Publish on SibeliusEducation.com：
将乐谱发布到 SibeliusEducation.com 网站。

· Score info：乐谱信息，编辑乐谱信息，
例如词　曲作者等，关于更加详细的乐谱信息，
详见第四章第一节，如图 1.2.6。

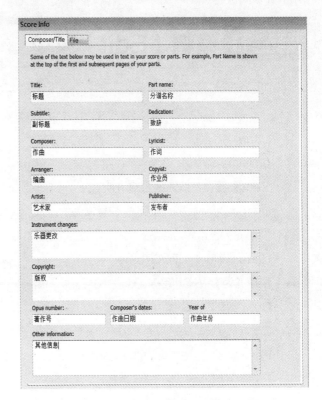

图 1.2.6 乐谱信息对话框

· Preferences：个性参数设置，修改 Sibelius 默认的各项参数设置，一般情况下保持默认，根据
需要进行设置。如图 1.2.7：

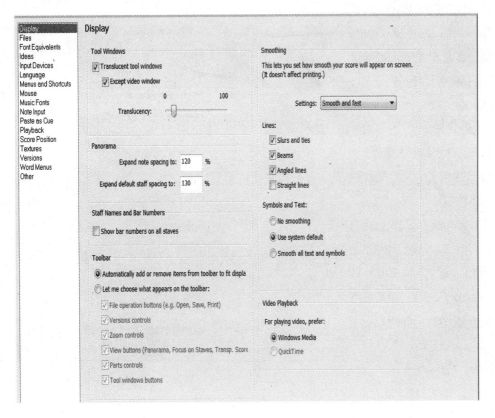

图 1.2.7 个性参数设置对话框

· Exit：退出，退出 Sibelius，退出 Sibelius 前会提示是否保存已修改的乐谱，快捷键为 Alt+F4。

第一章 认识sibelius

第二章 新建与保存乐谱

第三章 音符输入与编辑

第四章 文本、符号

第五章 五线谱与排版

第六章 播放

第七章 乐理试卷制作

第八章 常用插件介绍

第九章 常用操作问答

第三节 编辑（Edit）菜单

· Undo：撤消上一步操作，
快捷键为 Ctrl+Z。

· Redo：重做，快捷键为 Ctrl+Y。

· Undo History：撤消记录，快捷键为
Ctrl+Shift+Z。

· Redo History：重做记录，
快捷键为 Ctrl+Shift+Y。

· Cut：剪切，快捷键为 Ctrl+X。

· Copy：复制，快捷键为 Ctrl+C。

· Paste：粘贴，快捷键为 Ctrl+V。

· Paste as Cue：作为提示音粘贴，
快捷键为 Ctrl+Shift+Alt+V。

· Repeat：重复，快捷键为 R。

· Delete：删除，快捷键为 Backspace。

· Delete Bars：删除小节，
快捷键为 Ctrl+Backspace。

· Capture Idea：捕获动机，
快捷键为 Shift+I。

· Fli：翻转，翻转符干方向，快捷键为 X。

· Voice：声部。

· Hide or Show：显示或隐藏，显示或隐藏
音符、休止符等信息。

· Magnetic Layout：磁性布局，开启或关
闭磁性布局。

· Order：顺序。

· Chord Symbol：和弦符号。

· Color：颜色，快捷键为 Ctrl+J。

· Reapply Color：重新着色，
快捷键为 Ctrl+Shift+J。

· Select：选择。

· Filter：过滤器。

· Find：查找，快捷键为 Ctrl+F。

· Find Next：查找下一个，
快捷键为 Ctrl+G。

· Collisions：冲突。

· Go to Bar：跳到某个小节，
快捷键为 Ctrl+Alt+G。

· Go to Page：跳转到指定页面，快捷键为
Ctrl+Shift +G。

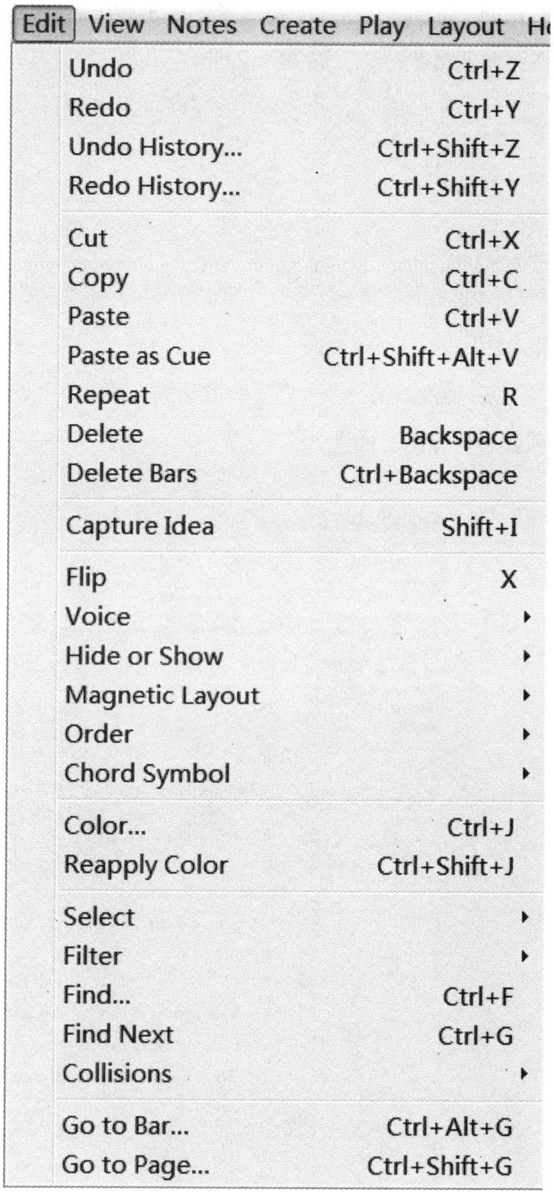

图 1.3.1 编辑菜单

第四节 视图（View）菜单

· Pages：页面显示模式，Sibelius 提供四种页面显示方式，如图 1.4.4-1.4.1 所示。

· Spreads Horizontally: 水平延伸，分左右页模式显示；

· Single Pages Horizontally：水平单页显示；

· Spreads Vertically：垂直延伸分左右页模式显示；

· Single Pages Vertically：垂直单页显示。

图 1.4.1 Spreads Horizontally 模式

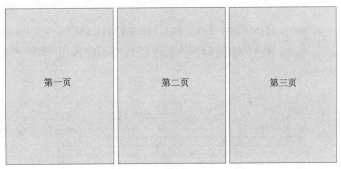

图 1.4.2 Single Pages Horizontally 模式

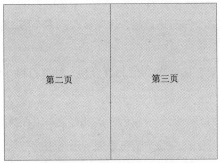

图 1.4.3 Spreads Vertically 模式   图 1.4.4 Single Pages Vertically 模式

认识sibelius 第一章

第二章 新建与保存乐谱

第三章 音符输入与编辑

第四章 文本、符号

第五章 五线谱与排版

第六章 播放

第七章 乐理试卷制作

第八章 常用插件介绍

第九章 常用操作问答

· Panorama：概览（全景），快捷键为 Shift+P。

· Focus on Staves：聚焦在五线谱上，快捷键为 Ctrl+Alt+F。

· Staff Names and Bar Numbers：五线谱名称和小节数，勾选该项后，顶行五线谱显示小节序号，在五线谱谱号处的名称被拖拉出显示界外后，在五线谱顶行显示该五线谱名称，勾选该项后下次启动 Sibelius 该操作默认勾选。

· Layout Marks：页面布局标记，勾选该项后，下次启动 Sibelius 该操作默认勾选；

· Page Margins：页边距，勾选该项后，下次启动 Sibelius 该操作默认勾选。

· Rulers：标尺，勾选该项后，下次启动 Sibelius 该操作默认勾选。

· Attachment Lines：附加线，当选择某个符号后，出现一条带箭头的灰色的虚线指向某个音符，表示该符号吸附到这个音符上，同样选择了五线谱后，所有吸附到该行五线谱音符上的符号也都用一条带箭头的虚线指向音符，勾选该项后，下次启动 Sibelius 该操作默认勾选，如图 1.4.5。

图 1.4.5 页边距、标尺、布局标记、附加线、五线谱名称和小节数显示

· Handles：手柄。

· Hidden Objects：隐藏对象，隐藏乐谱中浅灰色的信息，例如当删除休止符后，休止符会变为浅灰色，　执行该操作后浅灰色的休止符被隐藏，快捷键为 Ctrl+Alt+H。

· Comments：注释。

· Differences In Parts：在分谱中的区别，开启该项后，总谱和分谱中对象的位置和外观不同时，将用棕色显示在总谱和分谱中；

· Differences Between Versions：版本间的不同，开启该项后，在对保存的多个版本的乐谱进行对比时，不同的地方用浅绿色作为底色加以区别；

· Highlights：高亮，这里仅设置显示或隐藏高亮，要创建高亮，执行 Create（创建）| Highlights（高亮）菜单；

· Magnetic Layout：磁性布局，这是被很大家认为 Sibelius 非常智能的功能之一，在菜单 Edit（编辑 | Magnetic Layout（磁性布局）中切换到 On（开启）状态后，所有添加到乐谱中的符号都会实现自动避让功能，以避开各符号与音符重叠情况，在第五章的第五节中我们会对该功能进行详细介绍。

图 1.4.6 对比乐谱版本

· Note Colors：音符颜色，下面有三个选项，Notes out of Range（音域范围外的音符）、Voive Colors（声部着色）、None（无颜色）。

· Sibelius 在一个音轨中可以输入 4 个不同声部，为了便于区分，4 个声部的符头用不同颜色表示，第一声部为蓝色，第二声部为绿色，第三声部为棕色，第四声部为紫色，默认状态下音符颜色统一为黑色，勾选 Note Colors｜Voice Colors 后音符颜色按照 Sibelius 内置颜色方案显示。

· Live Playback Velocities：实时播放力度。

· Playback Line：播放线。

· Live Tempo：实时播放速度。

· Full Screen：全屏，快捷键为 Ctrl+U。

· Scroll Bars：滚动条。

· Toolbar：工具栏。

· Zoom：缩放。

第一章 认识sibelius

第二章 新建与保存乐谱

第三章 音符输入与编辑

第四章 文本、符号

第五章 五线谱与排版

第六章 播放

第七章 乐理试卷制作

第八章 常用插件介绍

第九章 常用操作问答

第五节 音符（Notes）菜单

· Input Notes：输入音符，快捷键为 N。

· Re-input Pitches：重新输入音高，
快捷键为 Ctrl+Shift+I。

· Flexi-time Input：步进输入，
快捷键为 Ctrl+Shift+F。

· Flexi-time Options：步进输入选项，
快捷键为 Ctrl+Shift+O。

· Arrange：编曲，
快捷键为 Ctrl+Shift+V。

· Edit Arrange Style：编辑编曲风格。

· Transpose：移调，快捷键为 Shift+T。

· Transposeing Score：移调乐谱，
快捷键为 Ctrl+Shift+T。

· Add Interval：添加音程。

· Add Pitch：添加音高，
快捷键为 Shift+A、B、C、D、E、F、G。

Notes	Create Play Layout House Style Plug-ins Wi
Input Notes	N
Re-input Pitches	Ctrl+Shift+I
Flexi-time Input	Ctrl+Shift+F
Flexi-time Options...	Ctrl+Shift+O
Arrange...	Ctrl+Shift+V
Edit Arrange Styles...	
Transpose...	Shift+T
Transposing Score	Ctrl+Shift+T
Add Interval	▶
Add Pitch	▶
Cross-Staff Notes	▶
Respell Accidental	
Reset Beam Groups...	
Reset Stems and Beam Positions	
Reset Guitar Tab Fingering	

图 1.5.1 音符菜单

· Cross-Staff Notes：跨谱行音符，将下行音符移动到上行，或将上行的音符移动到下行，快捷键为 Ctrl+Shift+↑或↓。如图所示：

图 1.5.2

· Respell Accidental：重拼临时记号，对升降记号更换另一种显示方式。如图所示：

图 1.5.3 重拼前

图 1.5.4 重拼后

· Reset Beam Group：重置符尾群组，恢复符尾群组方式，执行前首先选定操作对象。

· Reset Stems and Beam Positions：重置符干和符尾位置，恢复默认的符尾角度和符干长度，执行前首先选定操作对象。

· Reset Guitar Tab Fingering：重置吉他谱表指法。

创建菜单是 Sibelius 最常用的菜单之一，有人说掌握了创建菜单就差不多掌握了 Sibelius 的常用功能，这句话也许不够准确，但体现了该菜单的重要作用，因此 Sibelius 设计者把这个菜单同时添加到了在操作区的鼠标右键菜单中。

Bar	▶
Barline	▶
Chord Symbol	Ctrl+K
Clef...	Q
Comment	Shift+Alt+C
Graphic...	
Highlight	
Instruments...	I
Key Signature...	K
Line...	L
Rehearsal Mark...	Ctrl+R
Symbol...	Z
Text	▶
Time Signature...	T
Title Page...	
Tuplet...	
Other	▶

图 1.6.1 创建菜单

At End	Ctrl+B
Single	Ctrl+Shift+B
Other...	Alt+B

图 1.6.2 添加小节

·Bar：小节，添加小节，At End，乐曲结尾添加小节；Single，选中某小节后添加小节时，小节添加到选中小节后面，点击该菜单或快捷键 Ctrl+Shift+B 后在指定小节点击，小节添加到该小节后面；Other，在其他位置添加小节或添加弱起小节。如图 1.6.3 所示：

图 1.6.3 中途弱起小节

·Barline：小节线，修改小节线样式，例如：开始反复小节线、结束反复小节线、双小节线、虚线小节线、乐谱间小节线、虚线小节线、隐藏小节线等样式。如图 1.6.4-1.6.5：

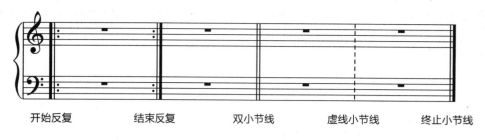

开始反复　　　　结束反复　　　　双小节线　　　　虚线小节线　　　　终止小节线

图 1.6.4 小节线样式一

隐藏小节线　　　标准小节线　　　点线小节线　　　短小节线　　　谱行间小节线

图 1.6.5 小节线样式二

Sibelius 提供的小节线样式有 10 种，更改小节线样式后，选中小节线可以进行复制粘贴操作。

·Chord Symbol：和弦符号，添加和弦符号，快捷键为 Ctrl+K。

·Clef：谱号，中途添加获修改谱号，快捷键为 Q。

·Comment：注释，添加或修改注释，快捷键为 Shift+Alt+C。

·Graphic：图形，插入图片到乐谱中。

·Highlight：高亮，将选中小节进行高亮，将乐谱某些小节高亮的主要作用是提醒，高亮的默认颜色是黄色，可以用 Edit（编辑）| Color（颜色）修改高亮颜色，选中高亮，按电脑键盘的 Delete（删除键）可以删除高亮，点击高亮边缘用鼠标或电脑键盘的方向键可以增大或减小高亮区域，选择高亮边缘的上方边缘或下方边缘可以在不同谱行间移动高亮。执行菜单 View（视图）| Highlights（高亮）显示或隐藏高亮。

图 1.6.6 高亮乐谱

·Instruments：乐器，添加或删除五线谱，快捷键为 I。

·Key Signature：调号，创建或修改调号，快捷键为 K。

·Line：谱线，添加谱线，例如渐强线、连音线、高八度线、跳房子等，快捷键为 L。

·Rehearsal Mark：排练标记，添加或修改排练标记，选择排练标记样式等，快捷键为 Ctrl+R。

图 1.6.7 排练标记设置

图 1.6.8 排练标记样式

·Consecutive：对添加的排练记号自动排序，默认是字母排序，菜单排版样式（House Style）｜刻度标尺（Engraving Rules）对话框中提供几种样式供选择，但一旦更改，整个乐谱中的排练记号都是用该类型。

·New prefix/Suffix：自定义排练标记前缀后缀，样式如图 1.6.8。

·Symbol：符号，插入符号到乐谱中，例如反复记号、常规符号、键盘符号等24组符号，快捷键为Z；

·Text：文本，插入文本到当前乐谱的指定位置，例如表情文本、歌词、标题、词曲作者等文本；

·Time Signature：拍号，插入或修改拍号，快捷键为T。

·Title Page：标题页，在乐谱前第一页位置插入单独的标题页。

·Tuplet：三连音，插入或修改三连音，定义三连音样式。

·Other：其他，这里有八组其他信息，按照 Sibelius 中的列表从上到下依次是：小节数更改、方括弧或莲花括弧、吉他比例图表、打击点、乐器更改、提示乐谱、页码更改、实时速度点。

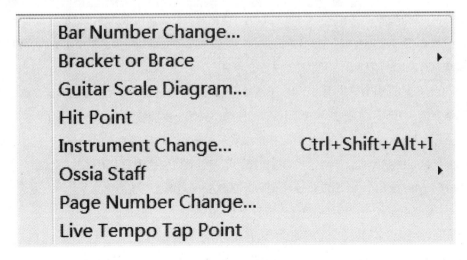

图 1.6.9 其他菜单

第一章 认识sibelius

第二章 新建与保存乐谱

第三章 音符输入与编辑

第四章 文本、符号

第五章 五线谱与排版

第六章 播放

第七章 乐理试卷制作

第八章 常用插件介绍

第九章 常用操作问答

第七节 播放（Play）菜单

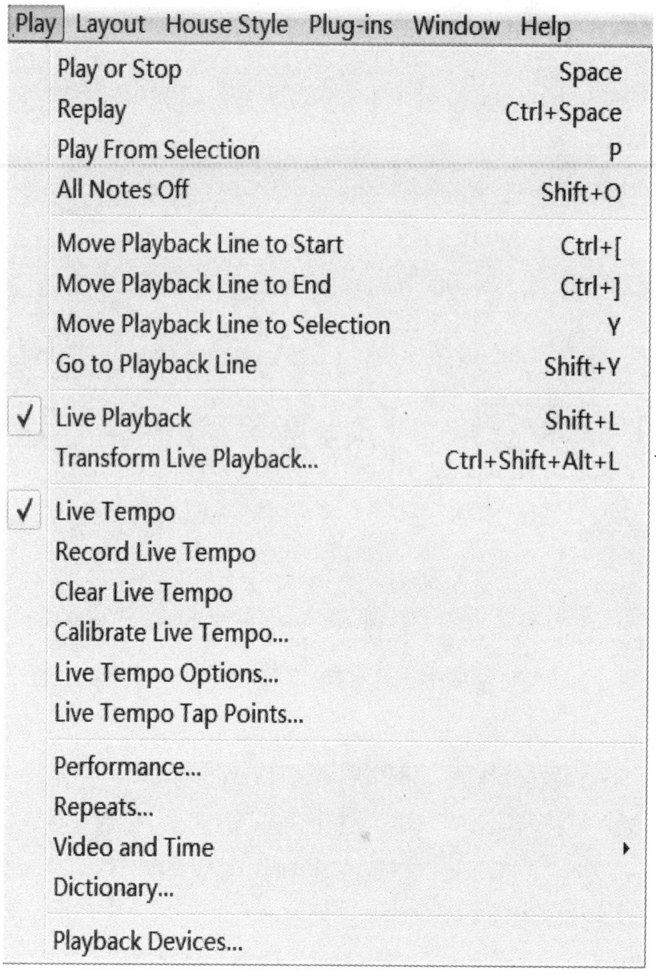

| Play | Layout | House Style | Plug-ins | Window | Help |

Play or Stop	Space
Replay	Ctrl+Space
Play From Selection	P
All Notes Off	Shift+O
Move Playback Line to Start	Ctrl+[
Move Playback Line to End	Ctrl+]
Move Playback Line to Selection	Y
Go to Playback Line	Shift+Y
✓ Live Playback	Shift+L
Transform Live Playback...	Ctrl+Shift+Alt+L
✓ Live Tempo	
Record Live Tempo	
Clear Live Tempo	
Calibrate Live Tempo...	
Live Tempo Options...	
Live Tempo Tap Points...	
Performance...	
Repeats...	
Video and Time	▶
Dictionary...	
Playback Devices...	

图 1.7.1 播放菜单

· Play or Stop：播放或停止，快捷键为 Space（空格键），第二次按下空格键时从停止播放位置继续播放，如果选中某行或某几行中的某个小节时，仅播放该行或这几行乐谱，其他谱行不播放。

· Replay：重新播放，快捷键为 Ctrl+Space（空格键），每次按下该快捷键都是从头播放。

· Play From Selection：从选区开始播放，如果选中某行或某几行中的某个小节时，仅从这个小节播放该行或这几行乐谱，其他谱行不播放，快捷键为 P。

· All Notes Off：所有音符关闭，如果由于播放设备问题导致过载或停止播放后而延音踏板却被压下，导致声音持续发声，可以在播放过程中使用该功能使音符关闭，快捷键为 Shift+O。

· Move Playback Line to Start：移动播放线到乐谱开始，快捷键为 Ctrl+[。

· Move Playback Line to End：移动播放线到乐谱结尾，快捷键为 Ctrl+]。

· Move Playback Line to Selection：移动播放线到乐谱选区，快捷键为 Y。

· Go to Playback Line：跳到播放线快捷键为 Shift+Y。

· Live Playback：实时播放，快捷键为 Shift+L。

· Transform Live Playback：改善实时播放，快捷键为 Ctrl+Shift+Alt+L。

· Live Tempo：实时播放速度。

· Record Live Tempo：录制实时速度。

· Clear Live Tempo：清除实时速度。

· Calibrate Live Tempo：校准实时速度。

· Live Tempo Options：实时速度选项。

· Live Tempo Tab Points：实时速度图表点。

· Performance：演奏，设置乐谱演奏风格、混响等参数，这些参数对整个乐谱中的演奏产生影响。

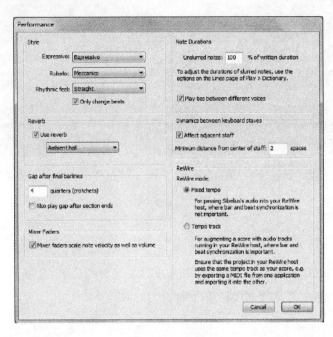

图 1.7.2 演奏风格设置

· Repeats：反复，设置反复参数，如图 1.7.3。

– Don't play repeats：不播放反复。

– Automatic repeats playback：自动反复播放。

– Manual repeats playback：手动设置反复播放范围。

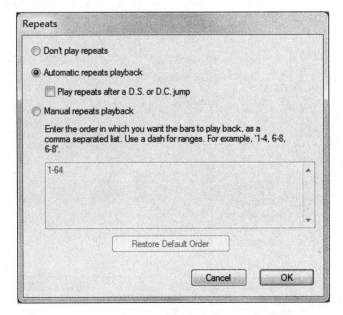

图 1.7.3 反复播放设置

第一章
认识sibelius

第二章
新建与保存乐谱

第三章
音符输入与编辑

第四章
文本、符号

第五章
五线谱与排版

第六章
播放

第七章
乐理试卷制作

第八章
常用插件介绍

第九章
常用操作问答

· Video and Time：视频和时间，Sibelius 所提供的为影视配乐的功能，如图 1.7.4。

图 1.7.4 为影视配乐

· Dictionary：播放字典，设置五线谱文本、系统文本、五线谱线、演奏技法、符头、符号的播放效果，在这个窗口中可以对每个文本或每个符号的播放效果进行细微设置，Sibelius 默认的设置是比较科学合理的，在非必要的情况下，这里的参数可以保持默认，如图 1.7.5。

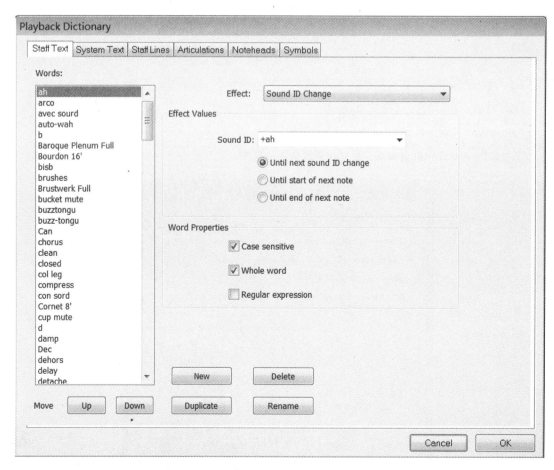

图 1.7.5 播放字典设置

第八节 布局（Layout）菜单

布局菜单下相关功能主要影响整个乐谱的排版，是 Sibelius 应用中比较重要的一个菜单，掌握本菜单的功能对于乐谱排版具有重要作用。

Layout	House Style	Plug-ins	Window	Help

Document Setup...	Ctrl+D
Hide Empty Staves	Ctrl+Shift+Alt+H
Show Empty Staves...	Ctrl+Shift+Alt+S
Reset Space Above Staff	
Reset Space Below Staff	
Optimize Staff Spacing	
Align Staves...	
Auto Breaks...	
Break	▶
Format	▶
√ Magnetic Layout	
Freeze Magnetic Layout Positions	
Magnetic Layout Options...	
Align in a Row	Ctrl+Shift+R
Align in a Column	Ctrl+Shift+C
Reset Note Spacing	Ctrl+Shift+N
Reset Position	Ctrl+Shift+P
Reset Design	Ctrl+Shift+D
Reset to Score Position	Ctrl+Shift+Alt+P
Reset to Score Design	Ctrl+Shift+Alt+D

图 1.8.1 布局菜单

·Document Setup：文档设置，更改纸张尺寸、设置页边距等，快捷键为 Ctrl+D。

在文档设置这里设置的纸张尺寸、页边距、页面方向、五线谱大小等相关参数影响最终的印效果，通过点击更改页面（Change page）按钮，可以对整个乐谱所有页面进行单独设置，如图 1.8.5。

·Hide Empty Staves：隐藏空白五线谱，快捷键为 Ctrl+Shift+Alt+H。

·Show Empty Staves：显示空白五线谱，快捷键为 Ctrl+Shift+Alt+S。

·Reset Space Above Staff：重设五线谱上方间距。

·Reset Space Below Staff：重设五线谱下方间距。

图 1.8.2 原始乐谱　　　　　图 1.8.3 重设 Alto 声部上方间距　　　　　图 1.8.4 重设 Alto 声部下方间距

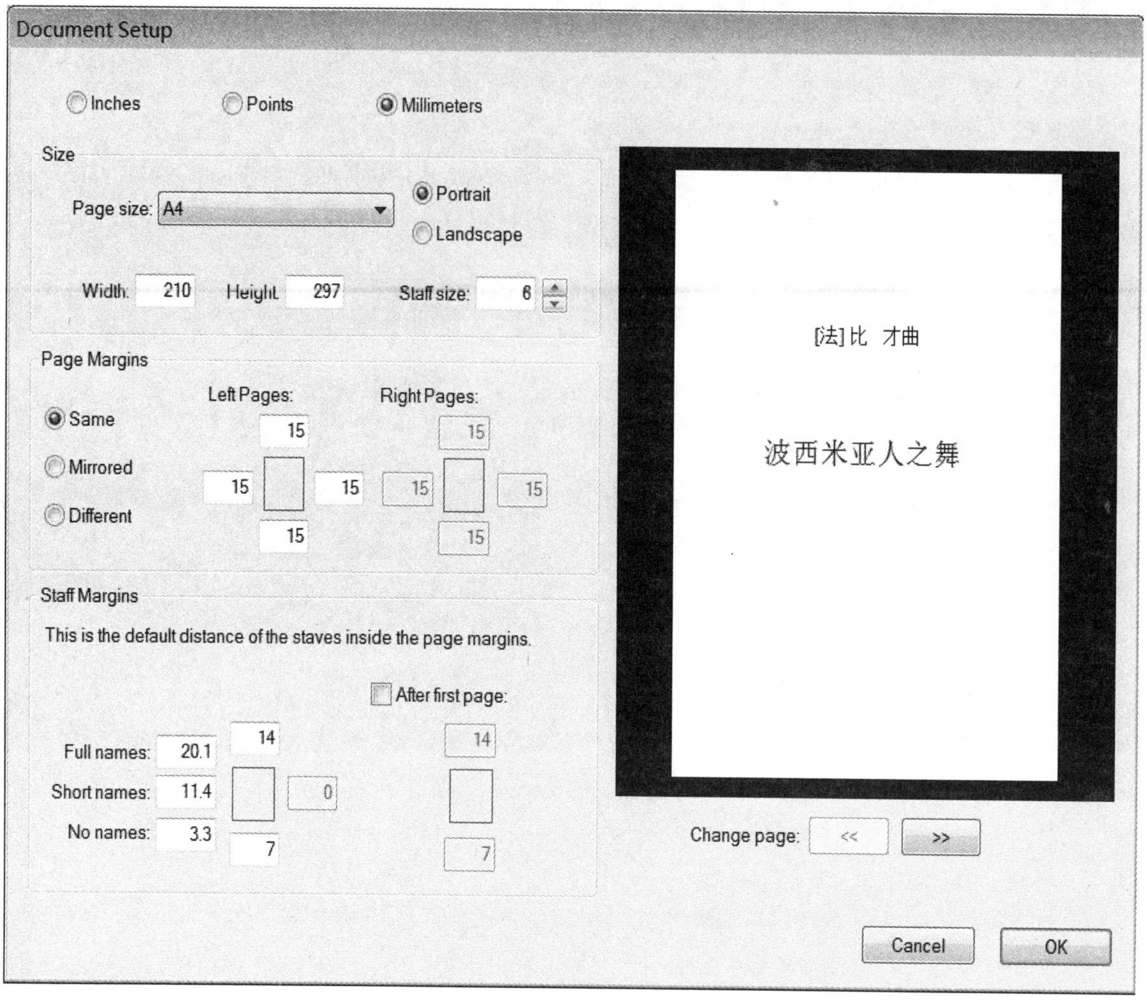

认识sibelius 第一章

新建与保存乐谱 第二章

音符输入与编辑 第三章

文本、符号 第四章

五线谱与排版 第五章

播放 第六章

乐理试卷制作 第七章

常用插件介绍 第八章

常用操作问答 第九章

图 1.8.5 文档设置

·Breaks：分割，可以进行 System Breaks（小节换行），Page Break（页面分割）、Split System（分割系统）、Split Multirest（分割多休止符）、Special Page Break（指定页面分割）操作，详见第五章的第二节页面布局。

·Format：格式化，可以进行 Make Into System（确定进入新五线谱组）、Make Into Page（确定进入新页面）等操作，详见第五章的第二节页面布局。

·Magnetic Layout：磁性布局，启动磁性布局后力度记号、连线等会吸附到音符上，并根据音符的变化而自动避开冲突，默认状态下该功能是启动的，详见第五章第五节磁性布局。

·Freeze Magnetic Layout Positions：冻结磁性布局位置，启动磁性布局后，可以使用该功能冻结某行五线谱的磁性布局，使其失效，详见第五章第六节磁性布局。

·Magnetic Layout Options：磁性布局选项，设定所有符号、连线等与音符位置的距离，一般情况下保持默认状态，详见第五章第六节磁性布局。

·Align in a Row：行对齐，将力度记号、和弦符号等各类符号对齐在同一水平线，快捷键为 Ctrl+Shift+R。如图 1.8.6-1.8.7：

图 1.8.6 符号水平未对齐

图 1.8.7 执行 Align in a Row 后符号水平对齐

·Reset Note Spacing：重置音符间距，修改了音符间距后使用该功能恢复默认的音符间距，快捷键为 Ctrl+Shift+N。如图：

图 1.8.8 当前音符的间距

图 1.8.9 重置音符间距后的间距

·Reset Position：重置位置，重置各种符号位原有默认位置，Sibelius 内置的每个符号都有一个默认位置，在移动了符号位置后，执行该操作恢复符号的初始位置，快捷键为 Ctrl+Shift+P。

·Reset Design：重置设计，重置修改形状后的谱线，比如连音线等，快捷键为 Ctrl+Shift+D。

·Reset to Score Position：重置总谱位置，重置总谱中各种符号位原有默认位置，快捷键为 Ctrl+Shift+Alt+P。

·Reset to Score Design：重置总谱设计，重置总谱中修改形状后的谱线，比如连音线等，快捷键为 Ctrl+Shift+Alt+D。

第一章 认识sibelius

第二章 新建与保存乐谱

第三章 音符输入与编辑

第四章 文本、符号

第五章 五线谱与排版

第六章 播放

第七章 乐理试卷制作

第八章 常用插件介绍

第九章 常用操作问答

⌂ 第九节 排版样式（House Style）菜单

排版样式是 Sibelius 比较独特，强大又复杂的一个功能，它将乐谱的字体、符号位置、文本样式、以及音符、休止符显示方式等庞大的数据以一个排版风格的形式进行导入导出，使用者可以将某些出版社的要求或自己的制谱习惯做成一种风格，在瞬间可以对乐曲的排版样式进行更换，极大的满足使用者的需求。

本节内容我们对排版样式的相关功能做一个初步了解，在后面教学中我们陆续介绍相关内容。

House Style	Plug-ins Window Help
Edit All Fonts...	
Edit Text Styles...	Ctrl+Shift+Alt+T
Edit Lines...	
Edit Noteheads...	
Edit Symbols...	
Edit Instruments...	
Edit Chord Symbols...	
Engraving Rules...	Ctrl+Shift+E
Note Spacing Rule...	
System Object Positions...	
Default Positions...	
Import House Style...	
Export House Style...	

图 1.9.1 排版样式菜单

· Edit All Fonts：编辑所有字体，主要有三种字体：

－ Main Text Font：主要文本字体，涉及到乐谱中的纯文本文字，比如歌词、词曲作者、版权等信息的字体。

－ Main Music Font：这是乐谱的字体，涉及到乐谱中音符符头、符干、和弦图表等，在不确定所选字体中是否包含这些信息的字体时，请保持默认字体。

－ Music Text Font：乐曲文本字体，主要涉及到乐谱中的力度、演奏符号等信息的字体。

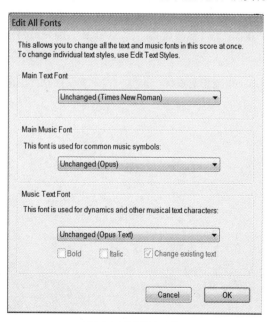

图 1.9.2 编辑所有字体

· Edit Text Style：编辑文本样式，涉及到插入菜单中的 90 多种文本，也可以新建文本样式，快捷键为 Ctrl+Shift+Alt+T，该操作详见第四章第六节，如图 1.9.3。

· Edit Lines：编辑谱线，这里涉及到两类谱线，五线谱线（Staff Lines）和五线谱组线（System Lines），可以在这个对话框中编辑和新建谱线，该操作详见第四章第八节，如图 1.9.4。

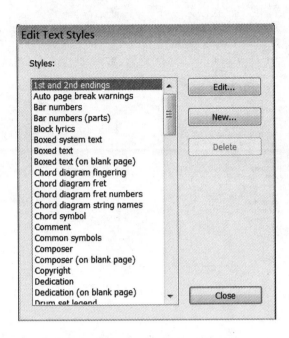

图 1.9.3 编辑文本样式

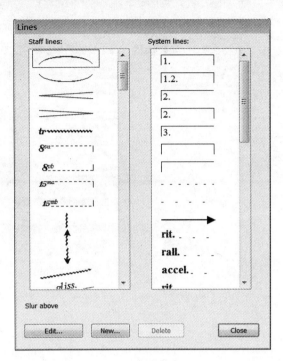

图 1.9.4 编辑线样式

· Edit Noteheads：编辑符头，这里列出了 Sibelius 的 30 中符头样式，可以对选中的符头进行编辑、删除操作，或新建符头样式，该操作详见第三章。

· Edit Symbol：编辑符号，编辑、新建符号，如图 1.9.5。

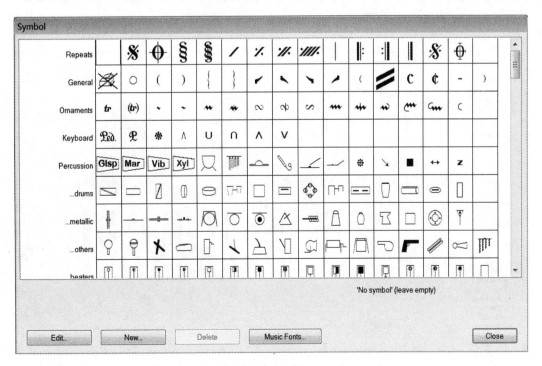

图 1.9.5 编辑符头

第一章 认识sibelius

第二章 新建与保存乐谱

第三章 音符输入与编辑

第四章 文本、符号

第五章 五线谱与排版

第六章 播放

第七章 乐理试卷制作

第八章 常用插件介绍

第九章 常用操作问答

·Edit Instruments：编辑乐器，使用该功能调整五线谱谱线数目、乐器名称、音色，以及调整当前五线谱上各种符号之间的距离等高级操作，但是当前乐谱中所有使用该乐器的五线谱都会受到影响，在操作过程中如有相同乐器时，请慎用该功能，以免影响到其他的五线谱，该操作详见第五章，如图 1.9.6。

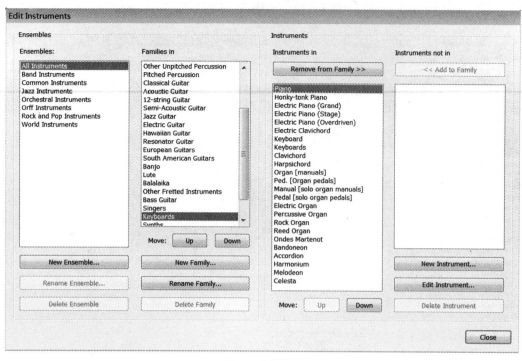

图 1.9.6 编辑乐器

·Edit Chord Symbols：编辑和弦符号，编辑、新建和弦符号类型，和弦后缀等，有关更多和弦输入操作详见第五章第三节，如图 1.9.7。

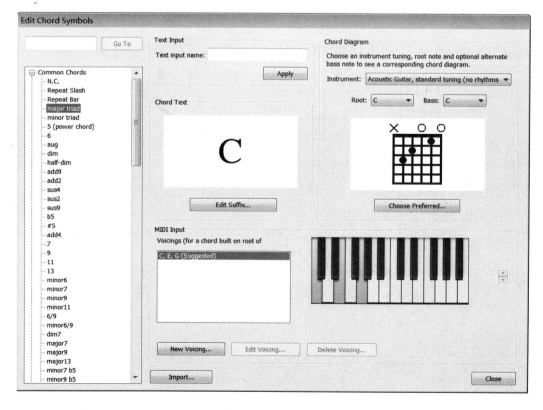

图 1.9.7 编辑和弦符号

· Engraving Rules：版式规则，提供更为精确、细微的各元素间的距离和其他相关参数。这里可设置的对象在窗口中从上到下依次是：临时记号和附点、演奏技法、小节数、小节休止符、小节线、符尾和符干、括弧、和弦符号、谱号和调号、吉他、乐器、爵士符号、谱线、音符和颤音、排练标记、连线、五线谱、文本、两组连音线、拍号、三连音。

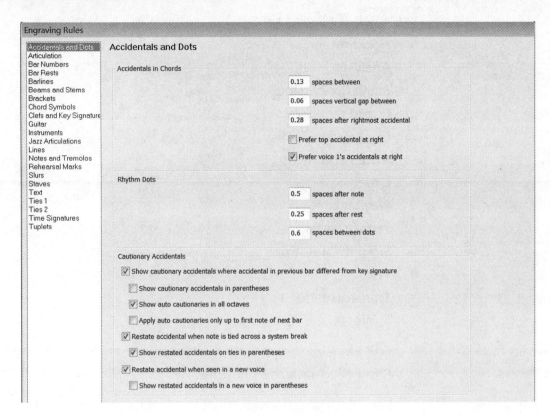

图 1.9.8 刻度标尺（Engraving Rules）

· Note Spacing Rule：音符间距标尺，设定音符与周围元素的距离。

· System Object Positions：系统对象位置，在一些大型乐谱中类似排练标记、速度文本等对象会同时出现在多个五线谱中，使用该功能可以设置这些对象显示在哪些谱行中，包含顶行和底行在内最多可以显示在五行谱表中，其中第一行必须要显示，最后一行可以不显示。

· Default Positions：默认位置，该功能仅限 Sibelius 高级用户操作使用，在建立或移动文本、谱线和其他对象和修改它们的位置时，这个功能允许用户修改它们的位置，Sibelius 的这些默认设置是合理的，非必要时保持默认设置即可。

· Import House Style：导入排版样式，排版样式中包含乐谱字体、符号字体等直接影响乐谱外观的信息，Sibelius 这里提供了 19 种排版样式，可以根据自己需要导入相应样式。

· Export House Style：导出排版样式，可以将自定义的符号、文本等以排版样式的形式导出，作为模板在其他乐谱中使用。

认识sibelius 第一章

新建与保存乐谱 第二章

音符输入与编辑 第三章

文本、符号 第四章

五线谱与排版 第五章

播放 第六章

乐理试卷制作 第七章

常用插件介绍 第八章

常用操作问答 第九章

第十节 插件（Plug-ins）菜单

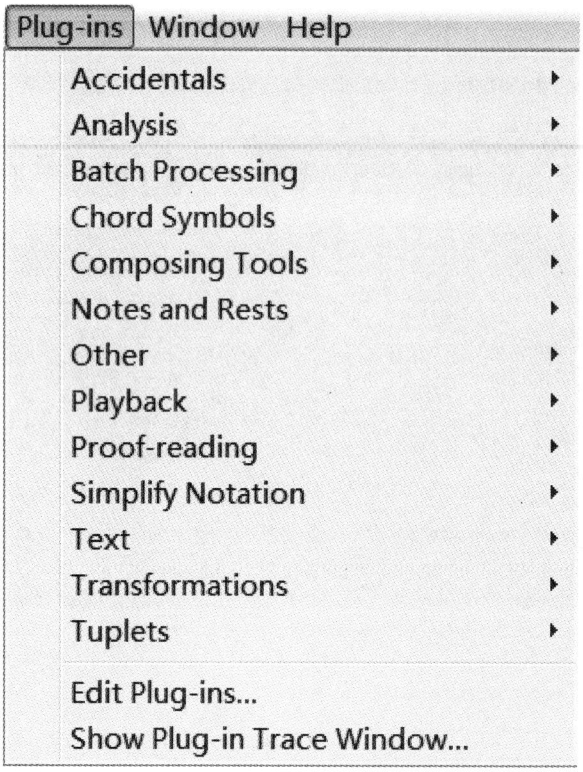

图 1.10.1 插件菜单

Sibelius 内置了 13 组共 124 个插件，涵盖了从制谱、音效到作曲、编曲等大量内容，我们会在后面相应章节中对常用插件的功能和使用方法进行介绍，这 13 组插件按照列表顺序，插件依次为：

· Accidentals：临时记号

· Analysis：分析

· Batch Processing：批处理

· Chord Symbols：和弦符号

· Composing Tools：作曲工具

· Notes and Rests：音符和休止符

· Other：其他

· Playback：播放

· Proof-reading：校对

· Simplify Notation：简化符号

· Text：文本

· Transformations：转换

· Tuplets：三连音

插件部分针对 Sibelius 高级用户提供了编辑、新建脚本插件功能，Sibelius 初级用户不要尝试修改插件，否则可能导致插件无法正常运行。插件本书第八章对常用插件有详细介绍。

第十一节 其他菜单

一、窗口菜单

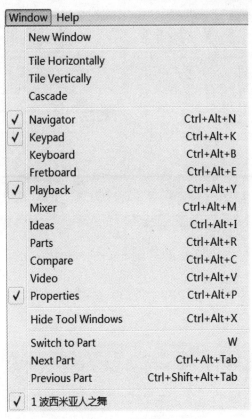

图 1.11.1 窗口菜单

· New Windows：在当前打开的窗口基础上新建一个相同的窗口。

· Tile Horizontally：横向排列窗口。

图 1.11.2 横向排列窗口

第一章 认识sibelius

第二章 新建与保存乐谱

第三章 音符输入与编辑

第四章 文本 符号

第五章 五线谱与排版

第六章 播放

第七章 乐理试卷制作

第八章 常用插件介绍

第九章 常用操作问答

·Tile Vertically：纵向排列窗口。

·Cascade：层叠窗口。

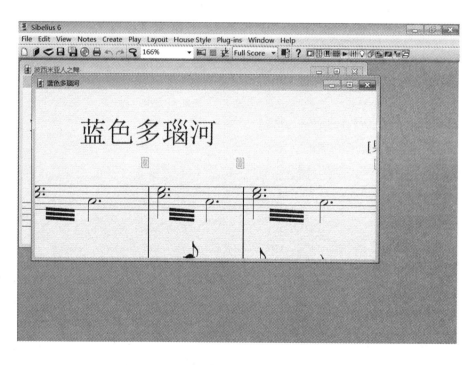

·Navigator：导航器，快捷键 Ctrl+Alt+N。

·Keypad：小键盘，快捷键 Ctrl+Alt+K。

·Keyboard：键盘，快捷键 Ctrl+Alt+B。

·Fretboard：指板，快捷键 Ctrl+Alt+E。

·Playback：播放，快捷键 Ctrl+Alt+Y。

·Mixer：调音台，快捷键 Ctrl+Alt+M。

· Ideas：动机，快捷键 Ctrl+Alt+I。

· Parts：分谱，快捷键 Ctrl+Alt+R。

· Compare：对比，快捷键 Ctrl+Alt+C。

· Video：视频，快捷键 Ctrl+Alt+V。

· Properties：属性，快捷键 Ctrl+Alt+P。

· Hide Tool Windows：隐藏工具窗口，快捷键 Ctrl+Alt+X。

· Switch to Part：切换到分谱，快捷键 W。

· Next Part：下一个分谱，快捷键 Ctrl+Alt+Tab。

· Previous Part：上一个分谱，快捷键 Ctrl+Shift+Alt+Tab。

二、帮助菜单

· Documentation：帮助文档。

· Online Support：在线支持。

· Check For Updates：检查升级。

· Avid.com：访问 Avid.com 网站。

· Sibelius.com：访问 Sibelius.com 网站。

· SibeliusMusic.com：访问 SibeliusMusic.com 网站。

· Sibelius Add-ons：访问 Sibelius Add-ons 网站。

· Register Sibelius 6：注册 Sibelius 6。

· Unregister Sibelius 6：未注册 Sibelius 6。

· About Sibelius 6：关于 Sibelius 6，点击菜单可以查阅当前软件版本信息，如图 1.10.6。

图 1.11.5 帮助菜单

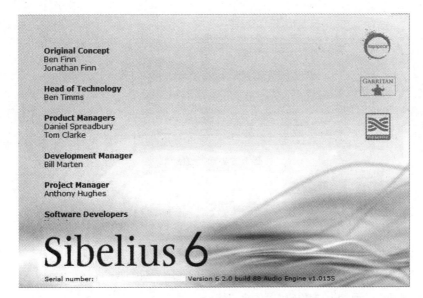

图 1.11.6 版本信息

第一章 认识sibelius

第二章 新建与保存乐谱

第三章 音符输入与编辑

第四章 文本、符号

第五章 五线谱与排版

第六章 播放

第七章 乐理试卷制作

第八章 常用插件介绍

第九章 常用操作问答

第十二节　音频和 MIDI 设置

　　本节主要介绍 Sibelius 回放设备配置，通过菜单播放（Play）| 播放设备（Playback Devices）来进行配置 Sibelius 的回放设置。首先我们对 Sibelius 的播放设备做一个基本了解，如图 1.12.1-1.12.2。

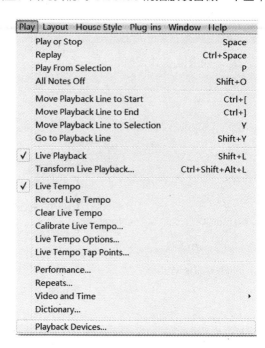

图 1.12.1 播放菜单

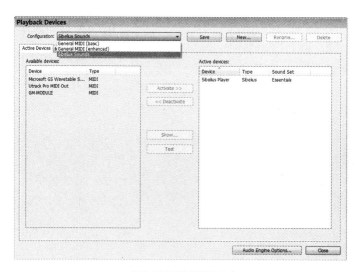

图 1.12.2 播放配置窗口

一、播放设备

　　一个硬件或软件的播放设备一般可以提供一种或多种音色，这些设备主要包含以下几种类型：

　　·使用 VST 的虚拟乐器，包括 Sibelius 内置的播放器属于这类；

　　·内部 MIDI 硬件，例如一些声卡内置的合成器；

　　·外部 MIDI 硬件，例如一些音色模块或带内置音色的键盘，比如合成器等。

Sibelius 可以使用以上任何类型的软件或硬件以及软件和硬件结合作为播放设备，甚至使用相同的播放配置。如果你有外部 MIDI 硬件，比如合成器，可以连接到你的计算机上，让 Sibelius 读取里面的音色，提升播放音质。

二、默认播放配置

Sibelius 提供了三种默认播放配置：

1. Sibelius 音色：这个被作为默认的播放配置，这个配置使用 Sibelius 内置的 Sibelius 播放器，调用高品质的 Sibelius 音色库，依靠您的计算机中的有效资源，这个配置可以让高达 128 种的不同乐器同时被调用播放。使用这个配置的前提是您的计算机中已经安装了 Sibelius Sounds Essentials 音色库，而 Sibelius 完整版内置这套音色库。

2. General MIDI (enhanced)：标准 MIDI（品质提升），这个配置使用高品质的标准 MIDI，来自 M-Audio 的兼容虚拟乐器，可以同时播放 32 种不同的乐器。

3. General MIDI (basic)：标准 MIDI（基本的），这个配置使用 windows 操作系统中内置的微软软波表，在 Windwos 操作系统中使用微软的软波表可以同时播放 16 种不同的乐器。作为发烧级电脑音乐爱好者，具备较为齐全的硬件播放设备，对于乐谱的回放自然效果绝佳，但作为普通爱好者，软音源自然是最佳的选择，一般一套软音源中都会内置几十种甚至上百种音色，对于功能强大的软音源一般具有编辑音色的能力，这类软音源具有的音色更是无以计数。Sibelius 提供的 VST 功能，可以让 Sibelius 读取软音源中的音色。

三、创建新的播放配置

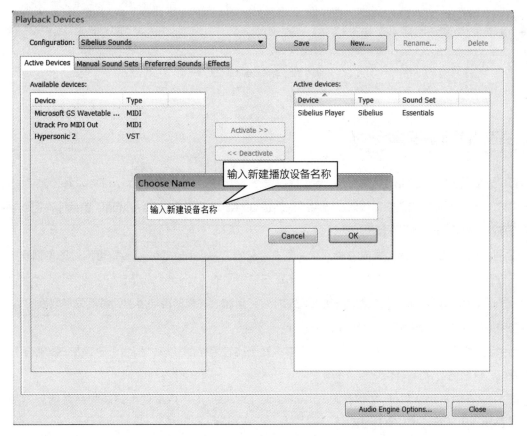

图 1.12.3 新建播放配置

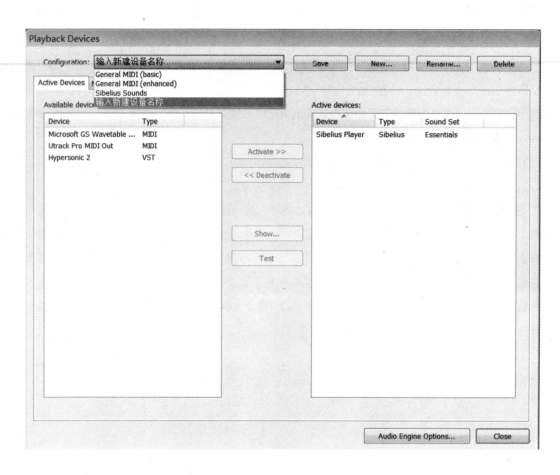

选择播放设备（Playback Device）| 新建（New），在弹出的 Choose Name 对话框中输入新建播放配置的名称并确定，如图 1.12.3 所示。

新建播放配置完成后，在 Configuration（配置）下拉菜单处出现了新创建的播放配置，如图 1.12.4 所示。

图 1.12.4 选择新建播放配置

四、更改当前播放配置

新建播放配置后，在 Playback Devices（播放设备）对话框中，右侧的 Active Devices（激活的设备）列表中依然是 Sibelius 内置的播放器，调用的依然是 Sibelius Sounds Essentials 音色库，因此当前新建的播放配置并没有对播放设备进行更改。

在 Playback Devices（播放设备）对话框中，左侧 Available Devices（可用设备）列表中列出了候选设备，在左侧选中某个设备后，通过点击左右栏中间的 Activate 或双击左侧的某个设备将该设备激活，添加到 Active Devices（激活的设备）列表中，并且新激活的设备自动添加到激活设备列表的最上方，直接调用该播放设备中的音色，用来播放乐曲。

当激活设备时，Sibelius 后台在处理过程中将处于比较繁忙的状态，稍后一分钟左右即恢复正常，并非死机，这时请勿强行关闭软件。

图 1.12.5 中 Hypersonic 2 软音源从 Available Devices（可用设备）列表中被激活后添加到了 Active Devices（激活的设备）列表中。

第一章　认识 sibelius

第二章　新建与保存乐谱

第三章　音符输入与编辑

第四章　文本、符号

第五章　五线谱与排版

第六章　播放

第七章　乐理试卷制作

第八章　常用插件介绍

第九章　常用操作问答

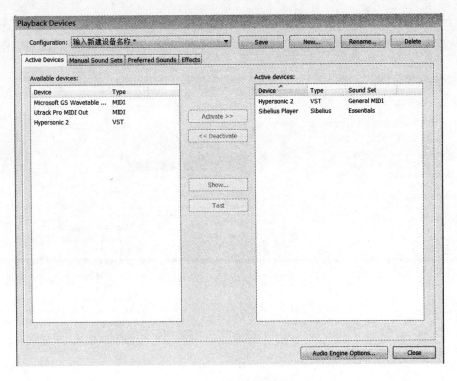

图 1.12.5 选择新建播放配置

五、编辑播放配置

1. 重命名播放配置

在 Playback Devices（播放设备）对话框中的 Configuration（配置）下拉列表后，点击 Rename（重命名），可以对当前播放配置名称进行重命名。

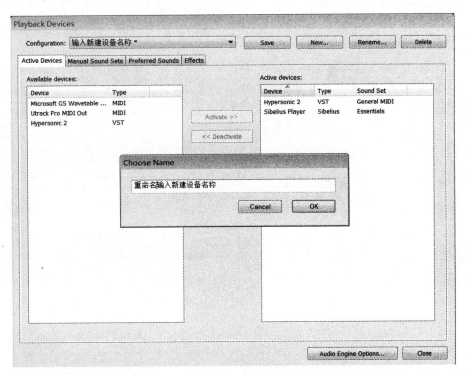

图 1.12.6 重命名播放配置

第一章 认识sibelius

第二章 新建与保存乐谱

第三章 音符输入与编辑

第四章 文本、符号

第五章 五线谱与排版

第六章 播放

第七章 乐理试卷制作

第八章 常用插件介绍

第九章 常用操作问答

2. 编辑当前播放配置

新激活的播放设备中，有些设备带有多套音色库，我们可以根据自己的需要进行选择。例如，这里以 Hypersonic 2 软音源为例，这套软音源中内置了几套音色库，在这个播放配置中可以进行选择。

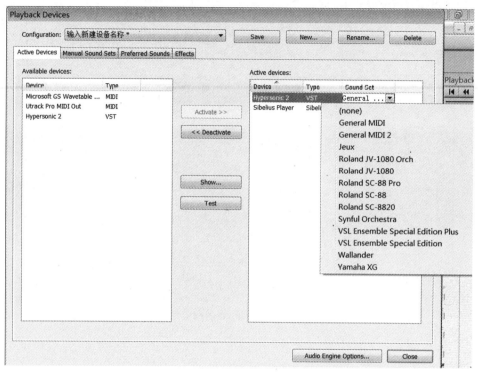

图 1.12.7 编辑播放配置

编辑完毕后，点击对话框的 Close（关闭），这时会弹出如图 1.12.8 提示保存的对话框：你想要保存更改的播放配置"输入新建设备名称"吗？选择"是"，则保存更改，选择"否"，将不保存。

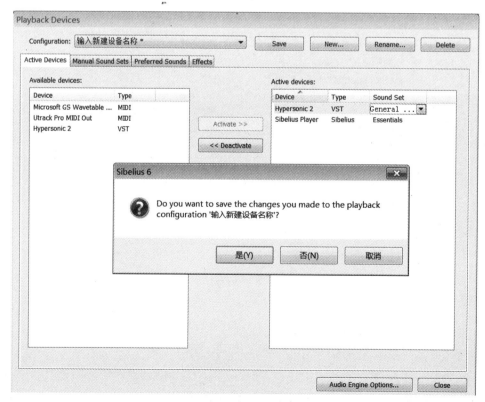

图 1.12.8 编辑播放配置

3. 删除当前播放配置

在 Playback Devices（播放设备）对话框中的 Configuration（配置）下拉列表后，点击 Delete（删除）后弹出一个对话框：大意为，"你确定要永久删除这个播放配置吗？"点击"是"，删除；点击"否"，不删除。当需要删除当前播放设备时，点击是，执行删除操作，如图 1.12.9。

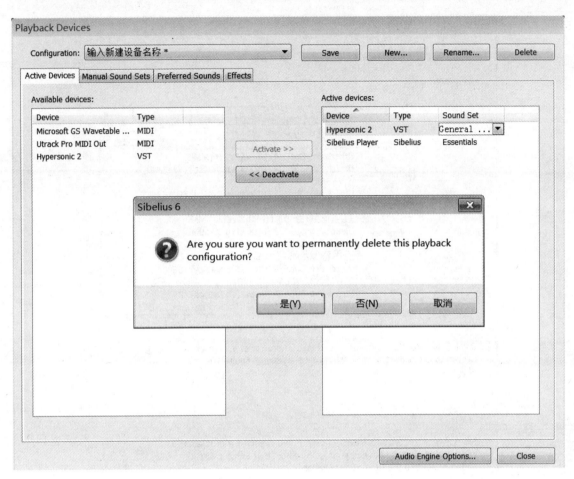

图 1.12.9 删除播放配置

六、Audio Engine Options（音频引擎选项）

在 Playback Devices（播放设备）对话框中，选择 Audio Engine Options（音频引擎选项）设置音频驱动等操作，点击该项后弹出 Audio Engine Options 对话框。

在 Audio Interface（音频接口），Interface（接口）下拉列表中选择相应的驱动。在 windows 操作系统中，我们会发现在这个下拉列表中相同驱动名称出现几次，但名称结尾的括弧中缩略语有所不同。

1. 如果你看到名称用（ASIO）结尾的设备，使用这个，ASIO（Audio Stream Input/Output，翻译：音频流输入/输出）会提供一个低延迟接口，当你使用虚拟乐器并影响播放和输入时，使用这个设备将会获得较为理想的结果。

2. 名称用 (DS) 结尾的设备是微软的的 DirectSound 技术。DirectSound 不提供类似 ASIO 较低的延迟，但是如果没有 ASIO 设备可用时，推荐使用这个。根据特定的的硬件，在实时输入时 DirectSound 设备有可能提供较低的延迟，也有可能无法提供。

3. 设备名称用 (MME) 结尾的，这是 DirectSound 和 ASIO 的前身，一些廉价声卡或低端笔记本会内置该设备，并且这些设备仅支持 (MME)，用于一般性工作，但不会提供较低的延迟。

第一章 认识sibelius

第二章 新建与保存乐谱

第三章 音符输入与编辑

第四章 文本、符号

第五章 五线谱与排版

第六章 播放

第七章 乐理试卷制作

第八章 常用插件介绍

第九章 常用操作问答

对于音乐制作，较大延迟是比较致命的问题，因此选择一个具有低延迟的设备对于音乐制作至关重要，尤其是许多音乐爱好者使用的软音源比较多，对电脑要求相应提高，推荐选择带有 ASIO 驱动的设备，如果您的电脑中没有提供 ASIO 驱动，大家可以到以下网址：http://www.cnmidi.org/asio.rar 下载软件 ASIO 驱动，安装这个驱动，同样可以使您的电脑获得较低的延迟。

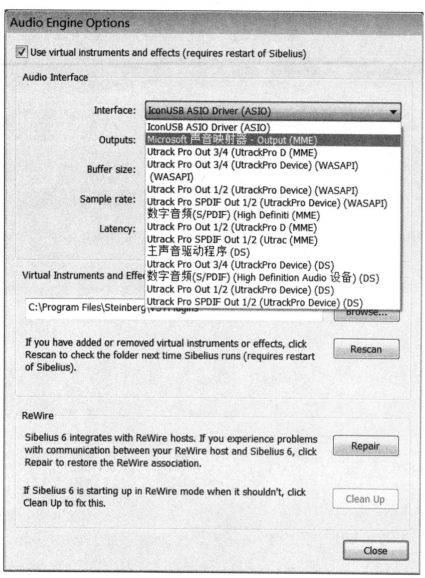

图 1.12.10 音频驱动

Sibelius 6 支持 VST 功能，同样是在这里进行设置 VST 的路径，如果您新安装了 VST，尽量将所有 VST 安装到同一个目录，然后在这里点击 Browse（浏览），找到 VST 安装目录，确定后点击 Rescan(重新扫描)VST 更改的信息，在我们重新启动 Sibelius 后，新安装的软音源就可以为我们所用了。

相关 VST 的内容在第六章第一节有详细的介绍。

第二章
新建与保存乐谱

本章重点

1. 新建乐谱；
2. 打开 MIDI 文件；
3. 导入 Xml 文件；
4. 保存文件的几种方式。

本章主要内容概要

本章共七节：

1. 新建乐谱；
2. 打开 MIDI 文件；
3. 导入 XML 文件 ；
4. 打开其他版本 Sibelius 文件；
5. 合并乐谱；
6. 保存文件；
7. 打印乐谱。

第一章 认识sibelius

第二章 新建与保存乐谱

第三章 音符输入与编辑

第四章 文本、符号

第五章 五线谱与排版

第六章 播放

第七章 乐理试卷制作

第八章 常用插件介绍

第九章 常用操作问答

⌂ **第一节** 新建向导

一、启动 Quick Start（快速启动）

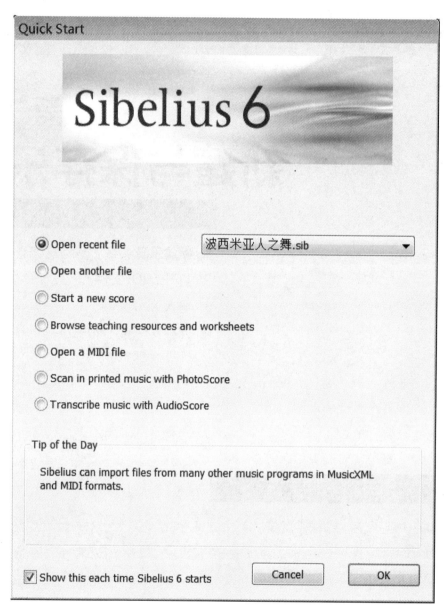

图 2.1.1 快速启动窗口

启动 Sibelius 后，默认显示快速启动窗口，在快速启动窗口中选择第二项 Start a new score（新建一个乐谱），点击 OK（确定），跳到下一步，选择模板、纸张类型、纸张方向，如图 2.1.2 。

提示：乐谱新建完成后，纸张方向、大小、页边距等可以通过菜单布局（Layout）| 文档设置（Document Setup）进行修改，详情阅读第五章第九节。

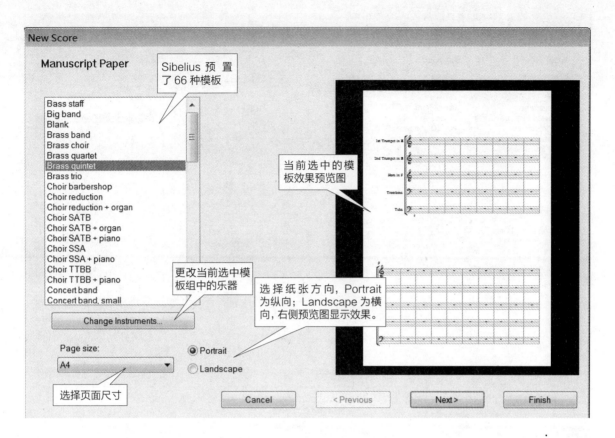

图 2.1.2 选择模板

· Page size（纸张大小），下拉列表中列出了常用纸张尺寸，默认为 A4 纸张。

· Portrait：纸张方向为纵向；

· Landscape：纸张方向为横向。

二、使用和定义五线谱模板（Manuscript Paper）

在 New Score 对话框中选择 Manuscript Pager（模板），Sibelius 提供了 66 种模板样式，包含铜管组、木管组、弦乐组、键盘组、打击乐组、吉他组、管弦乐队组、小乐队组等多种类型。

如果当前列出的模板中没有合适你当前使用的模板类型，选择与你使用类型相近的一组模板，然后点击 Change Instruments（更改乐器）按钮，进行自定义模板，如图 2.1.3。

· Instruments（乐器）对话框中分为四个区域；

－ Choose From：从大乐器组类别中选择；

－ Family：大乐器组中的乐器分类；

－ Instrument：当前选中的乐器组中的乐器；

－ Staves in Score：当前总谱中的五线谱。

· 在 Instrument 区与 Staves in Score 区中间有六个操作按钮；

－ Add to Score：把 Instrument 区中选定的乐器添加到 Staves in Score（当前乐谱中的五线谱）。

第一章　认识sibelius

第二章　新建与保存乐谱

第三章　音符输入与编辑

第四章　文本、符号

第五章　五线谱与排版

第六章　播放

第七章　乐理试卷制作

第八章　常用插件介绍

第九章　常用操作问答

Instruments

Add Instrument

Choose from:

All Instruments
Band Instruments
Common Instruments
Jazz Instruments
Orchestral Instruments
Orff Instruments
Rock and Pop Instruments
World Instruments

Family:

Woodwind
Brass
Percussion and Drums
Pitched Percussion
Guitars
Singers
Keyboards
Strings
Others

Instrument:

Celesta
Piano
Keyboard
Harpsichord
Organ [manuals]
Ped. [Organ pedals]
Accordion

Add to Score

Delete from Score

Move

Up

Down

Extra staff

Above

Below

Staves in score:

1st Trumpet in Bb
2nd Trumpet in Bb
Horn in F
Trombone
Tuba

小五线谱

☐ Small staff

Cancel   OK

图 2.1.3 更改乐器

－ Delete from Score：把选中的 Staves in Score（当前乐谱中的五线谱）乐器删除。

－ Move：移动 Staves in Score（当前乐谱中的五线谱）选定的乐器，这个操作决定当前选定的五线谱在总谱中的位置，对各个乐器在当前五线谱中的上下顺序进行重新调整。

－ Up：向上移动 Staves in Score（当前乐谱中的五线谱）选定的乐器。

－ Down：向下移动 Staves in Score（当前乐谱中的五线谱）选定的乐器。

－ Extra staff：附加五线谱，选定 Staves in Score（当前乐谱中的五线谱）某件乐器，执行这个操作将把当前选定的乐器进行重复添加工作，并且添加后 Sibelius 默认将当前选中的五线谱与新附加的五线谱自动用相应的方括弧或莲花括弧组成一个乐器组，点击 OK 确定，新建完成后，效果如图 2.1.4 所示。

－ Above：在 Staves in Score（当前乐谱中的五线谱）中选定的乐器上方附加一个相同乐器。

－ Below：在 Staves in Score（当前乐谱中的五线谱）中选定的乐器下方附加一个相同乐器。

－ Small staff：小五线谱，上图以 Tuba 为例，在 Staves in Score（当前乐谱中的五线谱）中选中 Tuba，勾选下方的 Small staff 复选框，这个 Tuba 乐器变为小五线谱，新建乐谱完成后效果图如图 2.1.5 所示：

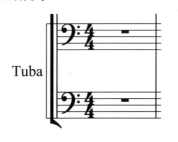

图 2.1.4 Extra staff（附加 Tuba）

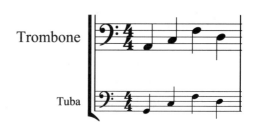

图 2.1.5 小五线谱（Tuba）

根据实际需要进行添加或删除乐器，完成设定后点击确定，完成模板修改。

模板修改完毕，点击下一步进行排版样式选择。

提示：乐谱新建完成后，可以通过菜单创建（Create）|乐器（Instruments）进行修改，详情阅读第五章第一节。

三、选择排版样式（House Style）

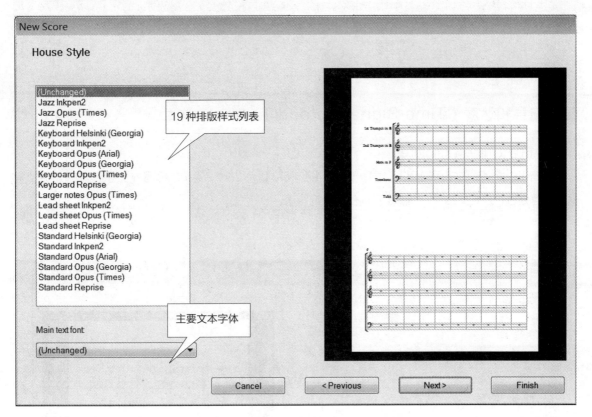

图2.1.6 排版样式

不同的出版商对乐谱排版样式有不同的需求，Sibelius 内置 19 种不同风格的排版样式以满足不同使用者的需求，并且可以通过排版样式菜单对排版样式进行编辑。

一套排版样式主要包含以下几个方面的信息：

* 刻度标尺选项

* 文本样式

* 符号字体和符号设计

* 符头设计

* 乐器定义和合奏

* 线设计

* 对象位置

* 音符间距标尺

* 文档设置（比如页面和五线谱大小）

* 播放字典

* 默认分谱外观设置

第一章　认识sibelius

第二章　新建与保存乐谱

第三章　音符输入与编辑

第四章　文本、符号

第五章　五线谱与排版

第六章　播放

第七章　乐理试卷制作

第八章　常用插件介绍

第九章　常用操作问答

　　每一个排版样式都有一套不同的乐曲字体，Sibelius 在各种排版样式中使用这几种字体 Opus、Helsinki、Reprise、 Inkpen2，文本字体使用 Times、Georgia、Arial。

Opus 是一套标准的乐曲字体，Helsinki 是更为传统的一种字体，Reprise 和 Inkpen2 两种字体是手写体。

　　Main text font，主要文本字体，默认字体为 Times New Roman，是新建乐谱后输入的其他文字的默认字体，比如：标题、副标题、表情文本、速度文本等。

　　应用一个排版样式后，意味着整个乐谱将应用该排版样式中关于上述几方面的参数设置。

提示：使用排版样式对于制作乐谱多种样式要求非常有帮助，详情使用方法参见第三章第十节。

四、拍号和速度（Time Signature and Tempo）

1. 拍号（Time Signature）

该窗口中除了提供常用的 2/2、2/4、3/4、4/4、6/8 以及 2/2、2/4 拍的缩写外，还可以在 Other（其他）拍号处进行自定义拍号，以满足不同使用者的需求。

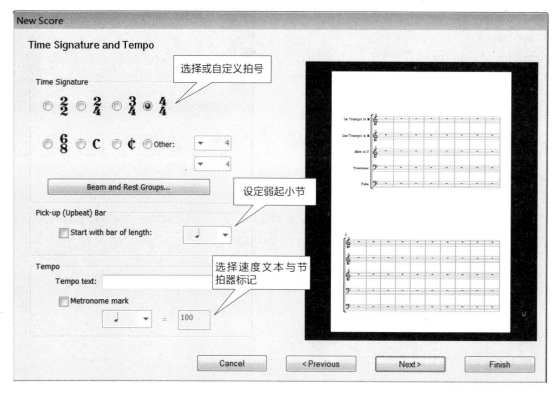

图 2.1.7 拍号与速度

提示：乐谱新建完成后，可以通过菜单创建（Create）| 拍号（Time Signture）进行设定，详见第三章第四节。

2. 速度（Tempo）

速度文本（Tempo text）通常标注在乐谱开始，一般伴随着一个节拍器速度标记（Metronome mark）同时出现，如图2.1.8所示。

用鼠标点击速度文本（Tempo text）后面的下拉箭头，在下拉列表中选择相应的速度文本（Tempo text），乐谱新建完成后，这个速度文本（Tempo text）会出现在乐谱的开始，勾选节拍器速度标记（Metronome mark）复选框，新建乐谱完成后，节拍器速度标记（Metronome mark）会显示在速度文本（Tempo text）后，如图2.1.8所示：

图2.1.8 速度与节拍标记

图2.1.9 设定速度

每一个内置的速度文本（Tempo text）对应着一个速度，这个速度在节拍器速度标记（Metronome mark）处可以查看，如图2.1.9所示。

选择了速度文本（Tempo text）时，即使不勾选节拍器速度标记（Metronome mark）复选框，Sibelius也会自动识别相应的速度，在播放乐谱时会按照这个速度进行播放。

速度文本（Tempo text）可以手动自定义输入列表中没有列出的类型，自定义速度文本（Tempo text）后，勾选节拍器速度标记（Metronome mark）复选框后，设定显示速度，Sibelius将按照设定的这个速度进行播放，如果不需要显示节拍器速度标记（Metronome mark），将该复选框取消选择，但Sibelius依然会按照节拍器速度标记（Metronome mark）后面设定的速度进行播放。

> 提示：乐谱新建完成后，可以通过菜单创建（Create）| 文本（Text）| 速度（Tempo）修改，详细阅读第四章第五节。

五、符尾和休止符群组方式

在为乐曲选择不同的拍号时，不同的拍号音符有不同的群组方式，Sibelius会根据不同的拍号自动的将音符符尾按照一定规律进行组合到一起，形成比较规范、美观、科学的音符群组方式，便于乐谱浏览者准确、快速的读懂乐谱信息。

但是，每个音乐家对音符群组方式有不同的要求，这时音符的群组方式取决于使用者的爱好。可以通过符尾和休止符群组（Beam and Rest Groups）进行自定义符尾和休止符群组方式。

认识sibelius 第一章

新建与保存乐谱 第二章

音符输入与编辑 第三章

文本·符号 第四章

五线谱与排版 第五章

播放 第六章

乐理试卷制作 第七章

常用插件介绍 第八章

常用操作问答 第九章

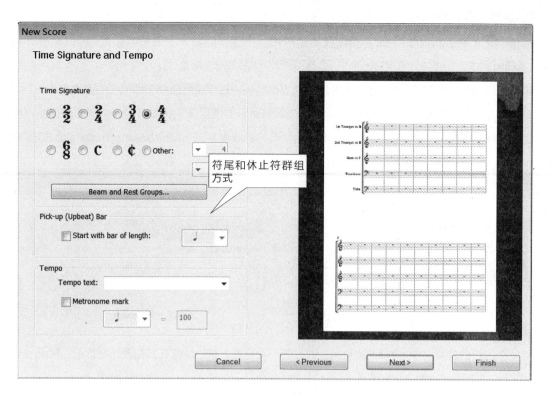

图 2.1.10 点击 Beam and Rest Groups

Beam and Rest Groups

Groups

Here you can specify how beamed notes and rests are grouped after this time signature.

	No. of Notes/Rests in Each Group	Total in Bar
Group 8ths (quavers) as:	4,4	8
☐ Group 16ths (semiquavers) differently:	4,4,4,4	16
☐ Subdivide their secondary beams:	4,4,4,4	16
☐ Group 32nds (demisemiquavers) differently	8,8,8,8	32
☐ Subdivide their secondary beams:	4,4,4,4,4,4,4,4	32

Beams Over Tuplets

☐ Separate tuplets from adjacent notes

Cancel   OK

图 2.1.11 修改音符群组方式

在图 2.1.11 中：

· Total in bar：表示在这个小节中的音符数目。

· Group 8ths (quavers) as：群组八分音符方式，这里仅对八分音符进行群组方式设定，Total in bar 已注明在一个小节内共有 8 个八分音符，因此在每个小组中音符或休止符数目（No.of Notes/Rests in Each Group）中输入群组数值时，必须保证数值总和等于 8，并且如果分组是大于等于两组时，数字中间用半角输入法状态下的"，"（逗号）隔开。例如：Sibelius 默认每个小组中音符或休止符数目（No. of Notes/Rests in Each Group）为 4,4，表示前面 4 个八分音符为群组，后面 4 个八分音符为群组，这是比较常见的八分音符群组方式，如图 2.1.12 所示：

图 2.1.12 默认音符群组方式

我们可以根据自己的需求进行修改，如图 2.1.13-2.1.14 所示：

图 2.1.13　　　　　　　　　　　　　　　　　　　图 2.1.14

· Group 16ths(semiquavers) differently：群组十六分音符。

· Subdivide their secondary beams：对 16 分音符的二级符尾进行细分。

它们对应的在这个小节中的音符数目（Total in bar）为 16。

勾选群组十六分音符（Group 16ths(semiquavers) differently）复选框，我们可以根据不同乐曲的需要进行设置分组方式，例如：

图 2.1.15　　　　　　　　　　　　　　　　　　　图 2.1.16

结合群组八分音符方式"Group 8ths (quavers as）"、群组十六分音符"Group 16ths(semiquavers) differently"的基础上，勾选十六分音符的二级符尾进行细分"Subdivide their secondary beams）"复选框，对十六分音符二级符尾进行细分，可以制作出不同群组样式的乐谱，满足使用者的需求，例如：

图 2.1.17

第一章 认识sibelius

第二章 新建与保存乐谱

第三章 音符输入与编辑

第四章 文本、符号·

第五章 五线谱与排版

第六章 播放

第七章 乐理试卷制作

第八章 常用插件介绍

第九章 常用操作问答

按照此方法举一反三，可以对三十二分音符进行群组。

· Group 32ths(demisemiquavers) differently：群组三十二分音符。

· Subdivide their secondary beams：对三十二分音符的二级符尾进行细分。

音符时值小于八分音符的（例如：9/16、15/32等），不常用的或者自定义的拍号，使用音符群组时，八分音符群组方式会自动禁用，并且 Sibelius 会按照默认方式对以最科学、美观的方式对音符进行分组。

· Separate tuplets from adjacent notes：将三连音与相邻的音符分开。如图 2.1.18 所示：

图 2.1.18

提示：音符群组方式在乐曲排版中的使用详见第三章第四节拍号部分

六、调号（Key Signature）

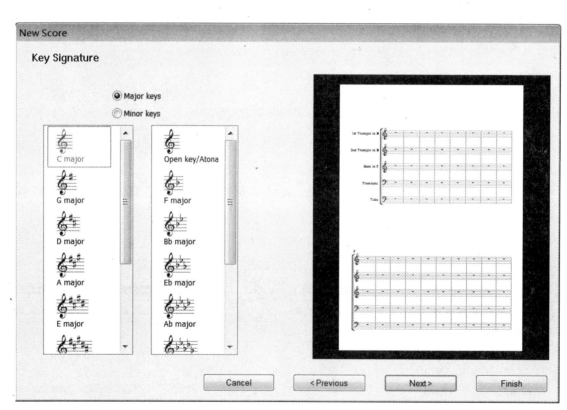

图 2.1.19 调号

Sibelius 将调号分为大调和小调两类，大调（Major keys）、小调（Minor keys），分升、降号调两栏显示，左边栏显示升号调，右边栏显示降号调，选择一个调号作为乐曲的默认调号。

在降号调一栏中有一个开放调 / 无调性（Open key/Atonal），一些作曲家在作曲时调号变化较为频繁或一些乐曲没有明显的调式调性时可以选择该调号。

乐谱信息部分详细阅读第四章第二节。

打开一个 MIDI 文件，使这个 MIDI 文件变为一个 Sibelius 文件格式，方便以后编辑与交流。选择文件（File）－打开（Open），弹出文件对话框，如图 2.2.1 所示：

图 2.2.1 打开文件对话框

在电脑中的相应位置找到 MIDI 文件，双击 MIDI 文件或选中 MIDI 文件，选择对话框中的打开按钮打开 MIDI 文件，在弹出的打开 MIDI 文件（Open MIDI File）对话框中设置相关参数，使导入的 MIDI 文件 Sibelius 的识别更加准确。在这个对话框中有两个标签：MIDI 文件（MIDI File）与记谱（Notation）。

有些 MIDI 文件没有包含类似乐器改变、谱号等信息，意味着 Sibelius 在识别这些乐谱时只能猜测乐器名称、谱号、调号，Sibelius 会提示该 MIDI 文件识别可能有错误，您需要手动设置该 MIDI 文件的乐器、谱号、调号等信息，如果可以获得该 MIDI 文件的副本，请确认 MIDI 文件完整无误，再重新导入。MIDI 文件一旦导入，意味着你可以编辑、播放、保存、打印该文件。

一、MIDI 文件参数设置

· MIDI file uses this sound set：选择 MIDI 文件使用的音色程序和音色库，一般默认为 General MIDI，这个设置将帮助 Sibelius 更加准确地猜测每个乐器。

· Only one staff per track：每个音轨仅一个谱行，默认是没有勾选的。如果这个 MIDI 文件中包含有钢琴谱，分左右手的两个五线谱行，勾选该项，导入到 Sibelius 中后会合并为一个音轨，而不是两个。

· Keep track order：保持音轨顺序，默认是没有勾选的。勾选该项，Sibelius 识别的 MIDI 文件中的音轨将按照原始 MIDI 文件中音轨顺序进行排列；反之，Sibelius 将会自动为该 MIDI 文件中的音轨进行重新排序。

第一章 认识sibelius

第二章 新建与保存乐谱

第三章 音符输入与编辑

第四章 文本、符号

第五章 五线谱与排版

第六章 播放

第七章 乐理试卷制作

第八章 常用插件介绍

第九章 常用操作问答

·Keep track names：保持音轨名称，默认是勾选的。勾选该项，Sibelius 识别的 MIDI 文件中各音轨的名称为原始文件中的名称；反之，Sibelius 将使用乐器名称作为当前音轨的名称。

·Hide empty staves：隐藏空白五线谱，默认是勾选的。有些 MIDI 文件有空白音轨，勾选该项，Sibelius 将这些空白行隐藏。

·Import markers as hit points：导入标记作为打击点，默认勾选。勾选该项，Sibelius 将标记点作为打击点创建到乐谱中；取消勾选该项，Sibelius 将所有标记作为标准文本格式导入。

·Use frame rate from SMPTE header：使用 SMPTE 头部帧频。

·Use tab for guitars：吉他使用 tab 谱表。当导入的 MIDI 文件中含有吉他音轨时，是否使用 tab 谱表，勾选则使用 tab 谱表，不勾选则使用标准五线谱。

·Use multiple voices：使用多声部，默认勾选。Sibelius 中在一行五线谱中 4 个声部，勾选该项，原 MIDI 文件中 4 个声部中的音符将保持原状被导入到 Sibelius 中；反之，所有音符被作为一个声部导入到 Sibelius 中。

·Show metronome marks：显示节拍器标记，默认没有勾选。勾选该项，原 MIDI 文件中的节拍器标记将被导入，反之将不被导入。

·Paper size：纸张大小，默认为 A4。

·House style：排版样式。

·Portrait：纸张方向为纵向。

·Landscape：纸张方向为横向。

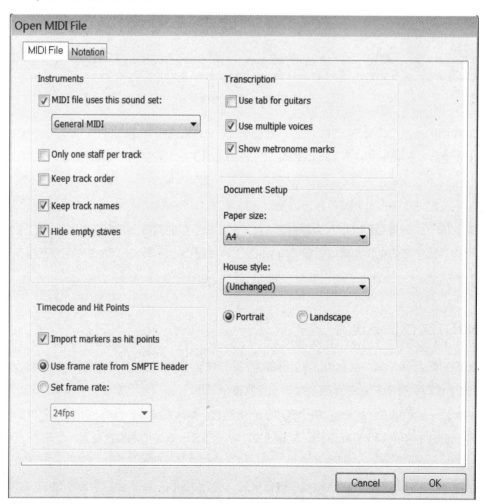

图 2.2.2 打开 MIDI 文件

二、记谱（Notation）

在记谱（Notation）标签上有四个项目，如图 2.2.3：

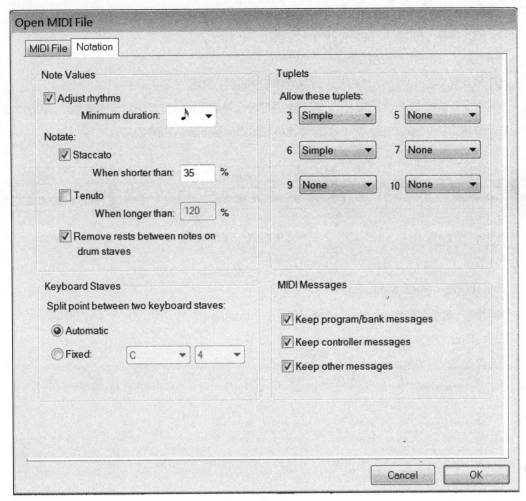

图 2.2.3 记谱

1. 音符时值（Note Values）

– 调整节奏（Adjust rhythms）。

– 最小时值（Minimum duration）：Sibelius 根据乐谱中最小音符时值对乐谱进行量化。例如：如果乐谱中最小音符时值为八分音符，如果这里选择了八分音符，Sibelius 将会做出正确判断；如果这里选择了四分音符，乐谱中出现的八分音符将被作为四分音符识别。

– 音符（Notate）。

– 断奏（Staccato）：当音符时值小于设定比例时，Sibelius 将该音符识别为断奏音符。

– 保持音（Tenuto）：当音符时值大于设定比例时，Sibelius 将该音符识别为保持音符。

– 在鼓谱上移除音符间的休止符（Remove rests between notes on drum staves）。

2. 键盘乐谱（Keyboard Staves）

– 两个五线谱音高分割点（Split point between two keyboard staves）：当 MIDI 文件中包含有分左右手的两行五线谱的乐谱时，里面的音符比下面确定的音高要高时，这部分音符在上行谱表上，低于下面确定的音高的音符将被分配到下行谱表。

第一章 认识sibelius

第二章 新建与保存乐谱

第三章 音符输入与编辑

第四章 文本、符号

第五章 五线谱与排版

第六章 播放

第七章 乐理试卷制作

第八章 常用插件介绍

第九章 常用操作问答

– 自动分割（Automatic）：让 Sibelius 自动确定这个分割点音高。

– 固定分割音高（Fixde）：手动设定这个分割点音高。

3. 多连音（Tuples）

– 允许的多连音（Allow these tuplets）列表。

– 无多连音（None）：没有连音。

– 简单多连音（Simple）：比如三连音等简单的多连音，如图 2.2.4。

– 中等难度多连音（Moderate）：比如前面是四分音符后面是八分音符的多连音类型，如图 2.2.5。

– 复杂的多连音（Complex）：比如带休止符和附点的多连音，如图 2.2.6。

图 2.2.4 简单多连音

图 2.2.5 中等难度多连音

图 2.2.6 复杂多连音

4. MIDI 信息（MIDI Messages）

– 保持程序 / 音色库信息（Keep program/bank messages）

– 保持控制器信息（Keep controller messages）

– 保持其他信息（Keep other messages）

第三节 导入 XML 文件

一、MusicXML 文件

Sibelius 内置 MusicXML 2.0 文件转换器，允许您打开其他音乐应用程序保存的 MusicXML 文件，包括 Finale2003 版本及更高版本所创建的 MusicXML 文件。该功能可以极大地节约您的时间，但不会保证所转换的文件与原始文件完全一致，但这依然是 Sibelius 同其他主流乐谱制作软件交流数据比较好的方法，对于还原原始文件完整程度相对比用 MIDI 文件交流的方式准确度高。

Sibelius 可以打开由 Finale 导出的 XML 文件，在 Finale 中执行文件（File）| MusicXML| 导出（Export），即可将当前乐谱导出为 XML 格式文件。

二、导入 MusicXML 文件

导入 XML 文件执行菜单文件（File）| 打开（Open），在打开对话框中找到 XML 乐谱文件。

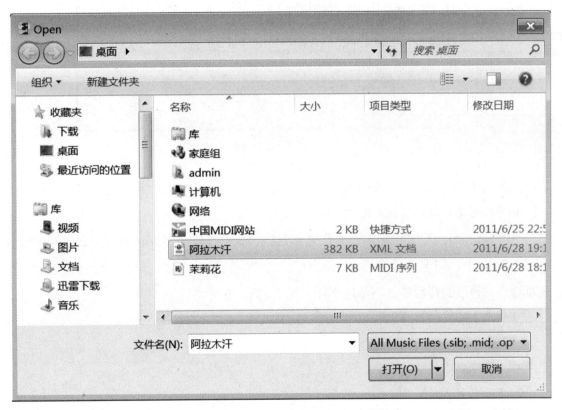

图 2.3.1 打开 XML 文件

在弹出的导入 XML 文件对话框中设置相关参数，提高 Sibelius 识别准确度。在这个窗口中有两个内容需要设置。

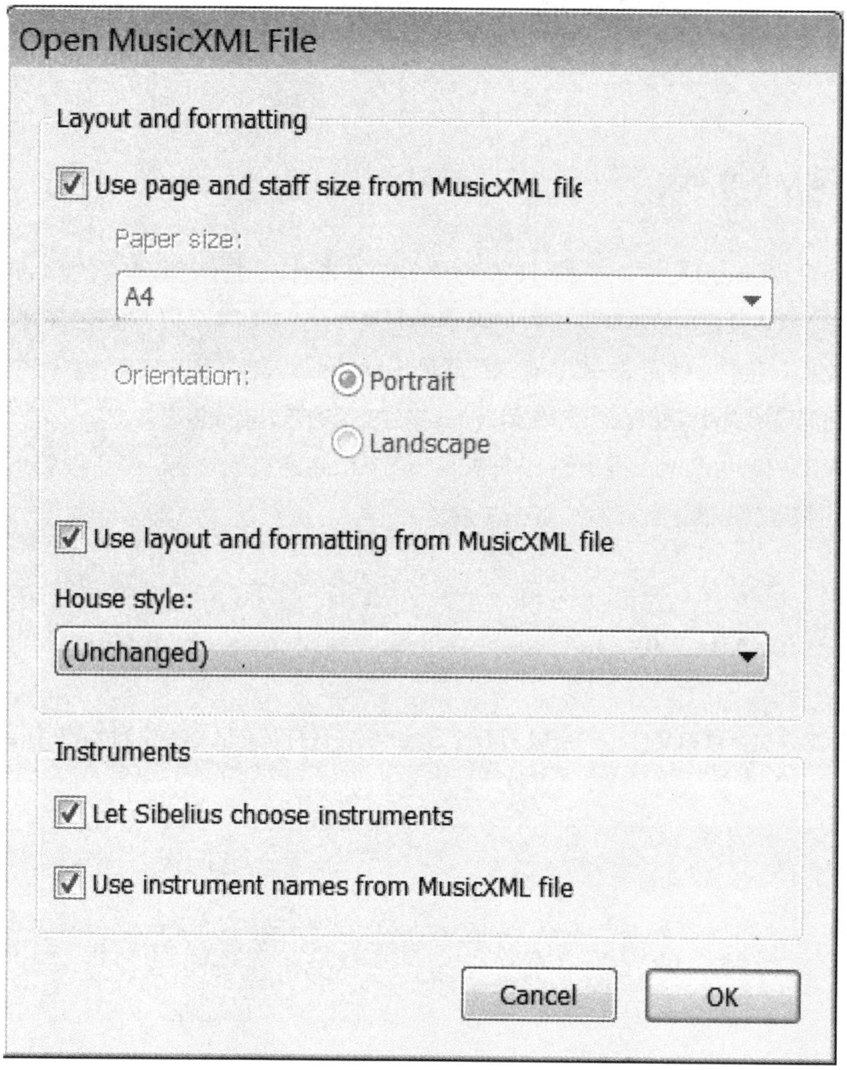

第一章 认识sibelius

第二章 新建与保存乐谱

第三章 音符输入与编辑

第四章 文本、符号

第五章 五线谱与排版

第六章 播放

第七章 乐理试卷制作

第八章 常用插件介绍

第九章 常用操作问答

图 2.3.2 打开 XML 对话框

下面我们对这个对话框进行详细介绍：

1. 布局和格式（Layout and formatting）

－ 使用 MusicXML 文件中的页面尺寸和五线谱大小（Use page and staff size from MusicXMLfile）。勾选该项使用 MusicXML 文件中的设置；取消勾选则使用自定义，如果该项勾选，更改的排版样式将不起作用。

－ 纸张大小（Paper size）

－ 纸张方向（Orientation）

－ 纵向（Portrait）

－ 横向（Landscape）

－ 使用 MusicXML 文件的布局和格式（Use layout and formatting from Music file）。

－ 排版样式（House style），使用排版样式必须确定"使用 MusicXML 文件中的页面尺寸和五线谱大小（Use page and staff size from MusicXML file）"没有勾选，排版样式才会生效。

2. 乐器（Instruments）

让 Sibelius 选择乐器（Let Sibelius choose instruments）。使用该项，如果发现 Sibelius 识别的乐器有误，或者错误较多，请取消该项，重新导入 XML 文件，这时会弹出乐器选择对话框，手动添加乐器。

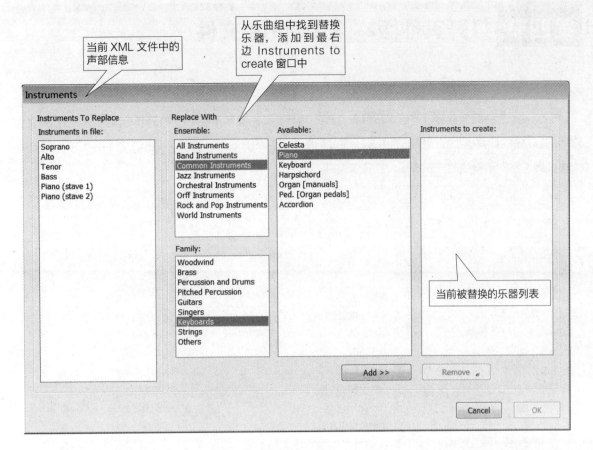

图 2.3.3 选择乐器

　　左边乐器(Instruments in file)是当前 MusicXML 文件中的声部,在左边几栏中选择对应的替换乐器,添加到最右边创建到乐谱中的乐器（Instruments to create）,设定完毕,单击 OK。

　　在图 2.3.2 中,使用 MusicXML 文件中的乐器名称（Use instrument names from MusicXML file）,取消该项,Sibelius 将用默认乐器名称代替。

三、MusicXML 文件的局限性

　　MusicXML 文件在各大音乐程序间转换数据也存在一定局限性,并非十全十美,在导入过程中因为语言、程序等各方面问题,可能会出现不能正常导入的,但是 MusicXML 文件的强大数据交流优势已经给我们的数据交流带来了极大方便,在不远的将来,我们期待这项技术更加完善。

认识sibelius 第一章

新建与保存乐谱 第二章

音符输入与编辑 第三章

文本、符号 第四章

五线谱与排版 第五章

播放 第六章

乐理试卷制作 第七章

常用插件介绍 第八章

常用操作问答 第九章

第四节 打开其他版本 Sibelius 文件

Sibelius 具有完全兼容以前版本所保存文件的功能，点击文件（File）|打开（Open）弹出打开文件对话框，在您的计算机中找到相应的由 Sibelius 旧版本保存的 Sibelius 文件，双击该文件或者选中该文件，点击打开文件对话框中的打开按钮，打开该文件。

图 2.4.1 打开低版本乐谱

打开旧版本文件时，弹出如图 2.4.2 升级乐谱对话框，在这里设置升级到新版本时需要转化的重要项目。下面我们一起来了解这个对话框中的相关参数。

在升级对话框中提示，这个文件是用旧版本保存的文件，设置下面相关参数以提高 Sibelius 转化为新版本的外观，如果下面的参数你不确定，可以直接点击确定。

· 创建动态分谱（Create dynamic parts），如果乐谱中包含分谱，勾选该项，转化为新版本文件后自动创建动态分谱。

· 使用上一个版本的音色库（Use same sounds as in previous version（Where possble）），勾选该项，Sibelius 尝试恢复使用 Sibelius 旧版本中使用的音色库，如果你已安装相关软音源或你的硬件可以支持，旧版本中的音色库在新版中生效。

· 播放反复（Play repeats），开启此项，导入到新版后 Sibelius 在遇到反复小节线时播放反复，并显示正确的小节数。

· 保留自定义音符群组（Keep custom beam groupings），开启此项，Sibelius 将保留自定义的音符群组方式。

· 使用磁性布局（Use Magnetic Layout），开启此项 Sibelius 会自动避开符号与符号之间、符号与音符之间的冲突。

· 转换和弦符号文本（Convert chord symbol text），开启此项，将升级在 Sibelius5 或更早版本中创建的和弦符号文本。该功能仅升级 Sibelius 提供的和弦字体，其他非 Sibelius 提供的和弦字体不能被升级。

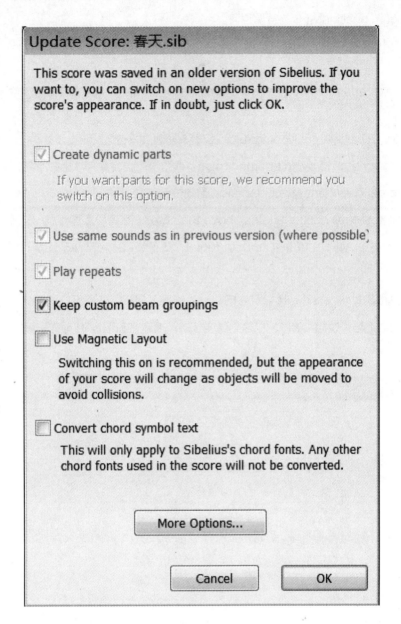

图 2.4.2 升级乐谱

点击更多选项（More Options），弹出如图 2.4.3 更多升级乐谱选项，进行细微设置，进一步提高 Sibelius 转化的准确度。

· Magnetic slurs on normal notes：在正常音符上开启连线磁性布局，确定 Sibelius 在音符上方或下方，使符号与音符或和弦的距离保持最近，避开冲突。

· Magnetic slurs on cross-staff notes：在跨行音符上开启连线磁性布局，确定在跨行的音符上开启磁性布局。

· Version 1.3 stem length rule：版本 1.3 符干长度标尺。

· Version 2 voice positioning：第二声部的位置。

· Magnetic tuplets：多连音磁性布局，确定多连音的数字和括弧的位置是正确的。

第一章 认识sibelius

第二章 新建与保存乐谱

第三章 音符输入与编辑

第四章 文本、符号

第五章 五线谱与排版

第六章 播放

第七章 乐理试卷制作

第八章 常用插件介绍

第九章 常用操作问答

·Adjust note spelling in transposting instrument in remote keys：在远关系调中调整移调乐器中的音符重拼。

·All note and staff spacings to be contracted：收缩所有音符和五线谱的间距。

·Optical beam positions：传输符尾位置。

·Optical note spacing：传输音符间距，这个操作将更改整个乐谱的音符间距，所有手动调整将失效。

·Hidden notes and rests don't affect stem dirctions and rests：隐藏音符和休止符并不影响符干方向和休止符。

·Version 5 vertical text positioning rule：版本 5 垂直文本位置标尺。

·Adjust stem lengths to avoid beamed rests：调整符干长度避开休止符冲突。

·Draw automatic cautionary accidentals：自动提示临时记号。

·Position slurs on mixed stem notes above the notes：在音符上连音线的位置。

·Extend tuplet brackets to last note in tuplet：在多连音中，延伸多连音的括弧持续到最后一个音符。

Sibelius 大多数的默认设置都是比较科学的，一般情况下保持默认即可，如果你对源文件各个细节设置足够了解，可以适当修改相关参数，以达到最佳状态，提高 Sibelius 识别的准确度。

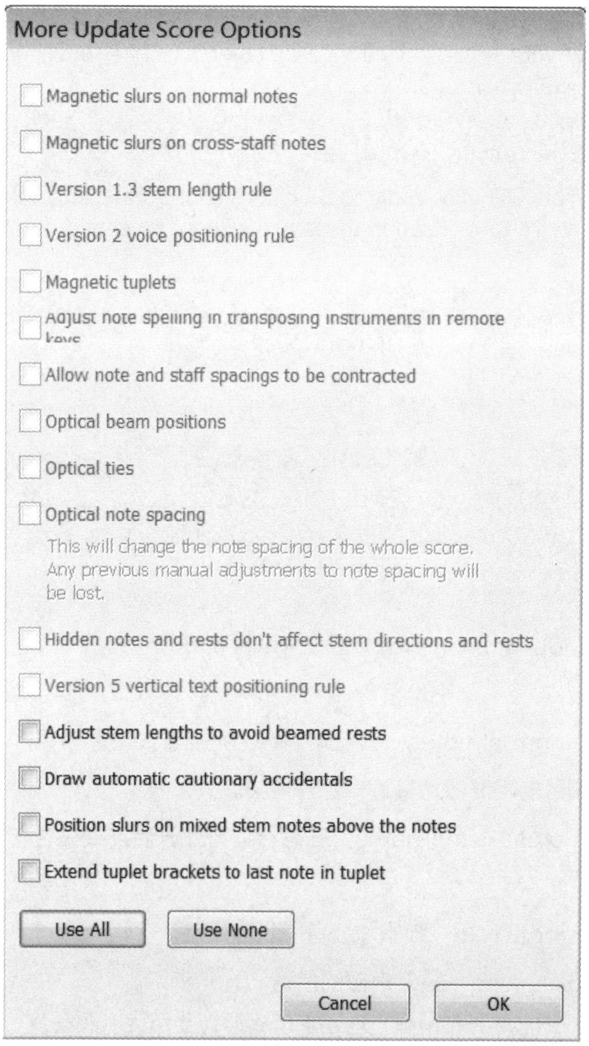

More Update Score Options

☐ Magnetic slurs on normal notes

☐ Magnetic slurs on cross-staff notes

☐ Version 1.3 stem length rule

☐ Version 2 voice positioning rule

☐ Magnetic tuplets

☐ Adjust note spelling in transposing instruments in remote keys

☐ Allow note and staff spacings to be contracted

☐ Optical beam positions

☐ Optical ties

☐ Optical note spacing

This will change the note spacing of the whole score. Any previous manual adjustments to note spacing will be lost.

☐ Hidden notes and rests don't affect stem directions and rests

☐ Version 5 vertical text positioning rule

☐ Adjust stem lengths to avoid beamed rests

☐ Draw automatic cautionary accidentals

☐ Position slurs on mixed stem notes above the notes

☐ Extend tuplet brackets to last note in tuplet

[Use All] [Use None]

[Cancel] [OK]

图 2.4.3 更多升级乐谱选项

Sibelius 可以将两个单独的 sib 文件合并到一起，并创建一个新页面，将合并的乐谱添加到当前乐谱的结尾。

操作方法：执行文件（File）| 附加乐谱（Append Score），在弹出的对话框中找到需要附加的文件即可。

一、合并乐谱

打开乐谱文件《欢乐颂》谱例 1，如图：

图 2.5.1《欢乐颂》谱例 1

执行菜单文件（File）| 附加乐谱（Append Score），在弹出的附加乐谱对话框中找到需要附加的乐谱文件《欢乐颂 2》，双击该文件或者点击打开对话框中的打开按钮，将乐谱导入：

图 2.5.2 附加乐谱《欢乐颂》谱例 2

新的乐谱被附加到当前乐谱中：

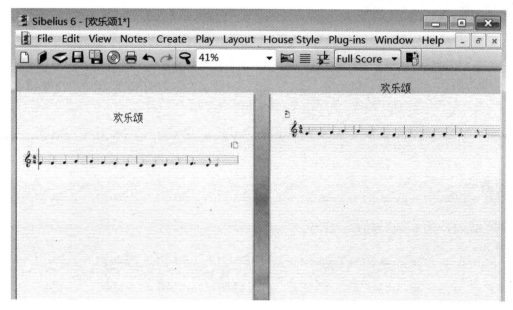

图2.5.3 附加乐谱效果图

二、注意事项

如果要合并的对象与当前乐谱的五线谱数不一致，Sibelius 会弹出提示对话框，提示不能附加这个乐谱，例如本谱例中要附加的乐谱有两行五线谱，当前打开的五线谱只有一行五线谱，Sibelius 提示确认当前五线谱与准备附加的乐谱五线谱数目不一致，确定后退出附加乐谱。

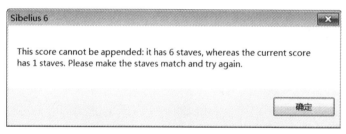

图2.5.4 合并乐谱错误提示

乐谱附加成功后，使两个文件合并为一个乐谱文件，可以对乐谱进行重新编辑处理。乐谱合并后可以进行复制、粘贴等操作。

第一章 认识sibelius

第二章 新建与保存乐谱

第三章 音符输入与编辑

第四章 文本、符号

第五章 五线谱与排版

第六章 播放

第七章 乐理试卷制作

第八章 常用插件介绍

第九章 常用操作问答

Sibelius 文件在不导入图形等文件的情况下，通常每页有 1KB-20KB 之间，这意味着您可以在您的硬盘上保存数以万计的 Sibelius 文件，而不必担忧硬盘存储空间的问题。

一、保存 sib 文件

通过文件（File）|保存（Save）或另存为（Save As），可以保存文件为 SIB 文件格式，在其他电脑上可以重新打开或编辑该乐谱文件。

在乐谱编辑过程中，为了避免中途出现意外，可以激活 Sibelius 自动保存功能，设置每隔几分钟对 Sibelius 文件进行一次自动保存，自动保存的乐谱在退出 Sibelius 后并不会自动删除。

文件（File）|个性参数设置（Preferences）|文件（Files）|激活自动保存（Enable auto-saving），默认自动保存位置为 Save score in，点击设置（Set）修改默认自动保存路径，如图 2.6.1 所示。

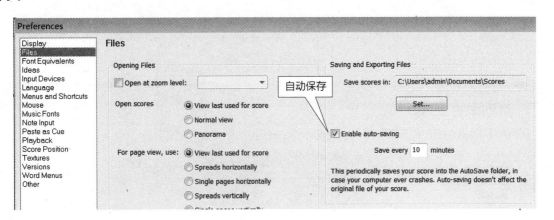

图 2.6.1 自动保存

二、保存音频文件

Sibelius 可以通过导出（Expot）功能导出音频、MIDI、图形、Web 乐谱、低版本 Sibelius 文件。

1. 导出音频文件

保存音频文件，通过菜单文件（File）|导出（Export）|音频（Audio），如图 2.6.2 所示。

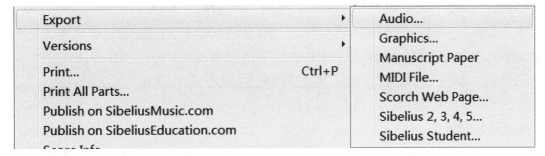

图 2.6.2 导出音频菜单

第一章 认识sibelius

第二章 新建与保存乐谱

第三章 音符输入与编辑

第四章 文本、符号

第五章 五线谱与排版

第六章 播放

第七章 乐理试卷制作

第八章 常用插件介绍

第九章 常用操作问答

在弹出的导出音频（Export Audio）对话框中显示出该文件的大小和时间，点击选择文件夹（Choose Folder）按钮更改音频文件保存路径，在文件名（Filename）处修改所保存文件名。修改完毕点击确定保存音频文件，如图 2.6.3。

图 2.6.3 导出音频对话框

2. 移动播放线到乐曲开头

在导出音频文件前，播放控制条如果未处于乐曲开头，可能会弹出如图 2.6.5 下面提示：

图 2.6.4 播放线未在乐曲开始提示播放线不正确

、　播放线不正确，没有在乐曲开头，如果你想导出整个乐谱的音频文件，请使用菜单播放（Play）| 移动播放线到乐曲开始（Move Playback Line to Start），然后再试，你想移动播放线到乐曲开头吗？点击是，Sibelius 自动将播放线移动到乐曲开头，并弹出导出音频对话框进行音频导出。当前播放线所处的问题可以在播放控制条上看到，使用菜单播放（Play）| 移动播放线到乐曲开始（Move Playback Line to Start）将播放线移动到乐曲开头，或直接在播放控制条上拖拉到开头。

3. 配置播放配置

·如果当前乐谱使用的是微软的软波表，而未使用任何虚拟乐器，没有音频文件，导致不能导出音频，如图2.6.5所示。按照如图说明进行重新配置：菜单播放（Play）| 播放设备（Playback Devices）进行配置，选择一个虚拟乐器。

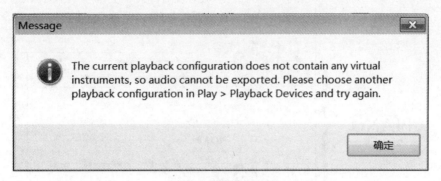

图 2.6.5 不能导出音频提示

· 不能导出音频的解决方案：

– 菜单播放（Play）| 播放设备（Playback Devices）

– 点击配置（Configuration）下拉列表，选择一个虚拟乐器，Sibelius 套件中的软音源即可，选择 Sibelius Sounds，设置完毕，点击 OK，重新进行导出音频即可，如图 2.6.6。

– 如果您安装了其他软音源，也可以选择做出音频播放设备。

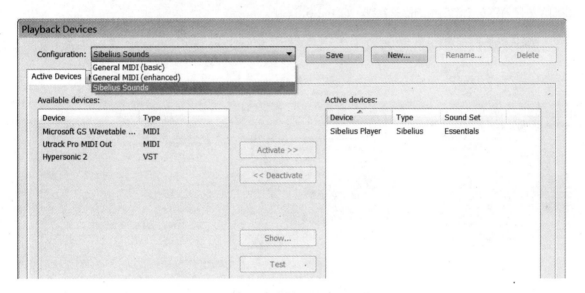

图 2.6.6 选择音源作为输出设备

三、图形

Sibelius 可以将一组五线谱选定区域的乐谱进行整合乐谱输出图形，方便乐谱的交流与印制。

1. 复制乐谱到剪切板

Sibelius 允许复制乐谱的部分区域，将乐谱复制到剪切板，以图形形式粘贴到其他应用程序中。

– 选择编辑（Edit）| 选择（Select）| 选择图形（Select Graphic），快捷键为 Alt+G；

– 鼠标变为十字形状，在需要复制的区域拖动鼠标，拖拉出一个带虚线的方框，框内的区域为需要复制的区域，如图 2.7.7；

– 在虚线框上有 8 个空白小方格，在这 8 个小方格上可以继续对该方框进行放大或缩小，调整选择区域；

– 使用菜单编辑（Edit）| 复制（Copy）复制选区到剪切板，可以将图形粘贴到比如 Word 等程序中。

图 2.6.7 选择部分乐谱

2. 导出图形对话框介绍

选择菜单文件（File）|导出（Export）|图形（Graphic），弹出导出图形（Export Graphic）对话框，我们首先了解下这个窗口中的相关参数，如图 2.6.8。

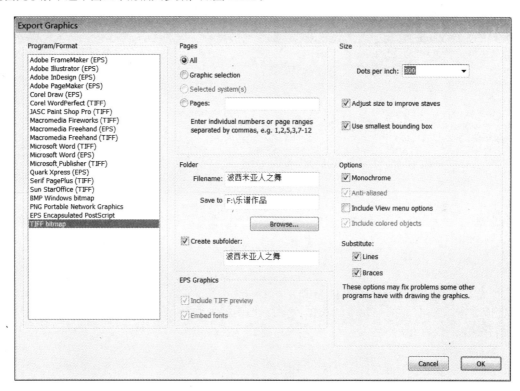

图 2.6.8 导出图形对话框

- Program/Format：Sibelius 支持导出的所有图形格式；

- Pages：导出图形的页码或范围；

- Folder：导出的图形保存文件夹；

- Filename：导出图形的名称；

- Save to：图形保存位置；

- Create Graphic：为导出的图形创建一个文件夹；

- EPS Graphic：eps 图形导出选项；

- Include TIFF Preview：包含 TIFF 图形预览；

– Embed fonts：嵌入字体；

– Dots per inch：导出图形的分辨率，DPI 值设置的越高，输出乐谱的分辨率就越高，打印质量就越好，一般选择 300DIP 可以输出或打印出高质量的乐谱；

– Adjust size to improve staves：调整大小改进五线谱；

– Use smallest bounding box：给导出的图形使用最小的边框，如图 2.6.9、2.6.10 所示；

图 2.6.9 未使用最小边框

图 2.6.10 使用最小边框

– Monochrome：单色；

– Anti-aliased：反走样；

– Include colored objects：包括着色的对象；

– Substitute：替代；

– Lines：线；

– Braces：括弧。

选项（Option）标签中的这些项目可能会解决其他程序打开图形的问题，可以根据实际需要进行设置。

3. 导出图形

Sibelius 导出图形（Export Graphics）的方式有以下几种：

· 导出所有页面（All）；

选择导出图形对话框中 All，整个乐谱中所有页面将被导出到指定的文件夹中。

· 导出选区（Graphic selection）；

选择编辑（Edit）|选择（Select）|选择图形（Select Graphic），快捷键为 Alt+G，在乐谱上选择需要导出的乐谱区域。如图 2.6.11 所示：

图 2.6.11 选择乐谱区域

认识sibelius 第一章

新建与保存乐谱 第二章

音符输入与编辑 第三章

文本、符号 第四章

五线谱与排版 第五章

播放 第六章

乐理试卷制作 第七章

常用插件介绍 第八章

常用操作问答 第九章

选择菜单文件（File）|导出（Export）|图形（Graphic），在导出图形（Export Graphic）中选择图形（Graphic select）单选按钮，如图 2.6.12 所示。

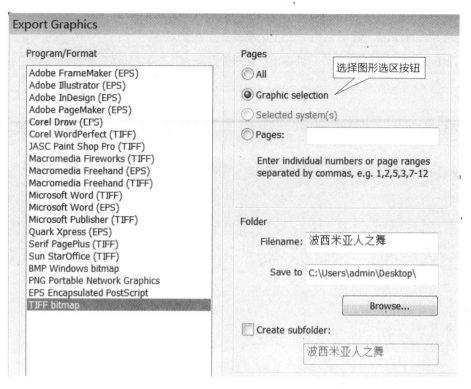

图 2.6.12 导出图形选区

根据需要，设定其他相应参数，点击 OK 导出图形。

·导出选定的五线谱组（Select systems）：

选定如图 2.6.13 五线谱组

图 2.6.13 选定五线谱组

选择菜单文件（File）|导出（Export）|图形（Graphic），在导出图形（Export Graphic）对话框中的页码（pages）区域选择系统选择单选按钮（selected systems），如图 2.6.14 所示：

根据需要，设定其他相应参数，点击 OK 导出图形

·导出指定页码范围(Pages)，在这里输入页码范围,用逗号和短线隔开,如图2.6.15中1-3页和5-7页的图形将被导出：

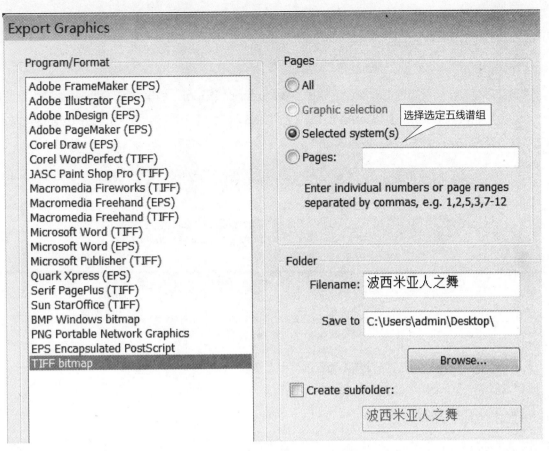

图 2.6.14 导出选定五线谱组

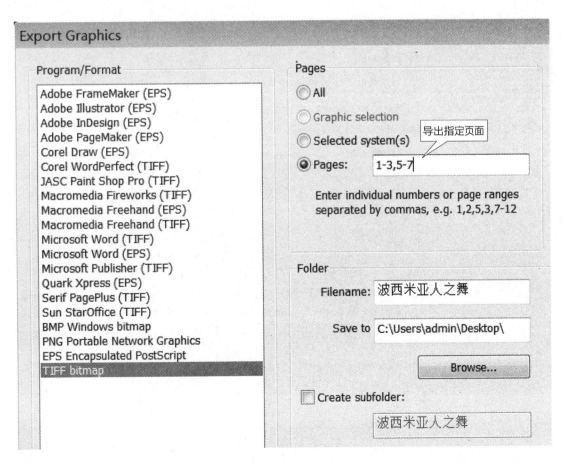

图 2.6.15 导出指定页面

认识sibelius 第一章

新建与保存乐谱 第二章

音符输入与编辑 第三章

文本、符号 第四章

五线谱与排版 第五章

播放 第六章

乐理试卷制作 第七章

常用插件介绍 第八章

常用操作问答 第九章

四、导出模板

把你经常使用的乐器组导出为一个模板文件，在新建向导处直接使用该模板，可以节约时间，提高工作效率。

选择文件（File）| 导出（Export）| 模板（Manuscript Paper）导出模板，执行操作后弹出提示对话框，这个操作将把这个乐谱添加到模板中去，当你新建乐谱时这个模板会显示出"您确定要继续吗？"点击"是"继续操作，点击"否"取消该操作。

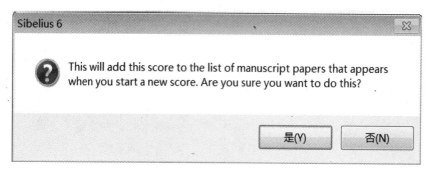

图 2.6.16 导出模板确认

关于模板制作和使用，使用方法详见第五章第十二节。

五、导出 MIDI 文件

选择文件（File）| 导出（Export）| MIDI，弹出 MIDI 导出选项对话框：

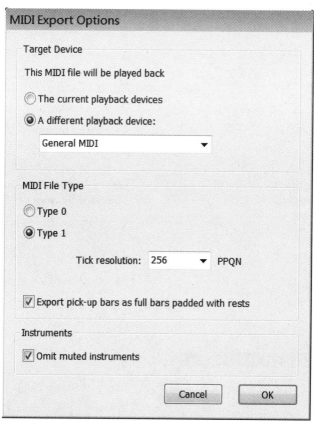

图 2.6.17 导出 MIDI 对话框

下面我们了解下该对话框中所有参数的作用：

– Target Device：目标设备，选择一个设备作为播放这个 midi 文件的默认目标设备；

– The current playback devices：当前播放设备；

– A different playback devices：一个不同的设备，从下拉列表中选择一个设备；

– MIDI File Type：文件类型，Type 0 和 Type 1 两种类型，相关介绍详见第一章第二节；

– Tick resolution：解析点，默认是 256PPQN，Sibelius 内部解析和推荐值；

– Export pick-up bars as full bars padded with rests：导出弱起小节为完整小节，不足的时值用休止符填充；

– Omit muted instruments：忽略静音的乐器；

设置完毕点击确定，在弹出的导出 MIDI 文件对话框中输入保存文件名，保存到指定位置。

六、保存为网页乐谱页面

通过互联网直观的查阅有声乐谱是一个比较理想的交流音乐的方式，Sibelius 提供的 Scorch Web Page 功能可以将 Sibelius 乐谱导出为 web 乐谱，在互联网上查阅有声乐谱。

1. 导出有声乐谱

选择菜单文件（File）| 导出（Export）| 网页有声乐谱（Scorch Web Page），弹出保存页面对话框：

图 2.6.18 保存 Web 乐谱

在保存有声网页对话框中点击保存，继续进行下面设置，如图 2.6.19：

– Choose a template web page：选择一个网页页面模板；

– Size of Score in Web Page：网页乐谱尺寸大小；

– Keep aspect ratio：保持宽度高度比例；

– Allow printing and saving：允许打印和保存乐谱。

第一章 认识sibelius

第二章 新建与保存乐谱

第三章 音符输入与编辑

第四章 文本、符号

第五章 五线谱与排版

第六章 播放

第七章 乐理试卷制作

第八章 常用插件介绍

第九章 常用操作问答

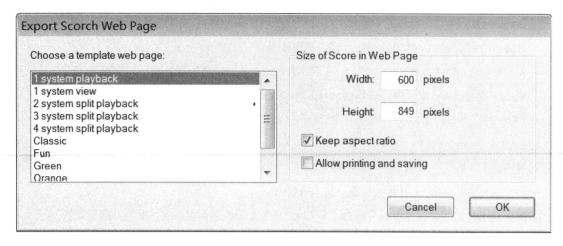

图 2.6.19 Web 乐谱模板样式

2. 相关说明

在点击保存时，弹出如下提示对话框，该提示的大意是："这个文件名必须是只包含数字、字符、没有空格。请更改文件名。"这里这段提示文字我们可以理解为文件名不能用中文，将文件名用英文、数字或汉语拼音命名，如图 2.6.20。

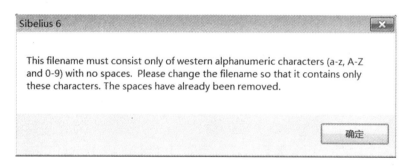

图 2.6.20 web 页面文件名不能为中文提示

3. 安装控件

在第一次运行网页乐谱时，需要安装 Sibelius 的控件才可以在线阅读该文件，如图所示，点击提示栏，在弹出的菜单中"选择允许阻止的内容"，在线下载并安装该控件，如图 2.6.21。

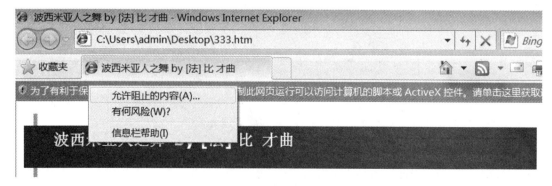

图 2.6.21 安装控件

该插件被操作系统的安全程序阻止，当点击允许组织的内容时，操作系统弹出安全警告，点击"是"，允许该控件活动，如图 2.6.22。

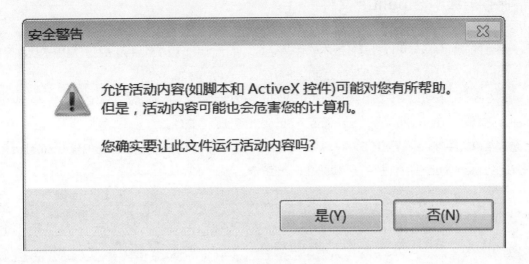

图 2.6.22 允许控件活动

这时可以在线浏览该乐谱：

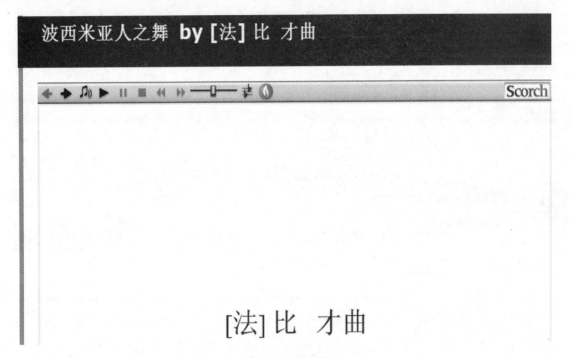

图 2.6.23 web 乐谱

4. 网页乐谱播放控制条介绍

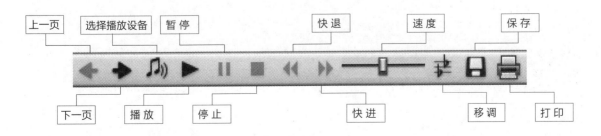

图 2.6.24 web 乐谱播放控制条

第一章 认识sibelius

第二章 新建与保存乐谱

第三章 音符输入与编辑

第四章 文本、符号

第五章 五线谱与排版

第六章 播放

第七章 乐理试卷制作

第八章 常用插件介绍

第九章 常用操作问答

七、保存低版本 Sibelius 文件

　　大多数的软件高版本可以打开低版本软件保存的文件，而用低版本软件无法打开高版本软件保存的文件。Sibelius 可以将高版本文件保存为可以兼容低版本软件的功能。

　　目前 Sibelius 6 可以将在 Sibelius 6 中创建的乐谱文件另存为 Sibelius 5、Sibelius 4、Sibelius 3、Sibelius 2、Sibelius 5 Student、Sibelius 3 Student 等低版本文件。

　　选择菜单文件（File）|导出（Export）|Sibelius 2、3、4、5 or Student，在弹出的导出 Sibelius2、3、4、5 or Student 对话框中点击保存，如图 2.6.25 所示。

图 2.6.25 保存低版本 sib 文件

第七节 打印乐谱

一、打印

在打印文件前，请通过文档设置（Document Setup）来设置乐谱纸张大小、页边距等参数，详细阅读第五章第十节。

选择菜单文件（File）|打印（Print），弹出打印文件对话框，在这个对话框中进行设置相关参数，打印乐谱。

图 2.7.1 打印乐谱

二、参数介绍

· Printer：打印机。

· Page Range：打印页码范围。

· Add：在打印时添加以下数据。

– Date and time footer：日期和时间页脚；

– Border：边框；

– Crop marks：裁剪标记；

– Wiew menu options：查看菜单选项；

– Print in color：打印颜色。

Sibelius 入门到精通

第一章 认识 sibelius

第二章 新建与保存乐谱

第三章 音符输入与编辑

第四章 文本、符号

第五章 五线谱与排版

第六章 播放

第七章 乐理试卷制作

第八章 常用插件介绍

第九章 常用操作问答

· Copies：打印份数。

· Substitute：替代以下数据。

– Lines：线；

– Braces：括弧；

– Arpeggios，gliss，etc：琶音、刮奏等；

– Symbols：符号字体 。

· Fomat：格式。

– Fit to paper：匹配到纸张，如果实际纸张大小比打印机设置纸张大，可以使用此项避免页面被裁减；

– Scale：缩放比例。

· Normal：常规，设置是否双面打印，选择 All 打印双面。

– All：所有页；

– Even：奇数页；

– Odd：偶数页。

· Booklet：打印书本，装订成册。

– Outward：外页；

– Inward：内页。

为了方便大家对 Spreads 与 2-up 打印模式的理解，我们用图示来说明：

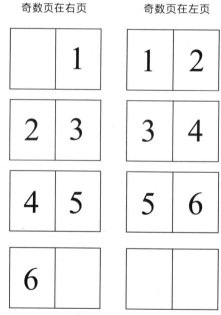

图 2.7.2 Spreads（左图）与 2-up（右图）打印模式

三、打印所有分谱

在打印文件前，请确定当前乐谱是否已经创建分谱，详情阅读第五章第十一节《动态分谱》以及第十节《页面布局》文档设置（Document Setup）来确认是否对每个分谱纸张大小、页边距等已进行了设置。

所有分谱的打印参数与上述打印总谱参数一致，不再赘述，相关参数参照所打印的总谱。

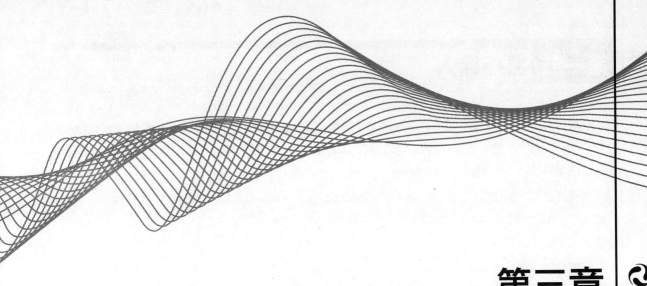

第三章
音符输入与编辑

本章重点

1. 音符与和弦的输入；
2. 自由节奏；
3. 显示与隐藏谱面元素；
4. 音符组合方式；
5. 谱号、调号、拍号。

本章主要内容概要

本章共十一节：

1. 鼠标输入；
2. 键盘输入；
3. 综合输入法；
4. 谱号、调号、拍号；
5. 音符和弦的输入；
6. 音符群组与跨行音符；
7. 自由节奏；
8. 移调与移调乐器；
9. 谱面元素选中状态；
10. 显示与隐藏谱面元素。

第一章 认识sibelius

第二章 新建与保存乐谱

第三章 音符输入与编辑

第四章 文本、符号

第五章 五线谱与排版

第六章 播放

第七章 乐理试卷制作

第八章 常用插件介绍

第九章 常用操作问答

第一节 鼠标输入

通过前两章的学习，我们对 Sibelius 的各个功能有了一个初步了解，从本章开始我们进入 Sibeliuis 学习的实战状态，从输入法到乐谱的初步编辑。本章我们主要介绍几种输入法和音符的编辑。Sibelius 的输入法有很多种，包括我们前面介绍的打开 MIDI 文件、图形识别、音频识别、导入 XML 文件等。

本章前三节，我们继续了解 Sibelius 全新的输入方法，主要介绍三种：鼠标输入、键盘输入，综合输入，三种输入法各有利弊，我们首先从第一种鼠标输入法讲起。

一、适用对象

鼠标输入法适用对象针对两类 Sibelius 使用者，一种是无键盘操作基础的，另一种是有键盘操作基础，但是没有键盘输入设备的使用者。

二、鼠标输入法的优缺点

· 优点：

– 对使用者键盘演奏水平没有任何要求，只要有基本音乐知识的使用者都可以使用；

– 对电脑声卡、驱动等硬件设备要求较低，一般普通家用多媒体电脑都可以满足；

– 不存在输入延迟问题，输入音符的同时即可听到当前输入音符的音响效果；

– 输入准确度极高，只要眼睛看不错，几乎不存在输入错误的状况；

· 缺点：

– 在 Sibelius 几种输入法中，输入速度最慢；

– 因为输入速度慢，所以使用此方法制作乐谱最辛苦。

三、使用方法

第一步：

选择菜单音符（Notes）|输入音符（Input Notes），或按下快捷键为 N，这时鼠标变为箭头向右的鼠标 ➚ ，并且鼠标的颜色会根据在如图 3.1.1 Keypad 面板中选择的声部不同而有所区别。

第一声部：蓝色；

第二声部：绿色；

第三声部：橙黄；

第四声部：紫色。

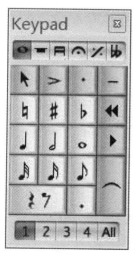

图 3.1.1

第二步：

在小键盘（Keypad）的公共音符（Common notes）面板中选择相应的音符，输入到五线谱中。
如图 3.1.2 所示。

图 3.1.2

第三步：

乐谱输入完毕，按快捷键 N 或 ESC 退出音符输入状态，这时鼠标变为正常状态。

四、小键盘（Keypad）介绍

小键盘共有六个面板，六个面板上的符号各不相同，这个面板在我们音乐创作和乐谱制作过程中使
用较为频繁，下面我们一起来认识下这六个面板。

图 3.1.3

图 3.1.4

图 3.1.5

图 3.1.6

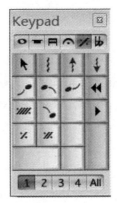

图 3.1.7

图 3.1.8

1. 公共音符面板（Common notes），如图 3.1.3，快捷键为 F7，这个面板上有常用的几种不同
时值音符、休止符、升降记号、重音记号、断音记号、保持音记号、同音连线等；

2. 更多音符面板(More notes)，如图 3.1.4，快捷键为 F8，这个面板上有不常用的几种音符、休止符、
装饰音、滑音等；

第一章 认识sibelius

第二章 新建与保存乐谱

第三章 音符输入与编辑

第四章 文本、符号

第五章 五线谱与排版

第六章 播放

第七章 乐理试卷制作

第八章 常用插件介绍

第九章 常用操作问答

3. 符尾和颤音面板（Beams/tremolos），如图3.1.5，快捷键为F9，这个面板上的符号主要作用是确定符尾链接方式和给音符添加颤音的；

4. 演奏符号面板（Articulations），如图3.1.6，快捷键为F10，选择这个面板上的演奏符号，添加到当前选中的音符上；

5. 爵士演奏符号面板（Jazz Articulations），如图3.1.7，快捷键为F11，选择这个面板上的符号，添加到当前选中的音符上；

6. 临时记号面板（Accidentals），如图3.1.8，快捷键为F12，选择这个面板上的临时变音记号添加到当前选中的音符上。

使用电脑数字键盘上的"+"号键，可以在这六个面板中滚动切换。

关于各面板中的符号使用详见后面章节。

五、键盘字母输入音符

1. 字母与音名对应关系

除了使用鼠标输入外，电脑键盘的字母键也可以输入音符，字母与音名的对应关系如下：

字母键 C 对应音名为 C 的音符；

字母键 D 对应音名为 D 的音符；

字母键 E 对应音名为 E 的音符；

字母键 F 对应音名为 F 的音符；

字母键 G 对应音名为 G 的音符；

字母键 A 对应音名为 A 的音符；

字母键 B 对应音名为 B 的音符。

2. 使用方法

第一步，选中要输入音符的小节，如图3.1.9所示，第一小节被选中，小节周围出现蓝色边框。

图 3.1.9 选中第一小节

第二步，在Sibelius小键盘（Keypad）的第一个面板中选择对应的时值，比如四分音符，如图3.1.10所示。

第三步，分别按下电脑键盘 C、D、E、F 四个按键，输入相应音高，如图3.1.11所示。

图 3.1.10 选中四分音符

图 3.1.11 C、D、E、F 输入完成

3. 调整音高

使用字母输入音符后，音高不会按照我们的意愿进行输入，比如，上例中默认输入的 C、D、E、F 四个音符的音域属于小字二组的，但如果我们想输入到小字一组中时就需要调整音高。

（1）整体八度移动

选中整个小节，按下 Ctrl+ ↓，对整个小节整体移低八度；

选中整个小节，按下 Ctrl+ ↑，对整个小节整体移低八度。

（2）移动个别音符

在鼠标非输入音符状态下，点击需要移动的音符的符头，当前音符被选中，点击↓或↑，对音符进行微调，每按一下↓，音符降低一个二度（大二度或小二度），每按一下↑，音符升高一个二度（大二度或小二度）。

（3）多选音符进行调节音高

按住 Ctrl 点击音符符头，可以选择多个音符；点击最前面的音符，然后按住 Shift，再点击最后一个音符，可以选择某一区域的音符，然后进行微调，或八度移动。

> 提示：对于节奏比较有规律的乐谱，可以先在同一个音高上把所有的节奏输入完毕（使用快捷键 R），然后再依次去调节每个音符的音高。每个人可以根据自己的习惯，善于使用适合自己最快捷的输入方法。

4. 休止符的输入

休止符的输入有三种方法：

（1）输入与休止符时值等同的音符，然后选中该音符按 Backspace（退格键），将音符转为相同时值的休止符；

（2）输入与休止符时值等同的音符，然后选中该音符按小键盘（Keypad）上的休止符按钮将音符转化为相同时值的休止符；

（3）在小键盘（Keypad）上选择一个音符时值，同时选择休止符按钮，直接输入休止符。

第一章 认识sibelius
第二章 新建与保存乐谱
第三章 音符输入与编辑
第四章 文本、符号
第五章 五线谱与排版
第六章 播放
第七章 乐理试卷制作
第八章 常用插件介绍
第九章 常用操作问答

第二节 键盘输入

一、适用对象

键盘输入法主要适用于一类人，个人有较高的键盘弹奏能力，同时拥有低延迟硬件设备的人。

二、键盘输入法的优缺点

· 优点：

− 输入速度较快，节约时间；

− 对于创作较为有利，可以在键盘上更快更好的获得创作灵感；

· 缺点：

− 对演奏者的节奏感和键盘弹奏能力具有较高要求；

− 对于硬件设备，比如声卡等要求较高，以最大限度的获得低延迟，同时保证播放流畅；

− 演奏准确度相对较低，特别是节奏方面。

三、准备工作

首先确定您的输入设备已经与电脑连接，并可以有效使用，通过菜单文件（File）|个性参数设置（Preferences）|输入设备（Input Devices），可以查看当前连接到您电脑的所有输入设备，如图 3.2.1 所示：

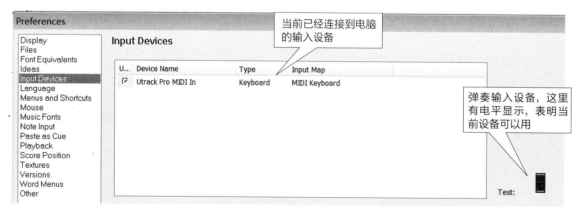

图 3.2.1 输入设备

在图 3.2.1 中列出了当前连接到您电脑的所有输入设备，通过弹奏连接到电脑的输入设备（MIDI 键盘或电子琴皆可），在测试（test）区域可以看到输入电平信号在闪，说明您的输入设备已经正确连接到电脑上，可以使用该设备进行音符输入工作。

关于 MIDI 设备的连接问题，只强调一点，注意 MIDI 线的输出端口（Output）要连接到 MIDI 设备的输入端口（Input），MIDI 线的输入端口（Input）连接到 MIDI 设备的输出端口（Output），不论是普通 MIDI 线，还是现在比较流行的 USB 的 MIDI 线连接方法都一样。

四、实时录制选项设置

为了保证实时录制的准确度最大限度的提高，在实时录制前需要进行相关设置。

选择菜单音符（Notes）|实时录制选项（Flexi-time Options），在弹出的对话框中进行如下参数设置，如图 3.2.2 Flexi-time 标签。

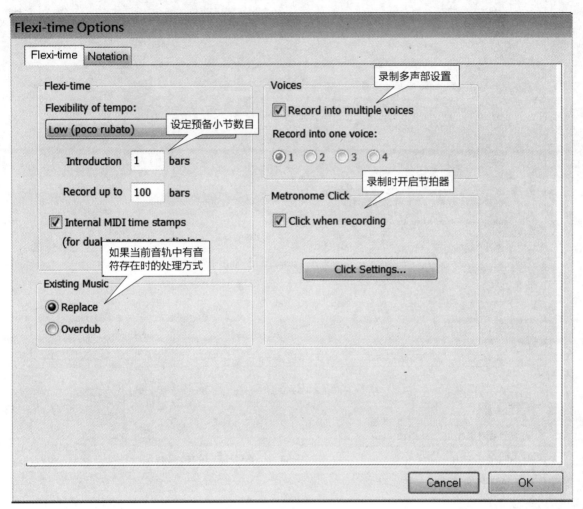

图 3.2.2 实时录制对话框

· 预备小节（Introduction）：设定预备小节，在正式录制前可以帮助使用者掌握节拍、速度等。

· 乐谱存在时处理方式（Existing）

－ 替换（Replace）：当前要录制的谱行中有音符时用录制的音符替换当前音符；

－ 覆盖（Overdub）：把录制的内容与原有内容组合到一起。

· 录制声部（Voices）

－ 录制到多个声部（Record into multiple voices）：Sibelius 根据录制情况自动判断音符进入的声部；

－ 录制到一个声部（Record into one voice）：录制时音符将被录制到指定的声部中。

· 节拍器（Metronome Click）

－ 录制时开启节拍器（Click when recording）；

－ 节拍器设置（Click Setting）。

如图 3.2.3 Notation 标签：

认识sibelius 第一章

新建与保存乐谱 第二章

音符输入与编辑 第三章

文本、符号 第四章

五线谱与排版 第五章

播放 第六章

乐理试卷制作 第七章

常用插件介绍 第八章

常用操作问答 第九章

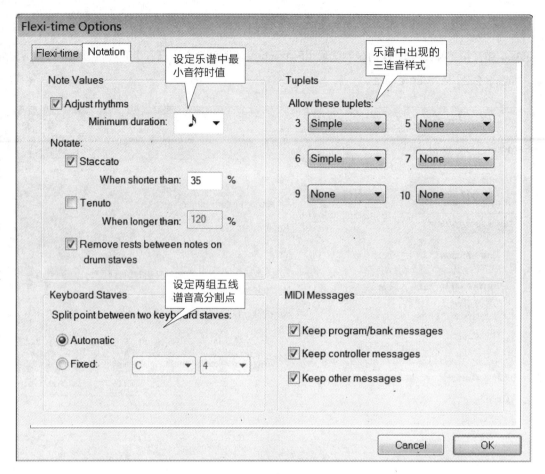

图 3.2.3 实时录制对话框

· 调整节奏（Adjust rhythms）

– 最小时值（Minimum duration）：在录制乐曲时，这里设定的音符时值就是输入的最小值，设定该量化值有助于提高录制准确度。

· 音符（Notate）

– 断奏（Staccato）：当录制音符时值小于当前设定的比例时，当前录制的音符识别为断奏；

– 保持音（Tenuto）：当录制音符时值大于当前设定的比例时，当前录制的音符识别为保持音。

· 在鼓谱上移除音符间的休止符（Remove rests between notes on drum staves）。

· 在键盘五线谱上设置两行谱行的分割点（Split point between two keyboard staves）

– 自动（Automatic）：Sibelius 自动识别两谱表的分割点；

– 固定音高（Fixed）：指定一个音高，作为两行谱表的分割点。

该项设置同时录制两行乐谱时使用，如果您的键盘弹奏能力足够强，可以使用该项，否则请使用默认项，让 Sibelius 自动决定，提高输入准确度，减少后期修改的工作量；

· 允许这些三连音出现在录制乐谱中（Allow these tuplets）

– 无多连音（None）：没有连音；

– 简单多连音（Simple）：比如三连音等简单的多连音，如图 3.2.4；

– 中等难度多连音（Moderate）：比如前面是四分音符后面是八分音符的多连音类型，如图 3.2.5；

– 复杂的多连音（Complex）：比如带休止符和附点的多连音，如图 3.2.6。

图 3.2.4 简单多连音　　　　　　图 3.2.5 中等难度多连音　　　　　　图 3.2.6 复杂多连音

在录制前，请先仔细浏览乐谱，乐谱中是否有三连音，如果没有，请将允许这些三连音处全部选择 None，在录制过程中 Sibelius 不会出现任何形式的多连音，有助于提高录制准确度；如果有少量多连音出现，也可以选择 None，录制完成后手动调整细节。

　·MIDI 信息（MIDI Messages）

　– 保持程序 / 音色库信息（Keep program/bank messages）；

　– 保持控制器信息（Keep controller messages）；

　– 保持其他信息（Keep other messages）。

　这些 MIDI 信息一般情况下保留默认，不做调整。

五、录制

1. 以上设置完毕就可以开始录制工作，如图 3.2.7。

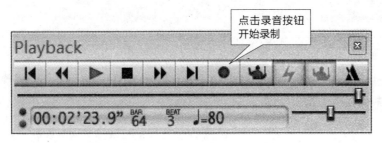

图 3.2.7 开始录制

选中第一小节，点击录制按钮，开始录制。

2. 录制技巧

　– 分段录制，根据乐谱的规律情况，不断调整录制设置，分段录制；

　– 乐曲中有相同的地方使用复制乐谱，粘贴的方法，节约时间，提高效率；

　– 对于多声部录制，尽量分开录制，不要贪图速度而忽略准确度，影响整体工作效率；

　– 对于多连音设置，如果不是大量的出现多连音，尽量选择 None，少量多连音手动调整；

　– 适当增加预备拍子，提前计算好录制速度，保证有充足的心理准备时间；

　– 根据每个人自身情况，选择一个适当的录制速度，录制速度并非一定是乐曲演奏速度，对于原曲速度较快的乐曲，录制时可以适当降低速度，原曲速度太慢的，也可以适当提高。

第一章 认识sibelius
第二章 新建与保存乐谱
第三章 音符输入与编辑
第四章 文本、符号
第五章 五线谱与排版
第六章 播放
第七章 乐理试卷制作
第八章 常用插件介绍
第九章 常用操作问答

第三节　综合输入法

一、适用对象

本输入法适合所有音乐人、作曲家、教师和学生。

二、输入法的优缺点

· 优点：

– 输入速度较快，节约时间；

– 准确度较高；

– 对于个人键盘弹奏能力要求较低；

– 对电脑声卡、内存等要求较低，延迟问题要求较低，一般普通家用多媒体电脑即可。

· 缺点：

– 输入速度相对键盘输入法来讲较慢。

三、准备工作

首先确定您的输入设备已经与电脑连接，并可以有效使用，通过菜单文件（File）| 个性参数设置（Preferences）| 输入设备（Input Devices），可以查看当前连接到您电脑的所有输入设备，相关内容详见本章第二节 80 页，如图 3.2.1。

四、音符的输入

本输入法是使用 MIDI 键盘（或者电子琴、电钢琴等输入设备）结合电脑小数字键盘输入的一种方法，用电脑数字键确定时值，用 MIDI 键盘确定音高。电脑小键盘的数字与 Sibelius 小键盘（Keypad）上的按键是一一对应的。

图 3.3.1 电脑小数字键

图 3.3.2 Sibelius 小键盘（Keypad）

1. 用电脑小数字键盘选择时值

如图 3.3.1 与图 3.3.2 所示：

在电脑小数字键盘上按下数字键 4，Sibelius 小键盘（Keypad）的四分音符即被选中；

在电脑小数字键盘上按下数字键 7，Sibelius 小键盘（Keypad）的还原符号即被选中；

在电脑小数字键盘上按下回车键（Enter），Sibelius 小键盘（Keypad）的同音连线即被选中；以此类推。

2. 用 MIDI 键盘输入音高

在电脑小数字键盘上选定音符时值后，弹奏电脑键盘上的音高即可将音符输入到乐谱中，例如下面谱例《欢乐颂》：

图 3.3.3 《欢乐颂》谱例

第一步，选中第一小节，在电脑小键盘数字键按下 4，选中四分音符；

第二步，连续弹奏 MIDI 键盘的 e1 键两次，完成如图 3.3.4 的乐谱；

图 3.3.4 《欢乐颂》谱例

第三步，继续弹奏 MIDI 键盘的 f1、g1、g1、f1、e1、d1、c1、c1、d1、e1，完成如图 3.3.5 乐谱；

图 3.3.5 《欢乐颂》谱例

第四步，先按下电脑小数字键的 4，选中四分音符，紧接着按下小数点键 "."，选中附点，使这两个按键同时处于被选中状态，如图 3.3.6 所示：

图 3.3.6

第五步，弹奏 MIDI 键盘的 e1，附点音符输入完毕，如图 3.3.7 所示：

图 3.3.7

第一章 认识sibelius

第二章 新建与保存乐谱

第三章 音符输入与编辑

第四章 文本、符号

第五章 五线谱与排版

第六章 播放

第七章 乐理试卷制作

第八章 常用插件介绍

第九章 常用操作问答

第六步，按下电脑小数字键盘的 3，选中八分音符，然后弹奏 MIDI 键盘的 d^1，再次按下电脑小数字键盘的 5，然后弹奏 MIDI 键盘的 d1，该行乐谱输入完毕，按 ESC 退出，如图 3.3.8 所示：

图 3.3.8

五、休止符的输入

1. 直接输入休止符

Sibelius 没有单独的休止符面板，而是非常巧妙地将音符面板与休止符面板结合到了一起。选择一个音符时值后，再复选休止符按钮，这时输入的就是休止符，如图 3.3.9 所示：

休止符面板和音符面板同时被选中

图 3.3.9 选中休止符面板

在这种状态下输入的是四分休止符，而不是四分音符，这个休止符面板的快捷键是电脑数字键盘的数字键 0；

2. 使用默认休止符

Sibelius 具有自动填充休止符的功能。在输入音符时五线谱默认显示全休止符，当一个小节内输入的音符时值不足一个小节时，剩余的时值 Sibelius 用休止符自动填充。

利用 Sibelius 的这个特性，可以非常方便的输入休止符。下面展示完成图 3.3.10 谱例的步骤：

图 3.3.10

第一步，点击该小节的全休止符，点中后休止符变为蓝色，如图 3.3.11 所示；

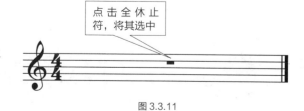

点击全休止符，将其选中

图 3.3.11

第二步，按下电脑小数字键盘 4，输入四分休止符，如图 3.3.12 所示；

图 3.3.2

第三步，按下电脑键盘的方向键，向右，选中第二个四分休止符，然后按下电脑小数字键的 3，这时乐谱变为如图 3.3.13 状态；

图 3.3.13

第四步，继续按电脑键盘的向右方向键，选中后面的二分休止符，然后按下电脑小数字键盘的 4，紧接着按下 "." 按键，完成如图 3.3.14 的状态；

图 3.3.14

第五步，继续按电脑键盘的向右方向键，选中后面的八分休止符，然后按下电脑小数字键盘的 2，完成整个乐谱的输入，如图 3.3.15。

图 3.3.15

软件使用重在操作，熟练使用后，在输入过程中也许您会发现 Sibelius 更多的使用技巧。

制作乐谱或输入音符不仅仅是一个脑力劳动，更是一个体力劳动，结合第一节、第二节介绍的两种输入方法，大家根据乐曲情况、硬件设备情况和自身键盘弹奏能力等各方面的因素，找到一种适合自己的输入方法，更高效的完成乐谱输入工作。

第一章 认识sibelius

第二章 新建与保存乐谱

第三章 音符输入与编辑

第四章 文本·符号

第五章 五线谱与排版

第六章 播放

第七章 乐理试卷制作

第八章 常用插件介绍

第九章 常用操作问答

第四节 谱号、调号、拍号

一、谱号

Sibelius 可以用的谱号多达二十多种，包括现代的谱号和过去已经不常用的各种谱号。

在乐谱中添加乐器后，Sibelius 根据不同的乐器，为其分配适合其乐器的谱号，例如钢琴、男高音等：

图 3.4.1 钢琴谱表

图 3.4.2 男高音谱号

1. 修改谱号方法一

如果想乐曲中途修改谱号，在需要修改谱号的位置，点击一个音符或休止符，执行菜单创建（Create）| 谱号（Clef），或者按快捷键 Q，在弹出的谱号对话框中选择谱号，点击确定，新的谱号即被创建到指定音符或休止符的后面，下面展示完成谱例 3.4.3 谱号更改的步骤：

图 3.4.3 谱例

第一步，输入乐谱，如图 3.4.4；

图 3.4.4 谱例

第二步，用鼠标点击第一小节第四个音符 F，将其选中，按快捷键 Q，打开谱号选择对话框，选择低音谱号，如图 3.4.5 所示；

第四步，选定谱号后，点击确定，谱号更改完毕，如图 3.4.6 所示；

图 3.4.6 谱例

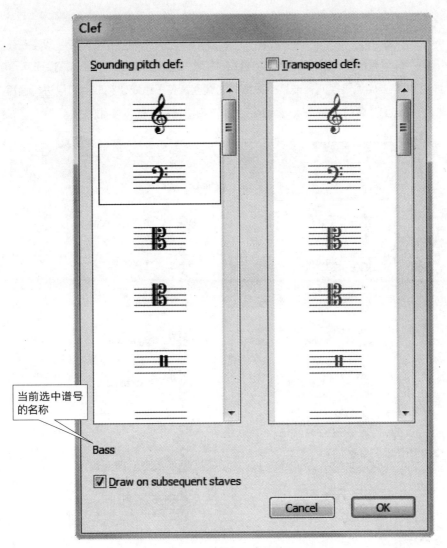

图 3.4.5 选择谱号

下面我们认识下这个对话框的相关参数：

Sounding pitch clef：标准谱号，每选中一个谱号，在下面会显示选中谱号的名称；

Transposed clef：移调谱号，在一些移调乐器中使用，比如铜管组和木管组乐器；

Draw on subsequent staves：在后面的五线谱上显示谱号，如取消该项，从下一行起不再显示谱号。

2. 修改谱号方法二

按谱号的快捷键 Q，弹出如图 3.4.5 谱号对话框，选定一个谱号，双击该谱号确定，或者点击 OK 键确定，这时鼠标变为蓝色的向右的鼠标形状，在需要修改谱号的位置单击鼠标左键，谱号修改完毕。

3. 移动谱号

谱号输入完毕后，可以在水平方向随意拖拉谱号位置，移动谱号位置后，谱号后的音符音高也会随之发生改变。

4. 删除谱号

用鼠标点击谱号，按键盘的 Delete 键即可删除添加的谱号，行首谱号不能用该方式删除，如果要行首也不显示谱号，在谱号对话框中选择空白谱号（blank clef）为行首的谱号进行更改。

第一章 认识sibelius

第二章 新建与保存乐谱

第三章 音符输入与编辑

第四章 文本、符号

第五章 五线谱与排版

第六章 播放

第七章 乐理试卷制作

第八章 常用插件介绍

第九章 常用操作问答

二、调号

在本书的第 48 页第二章第一节，我们在新建向导时介绍到，在新建乐谱时，可以直接在向导处为乐曲设置调号，如果需要中途更换调号或其他更细微的调整，在乐谱新建完成后可以进行设置。

执行菜单创建（Create）|调号 (Key Signature)，即可弹出调号对话框，如图 3.4.7：

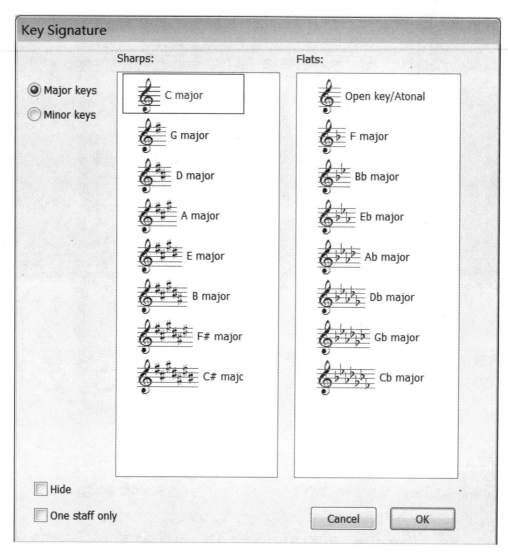

图 3.4.7

1. 对话框参数介绍：

下面我们认识下这个对话框的相关参数：

Major keys：大调；

Minor keys：小调；

Sharps：升号调；

Flats：降号调；

Hide：隐藏调号，勾选该项后，更改的调号将被隐藏；

One staff only：仅这一个五线谱使用，勾选该项后，更改的调号仅适用于当前五线谱，其他声部的调号保持不变。

2. 更改调号方法一

按下调号的快捷键 K，在弹出的调号对话框中选择一个需要的调号，点击 OK，这时鼠标变为一个蓝色的向右的鼠标箭头，在需要更改调号的地方点击（小节开始或小节中部皆可），即可完成调号更改。

3. 更改调号方法二

选中小节中部的一个音符或休止符，按下调号的快捷键 K，在弹出的调号对话框中选择一个调号，选择好后点击 OK，调号更改完毕，并在调号更改处小节线变为双线小节线，如图 3.4.8：

图 3.4.8

4. 更改调号方法三

双击选中需要更改调号的小节，选中后在小节周围出现蓝色边框，按下调号的快捷键 K，选择一个需要更改的调号，点击 OK，这时仅选中的这一个小节调号被更改，后面的小节调号保持以前的不变，如谱例 3.4.9，选中第二小节更改调号后效果如图所示：

图 3.4.9

5. 单独更改某声部的调号

在多声部乐谱中，单独更改某行五线谱的调号时，在调号对话框中勾选 "One staff only"，这时调号更改仅对修改的谱行生效，如图 3.4.10 所示：

图 3.4.10

调号修改完毕后，除行首的调号外，其他位置的调号都可以在水平位置随意拖拉。

6. 删除调号

如要撤消调号更改可以按撤消快捷键 Ctrl+Z；如需删除，点击选中调号，点击电脑键盘的 Delete 删除即可。在更改调号时，非行首谱号的位置小节线都会变为双线小节线，删除调号该小节线不会被删除，如需删除，点击选中小节线，点击电脑键盘的 Delete 删除即可。

调号、小节线默认都是黑色的，被选中时会变为紫色，这时可以对调号和小节线执行删除的操作。

第一章 认识sibelius

第二章 新建与保存乐谱

第三章 音符输入与编辑

第四章 文本、符号

第五章 五线谱与排版

第六章 播放

第七章 乐理试卷制作

第八章 常用插件介绍

第九章 常用操作问答

三、拍号

在新建向导时可以为整首乐曲选择一个拍号，乐谱新建完成后可以进行更详细的设置，点击菜单创建（Create）| 拍号（Time Signature），快捷键为 T。

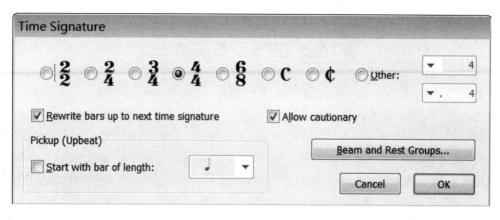

图 3.4.11

1. 对话框参数介绍

下面我们认识下这个对话框的相关参数：

Other：其他自定义拍号；

Rewrite bars up to next time signature：重新划分拍号后小节长度；

Allow cautionary：允许提示拍号改变；

Pickup（Upbeat）：弱起小节；

– Start with barof length：弱起长度；

Beam and Rest Groups：符尾和休止符群组；

我们对这里几个参数做一个解释：

Rewrite bars up to next time signature，重新划分拍号后小节长度。当乐谱中已经存在音符时，对乐谱更改拍号后，后面每个小节的音符时值是否随拍号变化而自动调整小节时值长度。

以谱例说明，谱例 3.4.12 中已经存在乐谱，并且是 3/4 拍的乐曲：

图 3.4.12

在第二小节更改拍号为 4/4 拍后，图 3.4.13 是勾选 Rewrite bars up to next time signature 的乐谱效果，图 3.4.14 是未勾选 Rewrite bars up to next time signature 的乐谱效果：

图 3.4.13

图 3.4.14

Allowcautionary：允许提示拍号改变。在下一行第一小节更改了拍好后，在上一行乐谱的最后一个小节是否允许出现提示性拍号。如图 3.4.15 所示：

图 3.4.15 提示性拍号

Start with barof length：弱起长度。如谱例 3.4.16，第一小节为弱起小节，第一小节长度只有一拍。

图 3.4.16 弱起小节

在更改拍号时，按照如图 3.4.17 设置，更改第一小节的拍号，即可实现谱例 3.4.16 的乐谱样式：

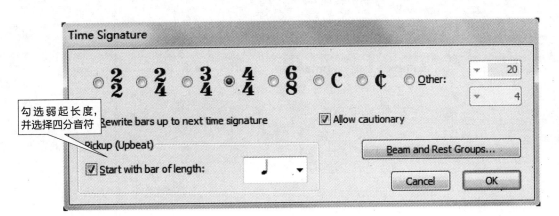

图 3.4.17

2. 更改拍号的方法

按下拍号的快捷键 T，选择一个拍号，点击 OK，这时鼠标变为蓝色向右的鼠标箭头，在需要更改拍号的地方点击，拍号即可更改完成。

或者选中需要修改拍号的小节，然后按下拍号快捷键 T，选择一个拍号，点击 OK，拍号即可更改完成；

还可以点击小节中一个音符或休止符，然后按下拍号快捷键 T，选择拍号后，点击 OK，以上三种方法都可以进行拍号的更改。

3. 删除排号

点击选中拍号，按电脑键盘的 Delete 键即可将选定的拍号删除，当乐谱中已经有音符存在时，删除拍号会弹出如图 3.4.18 提示对话框，大意是："删除这拍号后，小节内的音符时值长度是否做出调整？"点击"是"，音符会进行重新调整，按照正常的每小节的小节数显示；点击"否"，小节内的音符时值保持不变。

第一章 认识sibelius

第二章 新建与保存乐谱

第三章 音符输入与编辑

第四章 文本、符号

第五章 五线谱与排版

第六章 播放

第七章 乐理试卷制作

第八章 常用插件介绍

第九章 常用操作问答

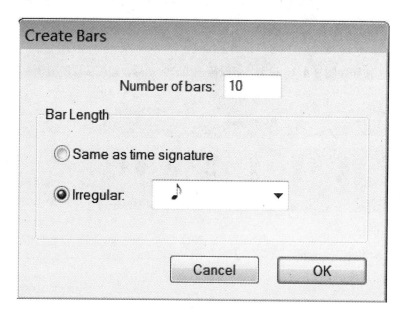

图 3.4.18

4. 弱起小节

弱起小节除了使用图 3.4.17 的方法实现外，还可以使用创建（Create）| 小节（Bars）| 其他（Other）| 不规则小节（Lrregular），如图 3.4.19。

Create Bars

Number of bars: 10

Bar Length

○ Same as time signature

● Irregular: ♪

Cancel   OK

图 3.4.19

5. 符尾和休止符群组

符尾和休止符群组在第二章第一节 47 页中有较为详细的介绍，乐谱新建完成后，还可以进行更为细致的调整。

在更改拍号时，对 Beam and Rest Groups 进行群组重设后，更改拍号后的音符群组方式便按照更改的样式进行群组，新输入的音符都按照指定的方式排列组合。

如果当前乐谱中已经有音符存在，使用菜单音符（Notes）| 重设符尾群组（Reset Beam Groups）命令对已经存在的音符符尾重新组合，以谱例 3.4.20 对该功能进行介绍，该谱例是默认群组方式：

图 3.4.20 原谱例   图 3.4.21 重组后效果

原谱例是 3.4.20，我们要实现的样式图是图 3.4.21，实现方法如下：

在原谱例中选中这两个小节，执行菜单音符（Notes）|重设符尾群组（Reset Beam Groups），弹出群组对话框，做如图 3.4.22 设置：

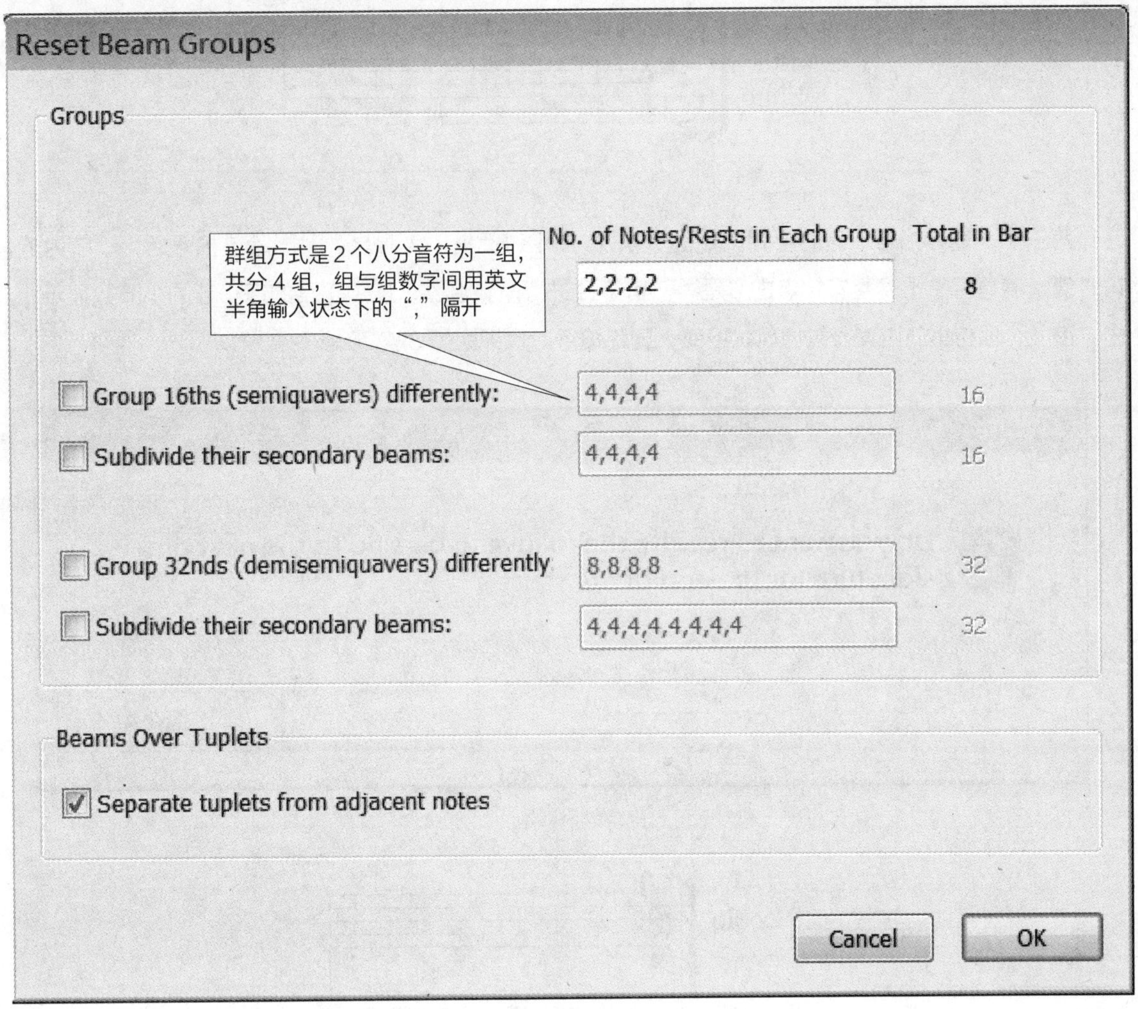

Reset Beam Groups

Groups

群组方式是 2 个八分音符为一组，共分 4 组，组与组数字间用英文半角输入状态下的","隔开

	No. of Notes/Rests in Each Group	Total in Bar
	2,2,2,2	8
☐ Group 16ths (semiquavers) differently:	4,4,4,4	16
☐ Subdivide their secondary beams:	4,4,4,4	16
☐ Group 32nds (demisemiquavers) differently	8,8,8,8	32
☐ Subdivide their secondary beams:	4,4,4,4,4,4,4,4	32

Beams Over Tuplets

☑ Separate tuplets from adjacent notes

Cancel   OK

图 3.4.22

关于群组细分十六分音符、三十二分音符，实现方法一样，不再赘述，请大家按照这个方法实验一下。

6. 多拍号设置

在有些合奏谱、交响乐谱等乐队总谱中有时会出现多个声部同时进行，但是拍号却不一致的情况，下面我们对这类特殊的拍号制作进行介绍，如谱例 3.4.23 就属于这类乐谱，下面我们以这个谱例为例介绍其实现方法。

图 3.4.23

第一步，新建乐谱，设定拍号为 2/4 拍，并将 Piccolo 声部的所有音符输入完；

第二步，把 Flute 声部中的这些音符以三连音的形式输入，并且设定三连音不显示数字和括弧；

完成这两步骤后，效果图如图 3.4.24 所示：

第一章 认识sibelius

第二章 新建与保存乐谱

第三章 音符输入与编辑

第四章 文本、符号

第五章 五线谱与排版

第六章 播放

第七章 乐理试卷制作

第八章 常用插件介绍

第九章 常用操作问答

图 3.4.24

第三步，删除拍号，这时会弹出如图 3.4.25 提示对话框，大意是："删除这拍号后，小节内的音符时值长度是否做出调整？"点击"是"，音符会进行重新调整，按照正常的每小节的小节数显示；点击"否"，保持小节内音符时值现状不变，删除拍号后效果图如 3.4.26。

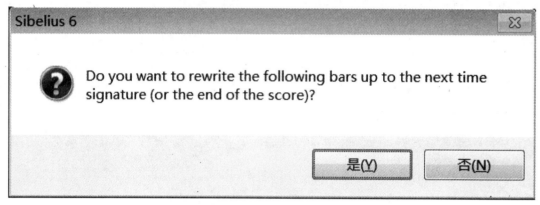

图 3.4.25

图 3.4.26

第四步，使用创建文本的形式为乐谱创建拍号，执行菜单创建（Create）|文本（Text）|其他五线谱文本（Other staff text）|拍号（Time signatures (one staff only)），选择后，这时鼠标变为蓝色向右的鼠标箭头，然后在行首 Piccolo 谱号后点击鼠标，这时出现一个闪烁的光标，在这输入一个 2，回车，再输入 4，然后将鼠标在其他空白地方点击，或者按 ESC 键退出输入，实现如图 3.4.27 状态。

图 3.4.27

第五步，这时拍号的显示位置有所偏差，是因为拍号与第一个音符的距离太近，Sibelius 默认启用了磁性布局功能，避开冲突所致，手动将第一个音符适当向右拖拉，拍号即可正确显示在指定位置。

使用相同方法给 Flute 声部输入 6/8 拍，最终效果图即完成，如图 3.4.28：

图 3.4.28

拍号还有其他许多复杂多样的样式，我们不再一一列举，希望大家举一反三，可以探索出更多的方法。

本节中介绍的谱号、调号、拍号其对话框可以通过创建（Create）菜单调出，也可以通过其快捷键调出，还有一种方法，那就是在乐谱的空白区域点击鼠标右键，在弹出的菜单中与创建（Create）菜单中的项目相同，也可以调出相关对话框，如图 3.4.29。

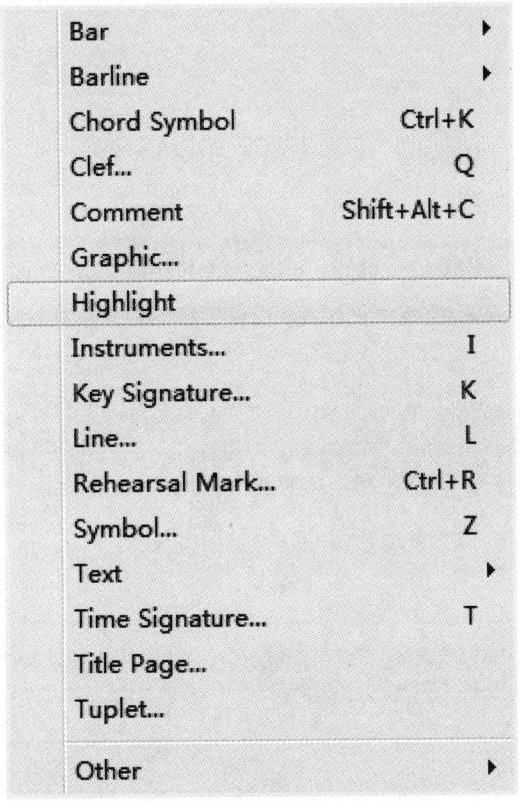

Bar	▶
Barline	▶
Chord Symbol	Ctrl+K
Clef...	Q
Comment	Shift+Alt+C
Graphic...	
Highlight	
Instruments...	I
Key Signature...	K
Line...	L
Rehearsal Mark...	Ctrl+R
Symbol...	Z
Text	▶
Time Signature...	T
Title Page...	
Tuplet...	
Other	▶

图 3.4.29

认识 sibelius 第一章

新建与保存乐谱 第二章

音符输入与编辑 第三章

文本、符号 第四章

五线谱与排版 第五章

播放 第六章

乐理试卷制作 第七章

常用插件介绍 第八章

常用操作问答 第九章

第五节 音符与和弦的输入

本节中所指的音符输入主要是指多连音、倚音、多声部音符、符头样式、临时升降记号等；和弦部分主要介绍和弦输入与和弦定义。

一、多连音的输入

1. 基本操作

打开菜单创建（Create）|多连音（Tuplet），在弹出的多连音对话框中进行自定义多连音，下面我们认识下这个对话框中的相关参数，如图 3.5.1：

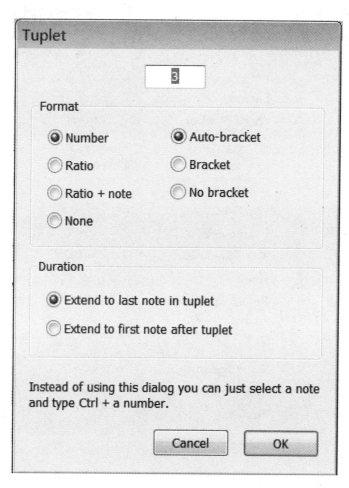

图 3.5.1 多连音对话框

· Format：格式，设定多连音显示的格式、外观，第一列的与第二列的结合使用；

– Number：数字，多连音以数字形式显示；

– Ratio：比例，多连音以比例形式显示；

– Ratio + note：比例与音符，多连音以比例和音符的形式显示；

– None：不显示数字和比例以及音符等形式；

– Auto-bracket：自动控制是否为显示的数字或比例以及音符添加括弧；

– Bracket：为显示的数字或比例以及音符添加括弧；

– No bracket：不显示括弧。

通过使用多连音对话框中两列参数结合使用，制作出如图 3.5.2-3.5.5 几个三连音样式；

图 3.5.2   图 3.5.3   图 3.5.4   图 3.5.5

·Duration：时值

‒ Extend to last note in tuplet：延伸到三连音中最后一个音符；

‒ Extend to first note after tuplet：延伸到三连音后的第一个音符。

如谱例 3.5.6 所示，Violin I 的三连音时值选择的 Extend to last note in tuplet；

Violin II 的三连音时值选择的 Extend to first note after tuplet。

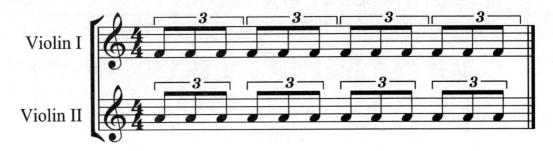

图 3.5.6

输入多连音中的第一个音符后，使用快捷键 Ctrl+ 电脑大键盘的数字键可以直接输入多连音。使用快捷键制作多连音的步骤范例演示：

第一步，输入一个八分音符，完成图 3.5.7 效果图；

第二步，按 Ctrl+ 电脑大键盘的数字键 5，完成图 3.5.8 效果图；

第三步，输入剩余的音符，完成图 3.5.9 的效果。

图 3.5.7   图 3.5.8   图 3.5.9

2. 嵌套多连音

在实际的乐曲中，有许多比较特殊的多连音形式，比如嵌套的多连音，如图 3.5.10 谱例所示：

图 3.5.10 嵌套多连音

嵌套多连音的制作方法：

首先输入外围的大多连音，然后依次输入内部的多连音形式即可，请大家尝试如图 3.5.10 多连音的制作。

认识sibelius 第一章

新建与保存乐谱 第二章

音符输入与编辑 第三章

文本、符号 第四章

五线谱与排版 第五章

播放 第六章

乐理试卷制作 第七章

常用插件介绍 第八章

常用操作问答 第九章

3. 多连音括弧始终保持水平

多连音默认情况下会根据音高情况适当倾斜多连音括弧的角度，如图 3.5.11，不同作曲家、出版社等有不同要求，有的要求多连音的括弧始终保持水平，如图 3.5.12

图 3.5.11 倾斜括弧　　　　　　　　　　图 3.5.12 水平括弧

修改方法：

（1）将多连音输入到乐谱；

（2）执行菜单排版样式（House Style）| 编辑线（Edit Lines）；

（3）在编辑线对话框中选择如图 3.5.13 谱线类型，点击编辑（Edit）按钮；

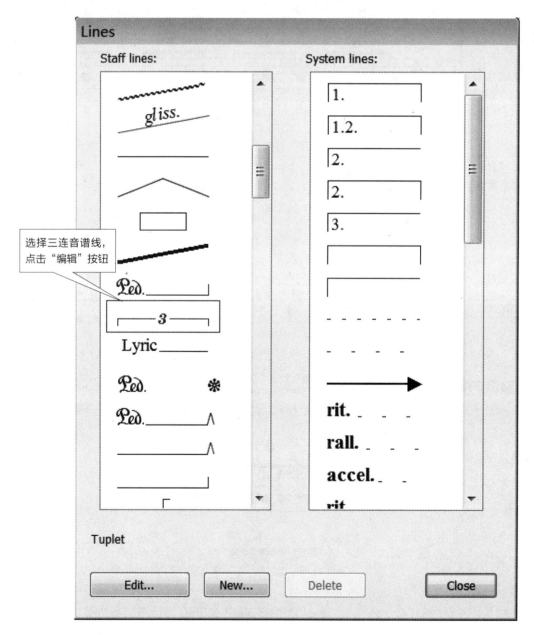

图 3.5.13 谱线对话框

（4）在如图 3.5.14 中，勾选水平（Horizontal），点击"OK"确认，这时所有多连音括弧变为水平。

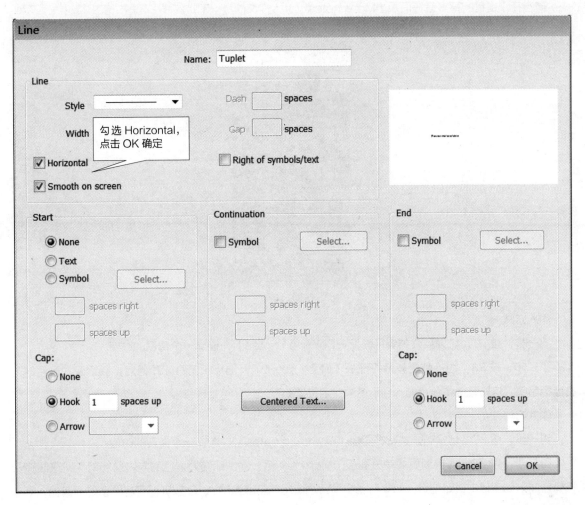

图 3.5.14 编辑线对话框

4. 编辑多连音样式

多连音输入完毕后，通过属性面板的音符来编辑该多连音样式，如图 3.5.15 所示。

修改方法：

（1）选中多连音的括弧或数字；

（2）在右图多连音区域编辑多连音样式。

5. 删除多连音

选中多连音的括弧或数字，按下电脑键盘的 Delete 即可删除多连音。

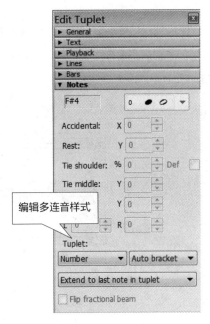

图 3.5.15

第一章 认识sibelius

第二章 新建与保存乐谱

第三章 音符输入与编辑

第四章 文本、符号

第五章 五线谱与排版

第六章 播放

第七章 乐理试卷制作

第八章 常用插件介绍

第九章 常用操作问答

二、倚音

倚音在小键盘的更多音符面板（More notes）上，分长倚音（不带斜线）与短倚音（带斜线）两种，如图3.5.16：

图 3.5.16

输入方法一：

第一步，按F7，切换到公共音符面板（Common notes），选择一个倚音的时值；

第二步，按F8，切换到更多音符面板（More notes），选择长倚音或短倚音，鼠标变为蓝色的向右鼠标箭头，这时直接将倚音输入到乐谱中指定位置即可。

输入方法二：

第一步，按F7，切换到公共音符面板（Common notes），选择一个倚音的时值；

第二步，按F8，切换到更多音符面板（More notes），鼠标变为蓝色的向右鼠标箭头，这时直接将倚音输入到乐谱中指定位置。如果有多个倚音，使用电脑键盘的A–G按键即可将剩余的倚音输入到乐谱中；如果有倚音音程，使用电脑大键盘的1–9数字键即可在当前倚音基础上叠加音程。

三、提示音

选中需要切换为提示音的音轨或小节或音符，按F8，如图3.5.18。

切换到更多音符面板（More notes），音符会切换为提示音，如图3.5.17。

图 3.5.17

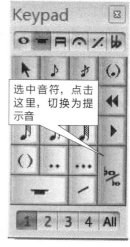

图 3.5.18

102

四、多声部音符

1. 多声部音符输入

Sibelius 中可以提供 4 个声部的音符输入，如图 3.5.19，通过点击图 3.5.20 中，1-4 四个声部，或快捷键进行切换，快捷键为 Alt+ 电脑大键盘数字 1-4。

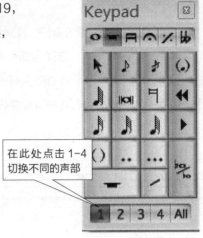

在此处点击 1-4
切换不同的声部

图 3.5.20

图 3.5.19

2. 多声部音符切换

通过菜单编辑（Edit）| 声部（Voice）| 交换声部，可以实现音符声部的交换，如图 3.5.21 所示：

Swap 1 and 2	Shift+V
Swap 1 and 3	
Swap 1 and 4	
Swap 2 and 3	
Swap 2 and 4	
Swap 3 and 4	

图 3.5.21

例如，使用 Swap 1and2，可以将第一声部与第二声部的音符交换，声部交换时，不仅音符交换，连同吸附到该音符的符号，比如保持音等也一同被交换到新声部中。

五、符头样式

1. 符头介绍

Sibelius 内置提供 30 种不同的符头样式，供用户选择使用，点击排版样式（House Style）| 编辑符头（Edit Noteheads），如图 3.5.22。

除了内置的这些符头外，可以点击编辑（Edit）按钮对内置符头样式进行编辑，或按新建（New）按钮自定义符头样式。

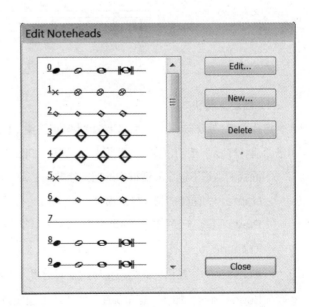

图 3.5.22

认识sibelius 第一章

新建与保存乐谱 第二章

音符输入与编辑 第三章

文本、符号 第四章

五线谱与排版 第五章

播放 第六章

乐理试卷制作 第七章

常用插件介绍 第八章

常用操作问答 第九章

2. 整体应用符头样式

第一步，将音符输入到乐谱中，如图 3.5.23；

第二步，双击该小节，将其选中，选中后该小节周围现蓝色边框；

第三步，在属性面板中，点击音符（Notes）面板，如图 3.5.24 中选择一个符头样式，选择后即可看到符头样式效果，如图 3.5.25-3.5.26 为不同的符头样式，或者使用快捷键，按 Shift+ "+"键即可在几种符头中快速切换：

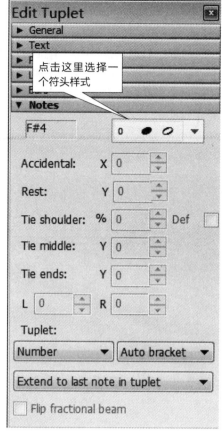

图 3.5.24

图 3.5.23

图 3.5.25

3. 个别符头更改样式

第一步，将音符输入到乐谱中；

第二步，单独选中需要更改符头的音符；

第三步，在属性面板中，点击音符（Notes）面板，如图 3.5.24 中选择一个符头样式，选择后即可看到符头样式效果，如图 3.5.26 所示：

图 3.5.26

4. 自定义符头

选择菜单排版样式（House Style）| 编辑符头（Edit Noteheads），在弹出的符头编辑对话框中，点击新建（New）按钮，弹出符头设置对话框，如图 3.5.27 所示。

下面我们认识下这个对话框中的相关参数：

·Name：为新建的符头样式命名；

·Plays：是否允许播放，设置为否，该符头将不发音；

·Transposes：在否允许移调，设置为否，对其进行移调或在移调乐器中使用时音符位置不变；

·Accidental：是否允许给符头添加临时记号，设置为否，将不能给该符头添加临时记号；

·Leger lines：加线，当符头在五线谱的上加线或下加线上时，是否显示上下加线；

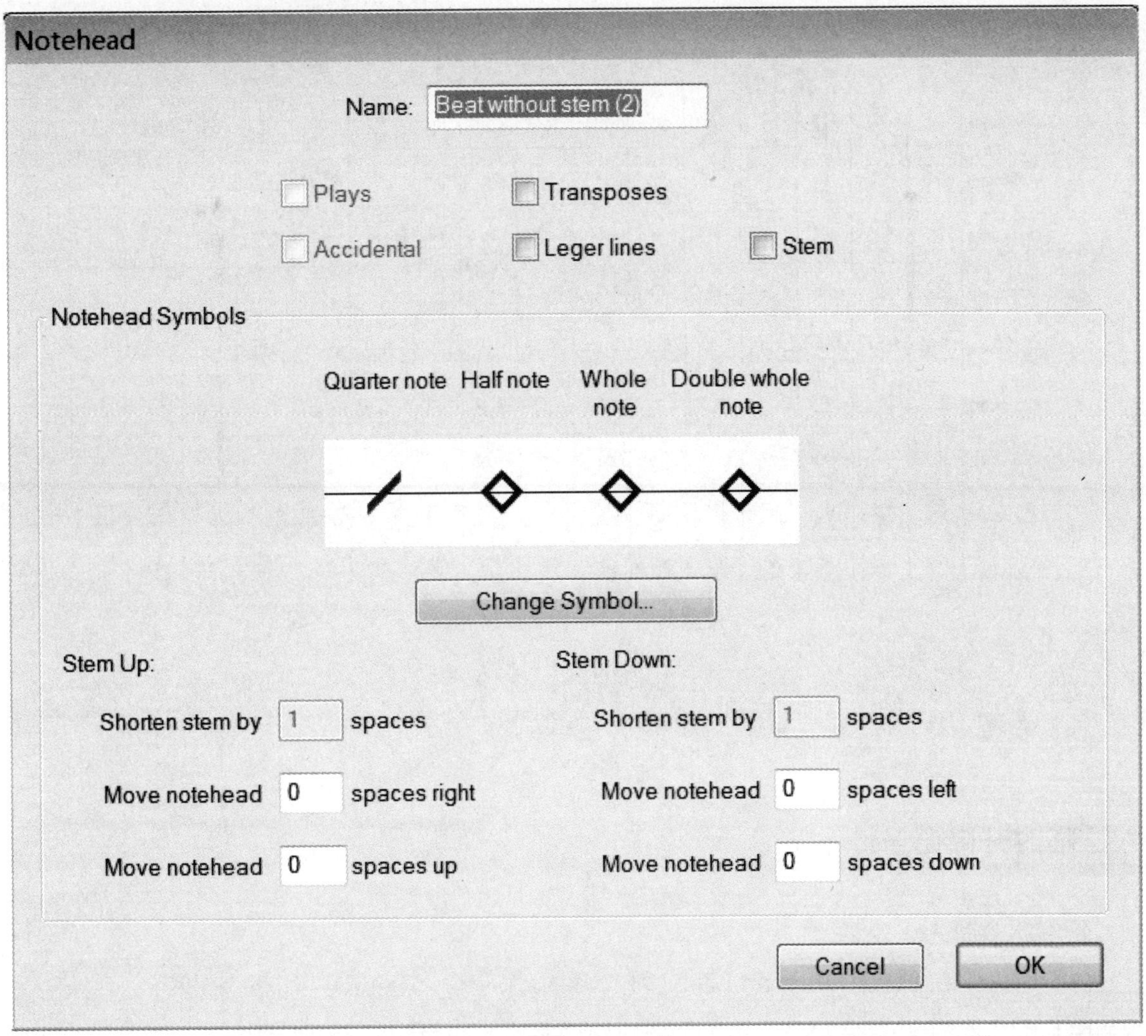

图 3.5.27

·Stem：是否允许该符头显示符干，设置为否，该符号只显示符头；

以上项目根据实际需要进行设置。

·Notehead Symbols：符头符号，分别给下面几个不同时值的音符指定一个符头：

– Quarter note：四分音符；

– Half note：二分音符

– Whole note：全音符；

– Double whole note：双倍全音符。

·Change Symbol：更改符号；

·Stem up：符干向上时；

– Shorten stem：当符干在符头上方时，符干与符头底部的距离；

– Move notehead_spaces right：符头向右移动距离；

– Move notehead_spaces up：符头向上移动的距离；

·Stem down：当符干在符头下方时，符干与符头底部的距离；

– Shorten stem：当符干在符头下方时，符干与符头底部的距离；

– Move notehead_spaces left：符头向左移动距离；

– Move notehead_spaces down：符头向下移动的距离。

点击 Change Symbol 按钮后，在弹出的符号对话框中选择一个合适的符号，如图 3.5.28：

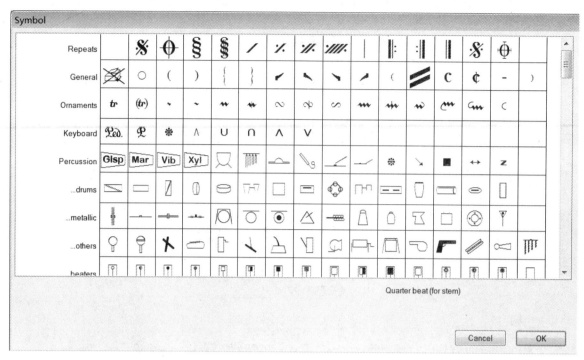

图 3.5.28

六、临时升降记号

1. 输入临时记号

按下 F7 键，在小键盘（Keypad）面板中有常用的升降记号、还原记号，如图 3.5.29；

按下 F12 键，在小键盘（Keypad）面板中有不常用的临时记号，如图 3.5.30；

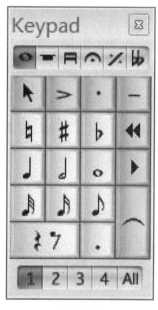

图 3.5.29

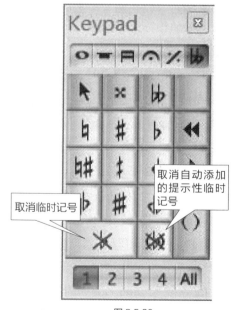

图 3.5.30

输入方法，选中一个音符，按下对应的临时记号即可；或者使用快捷键，Sibelius 的小键盘（Keypad）的六个面板上的符号与电脑小数字键盘的每个按键都是一一对应的，例如在图 3.5.29 中还原号、升号、降号对应的电脑小数字键盘的快捷键分别是 7、8、9。

在 Keypad 面板中的临时记号和音符还可以组合使用，完成临时记号的输入，比如图3.5.31强行输入还原记号、为临时记号添加括弧。

图 3.5.31

2. 删除临时记号

可以直接用鼠标点击选中该临时记号，按下电脑键盘上的 Delete 键删除；或者使用 Keypad 面板上的移除临时记号按键，按F12，切换到临时记号面板，如图3.5.30。

当前面小节的音符使用了临时升降记号时，后面小节会自动为相同音高的音符添加提示性的还原记号，如图3.5.32所示：

图 3.5.32

选中已被添加提示性临时记号的音符，使用 Keypad 第六面板临时记号面板的"取消自动添加提示性临时记号"功能可将该临时记号取消，快捷键为电脑小数字键盘的"."，如图3.5.30。

七、和弦

1. 和弦样式

在 Sibelius 中和弦由两部分组成，一部分是文字，另一部分是图表；并且每一部分可以单独显示。这两部分可以构成三种样式的和弦，一种是文字和弦，一种是图表和弦，还有一种就是既有文字又有图表的和弦样式，如图3.5.33-3.5.35所示：

图 3.5.33 文字和弦   图 3.5.34 图表和弦   图 3.5.35 文字和图表和弦

修改默认和弦样式的方法：Sibelius 默认状态下显示的是文字和弦，打开菜单排版样式（House Style）|版式规则（Engraving rules）|和弦符号（Chord Symbols），打开版式规则对话框的快捷键为 Ctrl+Shift+E，打开如图3.5.36对话框，在外观（Accearance）|默认显示（Show by default）处三个选项中进行选择。

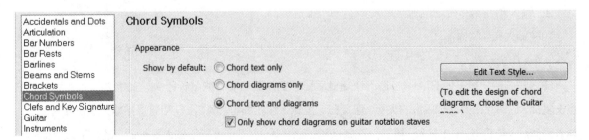

图 3.5.36

·Chord text only：仅显示和弦文字；

·Chord diagrams only：仅显示和弦图表；

·Chord text and diagrams：显示和弦文字和图表；

－Only show chord diagrams on guitar notation staves：仅在吉他五线谱上显示和弦图表。选择了 Chord text and diagrams 后，如果在乐谱上和弦依然是以文字形式显示，请取消勾选下面的 Only show chord diagrams on guitar notation staves 复选框，和弦样式就显示为文字和图表样式。

2. 手动输入和弦格式要求

在根音后跟随不同的元素，组成复杂多样的和弦样式，这些元素我们称为后缀，比如"maj"、"dim"等，Sibelius 默认可以识别的有以下和弦后缀：

halfdim	dim11	sus2	13	9
add6/9	maj9	add2	11	7
sus2/4	add9	maj	#9	6
omit5	maj7	dim	♭9	5
omit3	dim9	6/9	♭6	4
maj13	dim7	aug	#5	2
add13	sus9	alt	♭5	m
maj11	sus4	♭13	#4	/
dim13	add4	#11	nc	%

这里有几点说明：

（1）这些后缀输入后是可以被识别的，如果不能被 Sibelius 识别，输入的和弦将以红色显示；

（2）上表中的"/"输入后将被识别为节奏斜线"╱"；"nc"输入后被识别为"N.C."，意思是没有和弦；"%"输入后被识别为重复记号"╱"。

输入和弦的方法，这里举个例子，以图 3.5.37、图 3.5.38 为例：

$$C^{maj7}{\left(\substack{\flat 13 \\ \flat 9 \\ \flat 5}\right)}$$ 　　　　　　　　　Dmaj9b11

图 3.5.37　　　　　　　　　　　　　图 3.5.38

图 3.5.37 中，按和弦输入快捷键 Ctrl+K，然后在光标闪烁的地方直接输入"Cmaj7b13b9b5"，然后按 ESC，和弦即可输入；图 3.5.38 中和弦的输入方法与图 3.5.37 中输入方法相同，输入"Dmaj9b11"，但是我们会在 Sibelius 中看到，这个和弦是红色的，这是因为在 Sibelius 默认的后缀中不存在"b11"这个后缀。

3. 输入和弦

和弦输入有两种途径：

（1）用鼠标输入

输入和弦的快捷键为 Ctrl+K，按下快捷键后鼠标变为蓝色向右的鼠标箭头，在需要输入和弦的地方点击鼠标，这时点击处出现闪烁的光标，直接在这里输入和弦即可。例如，C 和弦直接输入英文字母"C"，输入完毕后，按 ESC 退出输入；再如，Cmaj7 和弦直接输入"Cmaj7"，输入完毕后，按 ESC 退出输入，这里输入的字母，不区分大小写。

（2）MIDI 键盘录入

使用 MIDI 键盘方法之前，请确定 MIDI 键盘已经与电脑正确连接，并可以作为 Sibelius 的输入设备。确认无误后按下快捷键 Ctrl+K，按下快捷键后鼠标变为蓝色向右的鼠标箭头，在需要输入和弦的地方点击鼠标，这时点击处出现闪烁的光标，弹奏 MIDI 键盘的和弦，和弦即被识别并输入到 Sibelius 中。

4. 修改和弦样式

默认状态下，和弦要么以文字形式显示，要么以图表形式显示，要么以文字和图表的形式显示，不会在同一个乐谱中既有文字和弦，也有图表和弦的形式。

通过菜单编辑（Edit）| 和弦符号（Chord Symbol）| 添加或移除和弦文字、和弦图表两项来修改选中的和弦，实现在同一个乐谱中多种和弦样式并存的乐谱。更多关于和弦样式修改请参阅第五章第三节。

5. 重拼和弦

例如 #E 和弦与 F 和弦，在有些乐曲中我们本意是要显示 #E 和弦的，但是 Sibelius 默认的是 F 和弦，这时就需要执行重拼和弦功能，达到我们想要的乐谱效果。

选中需要重拼的和弦，打开菜单编辑（Edit）| 和弦符号（Chord Symbol）| 重拼和弦（Respell Chord Symbol）即可实现和弦重拼。

6. 移动与移除和弦

移动和弦：选中需要移动的和弦，使用鼠标拖拉到适当位置即可；

移除和弦：选中需要删除的和弦，按下电脑键盘的 Delete 键即可删除选定的和弦。

7. 移调和弦

和弦输入后被吸附到指定的五线谱上，当这个五线谱的音符进行移调处理时，吸附到该行五线谱的和弦同时被进行移调处理。

Sibelius 拥有十分强大的和弦功能，在具体使用过程中要不断探索、深入，挖掘更多的知识，使软件更好地为我们的工作服务。

认识sibelius 第一章

新建与保存乐谱 第二章

音符输入与编辑 第三章

文本、符号 第四章

五线谱与排版 第五章

播放 第六章

乐理试卷制作 第七章

常用插件介绍 第八章

常用操作问答 第九章

第六节 音符群组与跨行音符

本节主要内容有两个，一个是自定义音符群组方式，满足个性化乐谱的需求；另一个是在钢琴谱中使用较为频繁的跨行音符的制作。

一、音符群组

关于音符群组的教学在第二章第一节第 47 页和本章第四节第 94 页都进行过较为详细的介绍，本节提供第二种个性化的音符群组方法。

按下快捷键 F9，Keypad 面板切换到第三面板符尾和颤音面板，如图 3.6.1 所示，在这个面板中有 8 个按键，我们单独对每个按键进行详细介绍。

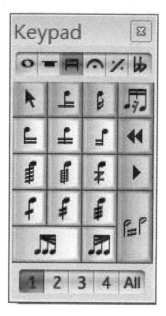

图 3.6.1

连接选中音符八分音符、十六分音符符尾；

断开所有符尾；

跨休止符符干显示方式；

断开选中音符左侧的所有符尾；

连接选中音符两侧的所有符尾；

断开选中音符右侧的所有符尾；

羽式渐快符尾，选中需要操作的符尾，按下该按钮，即可实现该按钮样式的羽式符尾；

羽式渐慢符尾，选中需要操作的符尾，按下该按钮，即可实现该按钮样式的羽式符尾。

以上按钮的快捷键与电脑小数字键盘的数字键一一对应，例如，羽式渐快符尾按钮快捷键为"0"，羽式渐慢符尾快捷键为"."等。

如果乐谱是比较有规律的符尾连接方式，可以使用第二章第一节第 47 页和本章第四节第 94 页提供的方法；如果符尾连接方式没有规律可循，如一些现代乐谱，要这几个按钮结合使用完成。

使用以上按钮尝试制作如图 3.6.2 的谱例：

图 3.6.2

二、跨行音符

跨行音符的乐谱一般在钢琴谱或现代乐谱中使用较多，如图 3.6.3 所示：

图 3.6.3 跨行音符

1. 不同谱行的跨行音符

这里以图 3.6.3 乐谱为例：

（1）将音符输入到乐谱中，如图 3.6.4；

（2）按 Ctrl 或 Shift 选定要跨行的音符；

（3）打开菜单音符（Notes）|跨行音符（Cross-Staff Notes）|移动到上行谱表（Move Up a Staff），快捷键是 Ctrl+Shift+↑；如果是要移动到下行谱表则执行音符（Notes）|跨行音符（Cross-Staff Notes）|移动到下行谱表（Move Down a Staff），快捷键是 Ctrl+Shift+↓；

（4）如需恢复跨行音符，打开菜单音符（Notes）|跨行音符（Cross-Staff Notes）|移动到初始五线谱（Move to original staff）。

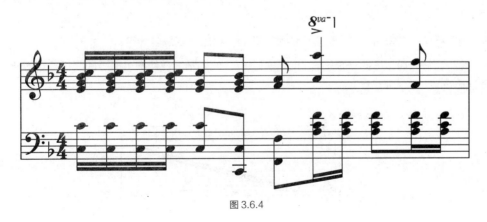

图 3.6.4

2. 在同一谱表中符尾在音符间

在一些旧乐谱中，尤其是小提琴乐谱，如果有些音符音高特别高，有的音符音高特别低，这时符尾会出现在高音和低音中间。如图 3.6.5 所示：

图 3.6.5   图 3.6.6

制作方法：

（1）将音符按照正常的输入方法输入，然后按 ESC 退出乐谱输入，如图 3.6.6；

（2）用鼠标点击符尾左侧，将符尾拖拉至音符中间；

（3）用鼠标点击符尾最右端，出现一个空白小方框，通过拖拉该小方框调整符尾角度。

3. 和弦跨行

在一些乐谱中出现和弦跨行的音符，以图 3.6.7 为例，我们介绍下这类跨行和弦的制作方法。

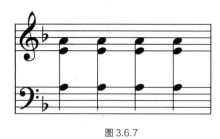 

图 3.6.7   图 3.6.8

制作思路为分声部输入，然后翻转符干方向，隐藏多余休止符，具体步骤如下：

（1）将高音部分输入到上行谱表，低音部分输入到下行谱表，输入完成后，按 ESC 完成输入。如图 3.6.8；

（2）如果两个谱表中音符符干方向相反，选中需要翻转符干方向的音符，按快捷键"X"翻转符干方向；

（3）这时符干长度不够，不能将两行谱表的音符连接起来，点击上行谱表音符符干底端，出现一个空白小方框，向下拖动该小方框延长符干长度，直到与下行谱表的符干连接起来，完成制作。

关于跨行音符的几点说明：

（1）当对乐曲进行移调时，跨行音符也会相应跟随移调处理；

（2）跨行音符最多可以跨三行，在中间谱行输入音符，可将音符移到上行和下行谱表，如图 3.6.9 所示；

（3）当执行跨行音符后，如出现多余的临时记号，可隐藏或删除即可；

（4）跨行音符只可以在同一个乐器的谱表间进行，例如不能在两把小提琴间跨行，更不能在小提琴和中提琴间跨行。

图 3.6.9 跨三行谱表

在 Sibelius 中可以通过多种方法来实现自由节奏。

一、修改拍号

图 3.7.1

以图 3.7.1 乐谱为例，我们了解下修改拍号的方法来制作自由节奏。

（1）计算散拍小节内一共有多少拍，比如图 3.7.1 以四分音符为一拍的话，该小节内有 13 拍，设定该乐谱的节拍为 13/4，然后将所有音符输入到乐谱中，按 ESC 确认，如图 3.7.2 所示；

图 3.7.2

（2）删除当前拍号，删除拍号时弹出如图 3.7.3 对话框中的提示，提示大意是"删除拍号后是否重新调整小节内音符时值？"，选择"否"，让小节内的时值保持当前默认状态；

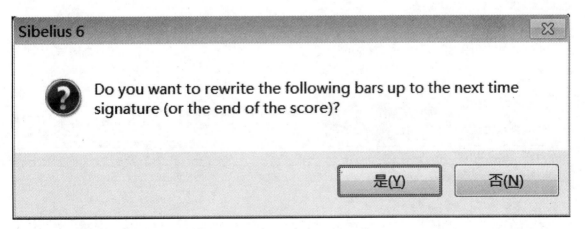

图 3.7.3

（3）手动拖拉小节内的第一个休止符向右，给输入新拍号预留出一定空间，如图 3.7.4 所示；

图 3.7.4

第一章 认识sibelius

第二章 新建与保存乐谱

第三章 音符输入与编辑

第四章 文本、符号

第五章 五线谱与排版

第六章 播放

第七章 乐理试卷制作

第八章 常用插件介绍

第九章 常用操作问答

（4）打开菜单创建（Create）|文本（Text）|其他五线谱文本（Other staff text）|拍号（Time signatures（One staff only）），这时鼠标变为蓝色向右的鼠标箭头，在拍号的位置点击，出现闪烁的光标，在这里输入 4，按回车键（Enter），再输入 4，最后按 ESC 确定。

通过以上四步制作，通过修改拍号的方法来完成制作自由节奏。

二、隐藏小节线

图 3.7.5

以图 3.7.5 为例，我们来了解下通过隐藏小节线的方式制作自由节拍。

（1）将音符输入到乐谱中，如图 3.7.6，输入完毕后按 ESC 确定。

图 3.7.6

（2）打开菜单创建（Create）|小节线（Barline）|隐藏小节线（Invisible），这时鼠标会变为蓝色的向右箭头，第一个小节线上点击，这时第一个小节线被隐藏，使用相同的方法依次修改其它的小节线，完成如图 3.7.7。

图 3.7.7

（3）按住 Shift 或 Ctrl 选中所有的小节，按下快捷键"X"，将所有音符的符干方向翻转，完成如图 3.7.8。

图 3.7.8

（4）隐藏六连音的括弧和数字，隐藏方法详见本章第五节，98 页，然后在第三小节的第二声部中输入全休止符，完成如图 3.7.5 谱例。

以上两种方法，再结合多连音，可以制作出各种复杂多样的自由节奏。

Sibelius 有两种主要移调方法，一种是调号移调，一种是通过音程移调。

打开菜单音符（Notes）|移调（Transpose），快捷键为 Shift+T 弹出移调对话框，如图 3.8.1：

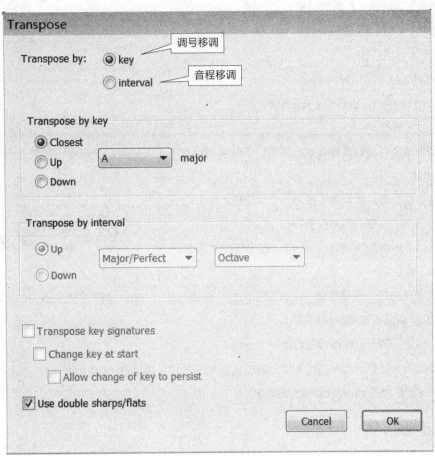

图 3.8.1 移调对话框

下面我们认识下这个对话框中涉及到的移调方式。

一、调号移调

调号移调是通过修改乐曲调号的方式来实现移调。

·Transpose by：移调通过。选择其中一种移调方式。

–Key：调号移调方式，只有选择这个移调方式后，下面的通过调号移调（Transpose by key）选项卡才能启用。

·Transpose by key：通过调号移调；

–Closest：最近的调号；

–Up：向上移调，是指向高音方向移调；

–Down：向下移调，是指向低音方向移调。

这里对 Closest 做一个解释：

Closest，例如，当把 G 调乐曲移调为 D 调的时，有两个方向，向高音方向移调和向低音方向移调。

选择 Closest 后，Sibelius 自动判断，当前调号距离哪个方向近就向哪个方向进行移调。

第一章 认识Sibelius

第二章 新建与保存乐谱

第三章 音符输入与编辑

第四章 文本、符号

第五章 五线谱与排版

第六章 播放

第七章 乐理试卷制作

第八章 常用插件介绍

第九章 常用操作问答

二、音程移调

1. 移调介绍

只有在"Transpose by"处选择了音程（Interval），下面的通过音程移调（Transpose by Interval）才能启用。

－Up：向上移调，是指向高音方向移调；

－Down：向下移调，是指向低音方向移调。

音程类型：

Augmented：增音程；

Major/Perfect：大音程／纯音程；

Minor/Diminished：小音程／减音程；

Diatonic：全音阶。

音程类型要结合后面的音程度数来使用。下面我们结合一个谱例对这个音程移调做进一步了解。

2. 实例操作

谱例 3.8.2 是原谱，要求向上移动一个大二度。

第一步，选中该小节内的所有音符；

第二步，按下移调的快捷键 Shift+T，调出移调对话框，

并作出如下设定：

图 3.8.2

移调方式选择第二个音程移调；在音程移调处，移调方向选 Up，音程类型选择 Major/Perfect，音程度数选择 2th，最后点击确定按钮即可。

根据这个例子，对于音程移调我们做一个小结：

如果要移动的度数是增音程，比如增四度或者其他增音程，请选择 Augmented，并在后面选择对应的度数，按照这种思路来选择音程类型和度数。

三、移调调号

在移调对话框下方还有几个参数，这几个参数较为重要，使用较多，我们一起来认识下。

·Transpose key signatures：移调调号，移调时，如不勾选，移调后调号将以临时记号出现；

－Change key at start：在开始显示调号，如不勾选，移调后调号将以临时记号出现；

－Allow change of key to persist：允许保持更改的调号，如果勾选，更改的调号将保持到乐曲结束；如不勾选，后面小节将还原原始调号。

·Use double sharps/flats：使用重升重降，是否允许移调后出现重升重降。

下面我们通过一个谱例来加深对移调调号各个功能的认识。

图 3.8.3 是原谱，C 大调乐谱，要求向上移动一个大二度，并使其变为 D 大调。

图 3.8.3

第一步，连同拍号在内选中该小节内的所有音符；

第二步，按下移调的快捷键 Shift+T，调出移调对话框，并作出如下设定，如图 3.8.4，

移调方式选择第二个音程移调；在音程移调处，移调方向选 Up，音程类型选择 Major/Perfect，音程度数选择 2th；

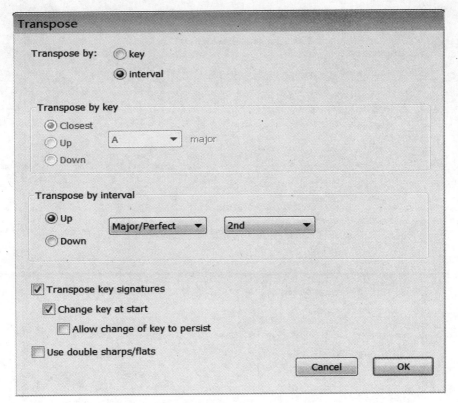

图 3.8.4

第三步，勾选 Transpose key signatures，并勾选 Change key at start 复选框，单击确定，如图
3.8.5。

图 3.8.5

在上图中我们可以看到，在第二小节中出现了两个还原记号，这是因为 Allow change of key to
persist 这个选项我们没有勾选，所以在当前小节之后，乐谱恢复原始的调号。

换一种设置，我们继续对这个移调调号做进一步研究，当该小节处于谱行中间时，取消选择
Change key at start，其他设置同上面的，完成后效果图如 3.8.6；

图 3.8.6

通过图 3.8.6 可以看出，取消 Change key at start 后，调号被临时记号所取代。

接下来，我们再来认识下 Use double sharps/flats 这个参数。为了利于大家快速理解，我们依然使
用下面的这个谱例，如图 3.8.7，要求上移一个增二度。

图 3.8.7

选中该小节，按下快捷键 Shift+T，在弹出的移调对话框中作如图 3.8.8 设置。

第一章 认识sibelius

第二章 新建与保存乐谱

第三章 音符输入与编辑

第四章 文本、符号

第五章 五线谱与排版

第六章 播放

第七章 乐理试卷制作

第八章 常用插件介绍

第九章 常用操作问答

Transpose

Transpose by: ○ key
○ interval

Transpose by key
○ Closest
○ Up   [C ▼] major
○ Down

Transpose by interval
○ Up   [Augmented ▼]   [2nd ▼]
○ Down

☐ Transpose key signatures
☐ Change key at start
☐ Allow change of key to persist
☑ Use double sharps/flats

[Cancel] [OK]

图 3.8.8

Transpose by，选择 Interval；

音程类型选择 Augmented；

勾选 Use double sharps/flats；

乐谱效果如图 3.8.9 所示。

Transpose by Interval，选择 Up；

度数选择 2th；

设置完毕后点击"OK"确定；

取消勾选 Use double sharps/flats；设置完毕后点击"OK"确定，乐谱效果如图 3.8.10 所示。

图 3.8.9 允许 Use double sharps/flats

图 3.8.10 不允许 Use double sharps/flats

取消 Use double sharps/flats 后，在移调乐曲中部允许出现重升或重降记号，在如图 3.8.10 中重升 F 被识别为 G。

关于移调调号的几点说明：

1. 该操作一般针对整首乐曲或某个五线谱操作；

2. 对整首乐曲操作时，按 Ctrl+A 全选，乐谱周围出现双层紫色边框，即可进行操作；

3. 对某一整行五线谱操作时，鼠标左键三击当前谱表将其选中，然后按住 Ctrl 点击当前谱表的拍号，乐谱周围出现双层紫色边框，即可进行操作。

四、快速移调

使用电脑键盘的方向键可以实现快速移调。操作步骤如下：

1. 选中需要移调的乐谱，通过电脑键盘的上下方向键可以进行移调，每按一下电脑方向键向上键，乐谱就向上移动一个二度；每按一下电脑方向键向下键，乐谱就向下移动一个二度。

2. 选中需要移调的乐谱，按住 Ctrl 的同时，每按一下电脑方向键向上键，乐谱就向上移动一个八度；每按一下电脑方向键向下键，乐谱就向下移动一个八度。

五、移调乐器

Sibelius 专门为移调乐器提供了一个功能，是否以移调乐谱方式显示乐谱。快捷键为 Ctrl+Shift+T。或者按下工具栏上的 快捷按钮 ，如图 3.8.11 -图 3.8.12。

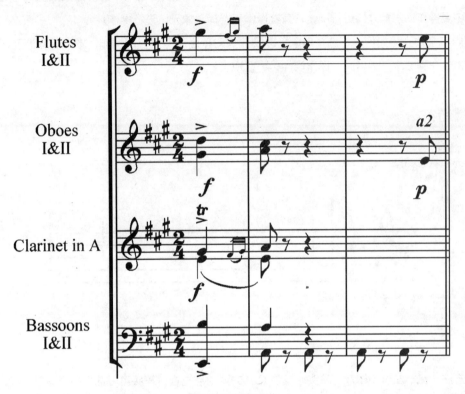

图 3.8.11 非移调乐谱

图 3.8.12 移调乐谱

第一章 认识sibelius

第二章 新建与保存乐谱

第三章 音符输入与编辑

第四章 文本、符号

第五章 五线谱与排版

第六章 播放

第七章 乐理试卷制作

第八章 常用插件介绍

第九章 常用操作问答

第九节 谱面元素选中状态

　　Sibelius 有些操作需要基于一定的对象才能进行，比如给某些或某个音符添加强弱记号等，这时就必须要选中要操作的对象才能进行操作，有些操作不选择对象无法进行操作。

　　本节内容主要介绍如何进行选择对象，以及选择对象后所能进行的操作。本节内容涉及到选中对象的颜色，建议在阅读本节内容时边操作软件，更直观。

一、选择音符

音符选中状态如图 3.9.1。

图 3.9.1

选中方法：鼠标左键单击音符符头，按住 Ctrl 的同时点击音符符头可以选择多个音符；

音符颜色变化：音符选中后符头变为蓝色。

可进行的操作：

1. 更改音高，按下电脑键盘的上下方向键或手动拖拉音符更改选中音符的音高；

2. 给选中音符添加演奏记号，比如重音、断奏、保持音等；

3. 给选中音符添加临时记号；

4. 翻转选中音符的符干方向；

5. 隐藏或显示选中音符；

6. 连接或断开选中音符的符尾；

7. 按下退格键 Backspace 将选中音符转换为相同时值的休止符；

8. 在选中音符处更改调号、拍号、谱号；

9. 在选中音符处添加表情记号和演奏文本符号等

10. 在选中音符处添加高亮；

11. 在选中音符处添加排练记号；

12. 在选中音符处添加线类符号；

13. 在选中音符处添加和弦等。

二、选择小节

小节选中状态如图 3.9.2。

图 3.9.2

选中方法：鼠标左键单击小节，按住 Ctrl 或 Shift 的同时点击其他小节可以选择多个小节；

小节颜色变化：小节选中后小节内的音符符头变为蓝色，同时小节周围出现一个蓝色边框。

可进行的操作：

1. 批量更改小节内音符的音高，按下电脑键盘的上下方向键更改选中音符的音高；

2. 批量给选中小节内的音符添加演奏记号，比如重音、断奏、保持音等；

3. 批量给选中小节内的音符添加临时记号；

4. 批量翻转选中小节内音符的符干方向；

5. 批量隐藏或显示选中小节内的音符或休止符；

6. 批量连接或断开选中小节内音符的符尾；

7. 按下退格键 Backspace 将选中小节内音符转换为相同时值的休止符；

8. 在选中小节处更改调号、拍号、谱号；

9. 在选中小节处添加高亮；

10. 在选中小节处添加排练记号；

11. 将选中小节内的音符转化为提示音；

12. 将选中的小节整合到一行谱表中；

13. 在选中小节处分割小节；

14. 群组符尾连接方式；

15. 重拼选中小节内的临时记号；

16. 按住 Ctrl+Backspace，删除选中小节；

17. 调整当前谱行与其他谱行的间距等。

三、选中一件或多件乐器

选中某件乐器的所有谱行，如图 3.9.3。

选中方法：鼠标左键双击小节可以选中当前谱行，三击可以选中该乐器的所有谱行，按住 Ctrl 或 Shift 可以选择多件乐器的谱行，按住 Ctrl+A 全选乐谱。

可进行的操作：

该选中状态下可操作的动作与选中某小节的状态下可操作的动作基本一致，不再赘述。

第一章 认识sibelius

第二章 新建与保存乐谱

第三章 音符输入与编辑

第四章 文本、符号

第五章 五线谱与排版

第六章 播放

第七章 乐理试卷制作

第八章 常用插件介绍

第九章 常用操作问答

图 3.9.3

一、布局标记

乐谱标记有多个，本节以下面几个标记为例介绍：

图 3.10.1   图 3.10.2   图 3.10.3

这些页面标记标注在乐谱中的相应的位置，并起着相应的作用。

图 3.10.1 是手动分割页面的标记，当对乐谱排版执行了手动分割页面操作后出现这个图标，点击该图标可以删除，删除该图标后先前执行的页面分割操作也将被恢复原状。

图 3.10.2 是手动分割五线谱组的标记，当对乐谱排版执行了手动分割五线谱组操作后出现这个图标，点击该图标可以删除，删除该图标后先前执行的分割操作也将被恢复原状。

图 3.10.3 是手动操作保持选定小节在同一行谱表中，删除该图标后先前执行的操作将被恢复原状。

这些布局标记在默认状态下是显示出来的，通过菜单查看 (View)| 布局标记（Layout Marks）可以确定这些标记是否显示出来，当这些标记显示时不会被打印出来。

二、页边距

页边距是一个虚线框，在默认状态下不显示，通过菜单查看 (View)| 页边距（Page Margins）可以确定是否显示页边距，页边距可以通过页面布局（Layout ）| 文档设置（Document Setup）来设置，详见第五章第九节。

三、标尺

标尺有三类：选区标尺（Seletion Rulers）、对象标尺（Object Rulers ）、五线谱标尺 (Staff Rulers)。

选区标记：只有选择了对象时，才会显示，并且仅显示选区中各个元素之间的标尺参数；

对象标尺：显示谱面上所有对象之间的标尺参数；

五线谱标尺：显示谱面上谱行与谱行之间、谱行与边距之间等标尺参数。

这三类标尺默认状态下都是不显示的，只有通过菜单查看 (View)| 标尺（Rulers）勾选相应的标尺类型才会显示，并且该显示参数不会被打印出来。

该标尺对象截图详见第一章第四节中关于查看菜单中的部分介绍。

第一章 认识sibelius

第二章 新建与保存乐谱

第三章 音符输入与编辑

第四章 文本·符号

第五章 五线谱与排版

第六章 播放

第七章 乐理试卷制作

第八章 常用插件介绍

第九章 常用操作问答

四、编辑手柄

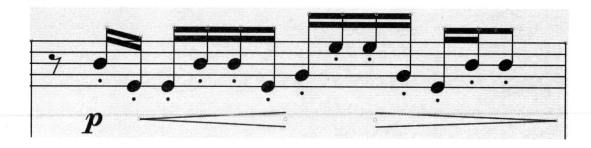

图 3.10.4

通过菜单查看 (View)| 布局标记（Handles），勾选 Handles 后在各个谱面元素出现一个空白小方框，通过这些小方框可以移动这些对象。

五、查看与隐藏对象

隐藏对象：菜单编辑（Edit）| 显示或隐藏（Hide or Show），选中需要隐藏的对象，执行该菜单将选定的对象隐藏，快捷键为 Ctrl+Shift+H；

查看隐藏的对象：菜单查看 (View)| 隐藏对象（Hidden Objects）；

当音符、休止符或其他对象被隐藏后，启用该项后被隐藏的对象以灰色显示，可以用这种方式查看被隐藏的对象，如图 3.10.5 所示。

图 3.10.5

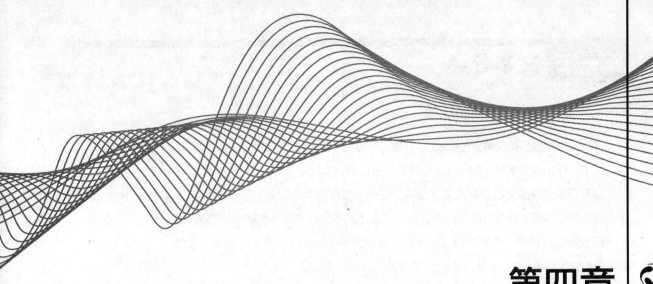

第四章
文本、符号

本章重点

1. 插入乐谱信息；
2. 表情符号与演奏技法；
3. 插入其他文本；
4. 插入和编辑线；
5. 插入符号；
6. 小节序号与五线谱名称。

本章主要内容概要

本章共十节：

1. 文本分类；
2. 插入乐谱信息；
3. 歌词；
4. 表情符号与演奏技法；
5. 插入其他文本；
6. 新建和编辑文本样式；
7. 编辑与新建线样式；
8. 排练标记；
9. 插入、编辑与新建符号；
10. 小节序号与五线谱名称。

第一章 认识Sibelius

第二章 新建与保存乐谱

第三章 音符输入与编辑

第四章 文本、符号

第五章 五线谱与排版

第六章 播放

第七章 乐理试卷制作

第八章 常用插件介绍

第九章 常用操作问答

⌂ 第一节 文本分类

在乐谱中有很多的文本，比如歌词、速度、表情术语等，它们的字体样式、在乐谱中的位置、对齐方式、输入方法、作用各不相同。Sibelius 内置常用的各种文本样式，对于这些文本的字体、大小、是否粗体、斜体以及在乐谱中的位置等都无需您设置，正确选择使用文本样式，这些文本将会以正确的样式显示在正确的位置。本节主要介绍在 Sibelius 中这些文本的类别以及每个类别中的符号及其作用。

在 Sibelius 中文本主要分为三大类：五线谱文本（Staff text）、五线谱组文本（System text）、空白页面文本（Blank page text）。

一、五线谱文本

五线谱文本仅显示在当前输入的谱行，对其他谱行没有影响，常用五线谱文本主要有以下几种：

五线谱文本（Staff text）		
分类	翻译	备注
Expression	表情文本	主要包含力度记号和表情术语，例如 *mp*、cresc. 等， 快捷键为 Ctrl+E。
Technique	演奏技法	主要包含演奏技法，例如 mute、pizz. 等，快捷键为 Ctrl+T。
Lyrics line 1, Lyrics line 2 etc	歌词	多段歌词输入，第一行歌词快捷键 Ctrl+L；第二行歌词快捷键 Ctrl+Alt+L。
Roman numerals	罗马数字	I、III、V 等罗马数字，用来输入和弦。
Figured bass	贝斯指法	在巴洛克音乐中低音乐器指法。
Fingering	指法	弦乐类乐器指法。
Guitar fingering	吉他指法	吉他指法。
Boxed text	带框文本	某些重要播放技术说明，比如更换乐器。
Footnote	脚注	在乐谱底部对乐曲的说明性文字，不同于页脚文本。

126

二、五线谱组文本

　　五线谱组中的文本产生的效果对当前的组内所有谱行都生效，比如速度，当为某件乐器指定一个播放速度时，这个速度不仅仅是针对当前乐器，与这个乐器同步进行播放的其他乐器都会受到这个速度的控制。

　　常用的五线谱组文本主要有以下几种：

五线谱组文本（System text）		
分类	翻译	备注
Title	标题	乐曲的标题。
Subtitle	副标题	乐曲的副标题。
Composer	曲作者	乐曲曲作者。
Lyricist	词作者	乐曲词作者。
Dedication	撰词	乐曲描述性文字。
Tempo	速度	乐曲速度。
Metronome mark	节拍器标记	节拍器标记。
Copyright	版权	乐曲版权文字。
Header etc.	页眉	在每个页面头部显示。
Footer	页脚	在每个页面底部显示，不同于脚注。
Rit./Accel.	渐慢 / 渐快	速度渐变文字。

第一章 认识sibelius

第二章 新建与保存乐谱

第三章 音符输入与编辑

第四章 文本、符号

第五章 五线谱与排版

第六章 播放

第七章 乐理试卷制作

第八章 常用插件介绍

第九章 常用操作问答

二、空白页面文本

本组文本类型仅显示在乐曲独立的标题页面上，不能建立到乐曲页面中。

常用的空白页面文本主要有以下几种：

空白页文本（Blank page text）		
分类	翻译	备注
Composer	曲作者	在乐谱独立标题页上显示曲作者。
Dedication	撰词	乐曲描述性文字。
Plain text	文本	纯文本。
Subtitle	副标题	在乐谱独立标题页上显示副标题。
Title	标题	在乐谱独立标题页上显示标题。

通过菜单创建（Create）| 文本（Text），或者在乐谱中空白地方单击鼠标右键也可以弹出这个创建文本菜单。在这个菜单下具有 Sibelius 中所有内置的文本样式，如图 4.1.1：

Expression	Ctrl+E
Technique	Ctrl+T
Lyrics	▶
Other Staff Text	▶
Title	
Subtitle	
Composer	
Lyricist	
Dedication	
Tempo	Ctrl+Alt+T
Metronome mark	
Other System Text	▶
Blank Page Text	▶
Special Text	▶

图 4.1.1

部分文本的使用参看图 4.1.2。

图 4.1.2

第一章 认识sibelius
第二章 新建与保存乐谱
第三章 音符输入与编辑
第四章 文本、符号
第五章 五线谱与排版
第六章 播放
第七章 乐理试卷制作
第八章 常用插件介绍
第九章 常用操作问答

第二节 插入乐谱信息

一、乐谱信息对话框

乐谱信息包含歌曲标题、副标题、词曲作者等信息，在新建乐谱时可以直接输入相关信息，如图4.2.1 所示：

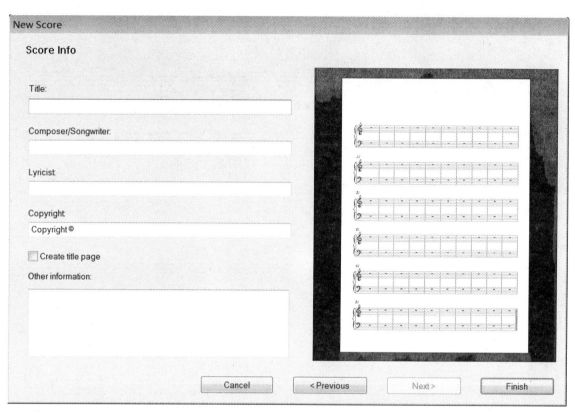

图4.2.1

Title：歌曲标题；

Composer/Songwriter：曲作者 / 演唱者；

Lyricist：词作者；

Copyright：歌曲版权所有人；

Create title page：创建标题页；

Other information：其他信息。

这些信息输入完毕后，在乐谱的指定位置显示相关的信息。

在这个新建向导对话框中列出的是乐谱信息的一部分内容，在菜单文件（File）| 乐谱信息（Score info）有最详细的乐谱信息，如图4.2.2。

Subtitle：副标题；

Arranger：编曲；

Artist：艺术家

Instrument changes：乐器更改；

Copyright：版权信息；

Opus number：作品号；

Composer's dates：作曲日期；

Year of composition：作曲年份；

Other information：其他信息；

Part name：分谱名称

Dedication：撰词；

Lyricist：词作者；

Copyist：抄写员，或者可以理解为制谱人；

Publisher：出版社，或出版人，发行商等。

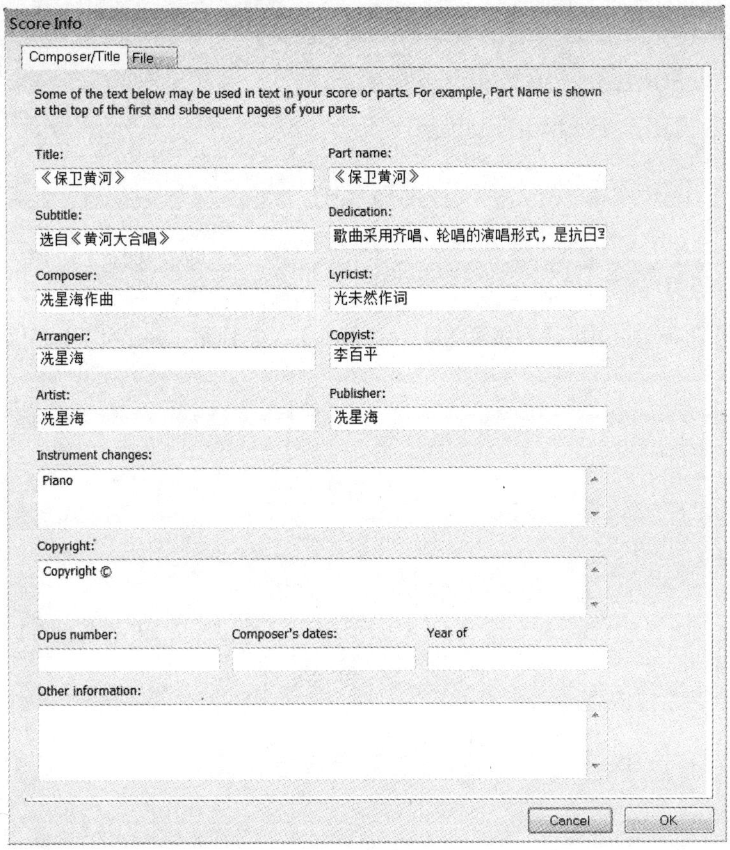

图 4.2.2

　　乐谱信息对话框中的这些信息需要手动输入，在新建向导处填写的相关歌曲标题、词曲作者等信息不会自动输入到这个对话框中，并且这个对话框中的乐谱信息也不会被自动写入到乐谱中的相应位置。但是我们依然建议大家在操作时养成一个好习惯，将乐谱信息输入到该对话框中，因为这个对话框中的相关信息可以使用通配符来调用，在总谱和分谱中修改相关参数时可以做到统一，有关通配符的相关操作详见在本节第三部分。

二、创建乐谱信息

　　如果在新建乐谱时没有输入乐谱标题、词曲作者等信息，在乐谱新建完成后，可以通过菜单创建（Create）|文本（Text）中的相关项来创建乐谱信息。

第一章 认识sibelius

第二章 新建与保存乐谱

第三章 音符输入与编辑

第四章 文本、符号

第五章 五线谱与排版

第六章 播放

第七章 乐理试卷制作

第八章 常用插件介绍

第九章 常用操作问答

1. 为标题页创建歌曲标题

打开菜单创建（Create）｜文本（Text）｜空白页文本（Blank Page Text）｜标题（Title on blank page），这时鼠标变为蓝色的向右箭头，在乐谱空白页中的任意位置单击鼠标，这时在空白页的正中央出现闪动的光标，手动在光标处输入乐曲标题即可。

Boxed text (on blank page)
Composer (on blank page)
Dedication (on blank page)
Instrument name at top left (on blank page)
Plain text (on blank page)
Plain text, centered (on blank page)
Plain text, right (on blank page)
Subtitle (on blank page)
Title (on blank page)

图 4.2.3

2. 创建其他标题页文本

利用上述方法可以在标题页创建曲作者（Composer）、副标题（Subtitle）等信息，如图4.2.4。

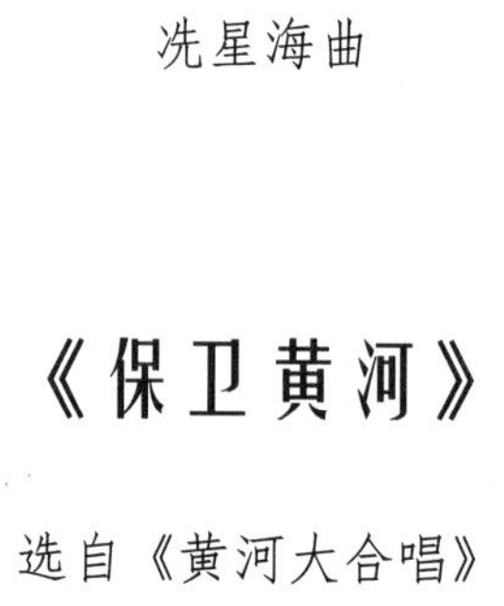

冼星海曲

《保卫黄河》

选自《黄河大合唱》

图 4.2.4 标题页乐谱信息

3. 创建乐曲标题

打开菜单创建（Create）｜文本（Text）｜标题（Title），这时鼠标变为蓝色的向右箭头，在乐谱中的任意位置单击鼠标，这时在乐谱上方的正中央出现闪动的光标，手动在光标处输入乐曲标题即可，如图 4.2.5。

图 4.2.5 输入乐曲标题

4. 输入其他乐谱信息

在菜单创建（Create）| 文本（Text）下有常用的乐谱信息，副标题（Subtitle）、曲作者（Composer）、词作者（Lyricist）、速度（Tempo）、节拍器标记（Metronome mark），使用与输入歌曲标题相同的方法将以上常用乐谱信息输入到乐谱中，与输入标题所不同的是当鼠标在乐谱上点击时光标出现的位置不同，这是因为这些信息所处的位置不同导致的。

标题位于乐谱上方中央；副标题位于标题下方；曲作者位于乐谱右上角；词作者位于乐谱左上角。

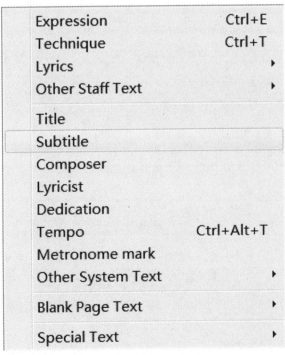

图 4.2.6

三、使用通配符

什么叫通配符？

通配符是一种特殊的语句，在 Sibelius 中它是一个代码，可以以任何形式的文本插入，并配合指定的语法来调用乐谱信息中的相关参数，同时还可以对文本形式的外观进行设定。

第一章 认识sibelius

第二章 新建与保存乐谱

第三章 音符输入与编辑

第四章 文本、符号

第五章 五线谱与排版

第六章 播放

第七章 乐理试卷制作

第八章 常用插件介绍

第九章 常用操作问答

1. 我们把通配符分为三组，第一组是专门调用"乐谱信息"对话框中的相关参数，我们再来看下这个对话框中有哪些参数字段：

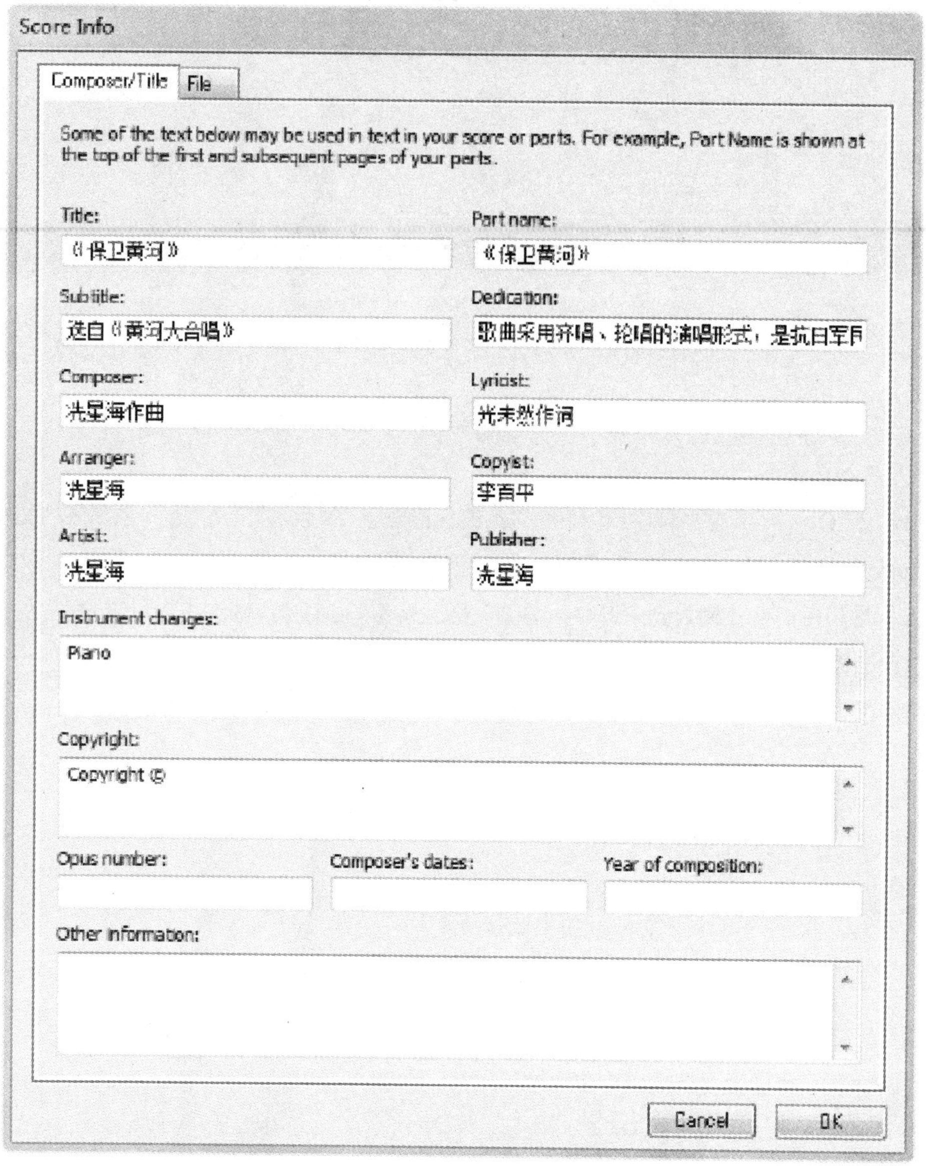

图 4.2.7

Title：歌曲标题；

Subtitle：副标题；

Arranger：编曲；

Artist：艺术家

Instrument changes：乐器更改；

Copyright：版权信息；

Opus number：作品号；

Composer's dates：作曲日期；

Year of composition：作曲年份；

Other information：其他信息；

Part name：分谱名称

Dedication：撰词；

Lyricist：词作者；

Copyist：抄写员，或者可以理解为制谱人；

Publisher：出版社，或出版人，发行商等。

以上是这个对话框中的所有参数字段，通配符的书写格式是：\\$ 字段名称 \\。比如要调用歌曲标题，正确的书写方法是：\\$title\\，在创建文本时，选择任意文本类型，将这段代码输入进去都可以调出当前歌曲的标题。如图 4.2.8 为输入的代码，图 4.2.9 确定后的效果。

图 4.2.8 输入代码

4.2.9 用代码调用歌曲标题

无论是插入副标题的形式插入文本，输入这个代码，还是用插入速度文本的形式输入这个代码，都可以将乐曲的标题调出来，但为了科学操作，请在操作时选择正确的插入文本样式。比如插入标题的通配符时就用插入标题 (Title) 的形式插入。

第一章 认识sibelius

第二章 新建与保存乐谱

第三章 音符输入与编辑

第四章 文本、符号

第五章 五线谱与排版

第六章 播放

第七章 乐理试卷制作

第八章 常用插件介绍

第九章 常用操作问答

在这一组通配符中，Sibelius 支持的可调用的参数列表如下：

书写格式	含义	书写格式	含义
\$Title\	调用乐曲标题	\$Lyricist\	调用词作者
\$Subtitle\	调用乐曲副标题	\$Copyist\	调用抄写员（制谱人）
\$Composer\	调用曲作者	\$Publisher\	调用出版商（发行商）
\$Arranger\	调用编曲作者	\$Dedication\	调用撰词
\$Artist\	调用艺术家	\$OpusNumber\	调用作品号
\$Copyright\	调用版权文字	\$ComposerDates\	调用作曲日期
\$PartName\	调用分谱名称	\$YearOfComposition\	调用作曲年份
\$InstrumentChanges\	调用乐器更改信息	\$MoreInfo\	调用其他信息

2. 其他通配符

这组通配符可以调用操作系统的相关信息。

书写格式	含义	书写格式	含义
\$DateShort\	调用当前日期 格式：如 2010/7/24	\$FilePath\	调用当前文件保存路径
\$DateLong\	调用当前日期 格式：如 2010 年 7 月 24 日	\$FileName\	调用当前文件名称
\$Time\	调用当前时间	\$FileDate\	调用文件建立日期
\$User\	调用当前操作系统用户名	\$PageNum\	调用页码

3. 更改文本格式通配符

这组通配符的作用是在"乐谱信息"对话框中设定，来更改文本格式，文本格式一般主要有以下几种：加粗、斜体、下划线等，除此之外，这组通配符还包含换行、更改字体等，常用列表如下：

书写格式	含义	书写格式	含义
\B\	加粗字体	\b\	取消加粗
\I\	使文本变为斜体	\i\	取消加斜体
\U\	给文本加下划线	\u\	取消下划线
\n\	换行	\f\	更改默认字体
\f 字体名称 \	更改默认字体，比如：\f 宋体 \		
\s 字体高度 \	更改字体高度，比如：\s400\		
^	下一个字符使用 Music text font（菜单 House Style | Edit All Fonts）		

下面我们对这三组参数使用做一个简单介绍。

比如：要给标题字体加粗，并且将字体更改为黑体，然后将定义的标题应用到乐谱中标题位置。

第一步，打开菜单文件（File）| 乐谱信息（Score info），在弹出的对话框中输入标题（Title）等所有信息，如图 4.2.10。

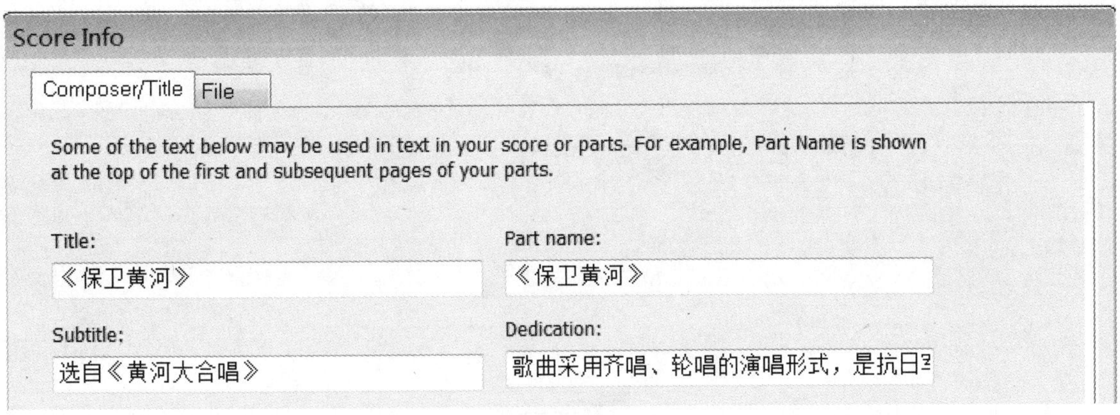

图 4.2.10

输入完毕后，按照指定的文本乐谱中调用这些信息，比如调用标题时，最好选择菜单创建（Create）| 文本（Text）| 标题（Title），这时鼠标变为蓝色的箭头，在乐谱中任意位置点击后在乐谱的标题位置，即上方中间位置出现闪动的光标，可以输入文本，这时在里面输入 \$Title\，按 ESC 键确认，这时代码立即变为在乐谱信息对话框中设定的标题信息。

第一章 认识sibelius

第二章 新建与保存乐谱

第三章 音符输入与编辑

第四章 文本、符号

第五章 五线谱与排版

第六章 播放

第七章 乐理试卷制作

第八章 常用插件介绍

第九章 常用操作问答

第二步，选定标题文本，在属性对话框中设定文件格式，在 Text 标签处设置字体为幼圆，Size 为 30.1，如图 4.2.11。

《保卫黄河》

选自《黄河大合唱》

Edit System Text

▶ General
▼ Text

Title

幼圆

Size 30.1

☐ B ☐ I ☐ U

▶ Playback
▶ Lines
▶ Bars
▶ Notes

图 4.2.11

第三步，通过通配符设置、调用标题等信息，例如标题处，输入"\f 黑体 \\B\《保卫黄河》"，如图 4.2.12，完成效果图如图 4.2.13

Score Info

Composer/Title | File

Some of the text below may be used in text in your score or parts. For example, Part Name is shown at the top of the first and subsequent pages of your parts.

Title:
\f黑体\\B\《保卫黄河》

Part name:
《保卫黄河》

图 4.2.12

《保卫黄河》

选自《黄河大合唱》

图 4.2.13

经过通配符调用出的参数，比如字体等，再在属性对话框中设置时将无效，如图 4.2.13 文本设置的字体依然是幼圆，但是标题处显示却是在属性对话框中设定的黑体。

通过通配符调用的信息不能直接在乐谱中编辑，比如标题，当双击标题进行编辑标题信息时，弹出一个对话框，提示大意为："您当前编辑的文本包含乐谱信息对话框中的一些替代文本，您应该到乐谱信息对话框中编辑这些信息，您现在要到乐谱信息对话框中吗？"如图 4.2.14，点击"是"，将跳转到乐谱信息对话框，可以编辑标题名称；点击"否"，则直接在标题处修改当前的通配符。

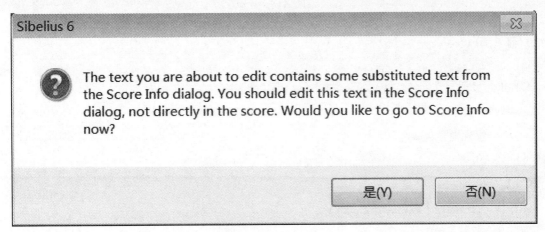

图 4.2.14

这里我们对"\n\"和"^"这个两个符号的使用做一个介绍。

当输入大段文字需要换行时，可以在换行处使用"\n\"这个符号进行文字换行。这个符号不但可以在乐谱信息对话框中使用，同 \B\ 等参数一样也可以直接在插入文本时使用。

使用这个"^"符号后，这个符号后面的文本使用菜单 House Style | Edit All Fonts | Music text font 中设定的字体。例如当需要输入降号"b"时，修改菜单 House Style | Edit All Fonts | Music text font 中设定的字体为"Opus"，然后在乐谱信息对话框中输入"^b"，这时调用出的便是降号。

如图 4.2.15、图 4.2.16 中 Instrument changes 中设置。

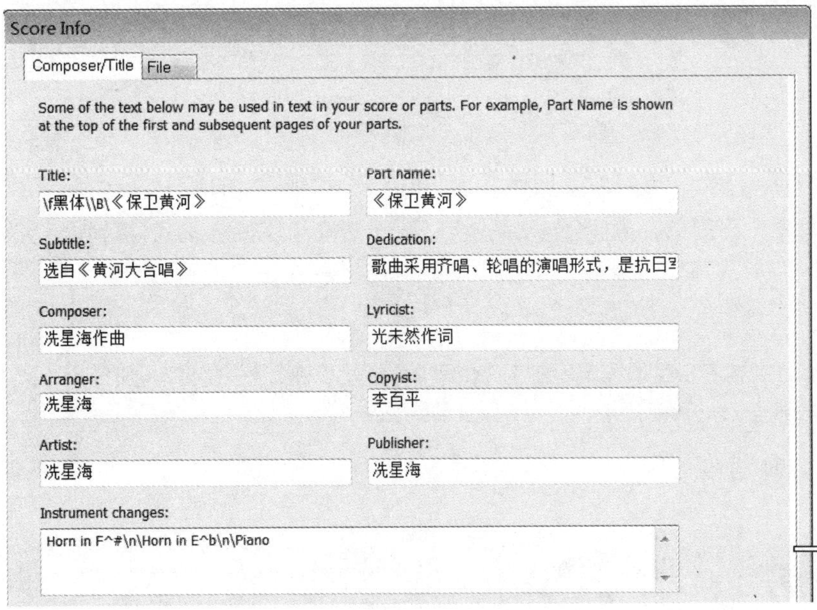

图 4.2.15    图 4.2.16

第一章 认识sibelius

第二章 新建与保存乐谱

第三章 音符输入与编辑

第四章 文本、符号

第五章 五线谱与排版

第六章 播放

第七章 乐理试卷制作

第八章 常用插件介绍

第九章 常用操作问答

第三节 歌词

一、输入歌词

Sibelius 提供了几种歌词输入方法，本节介绍两种歌词输入方法：

· 直接输入歌词；

· 从 txt 文件中导入。

1. 直接输入

第一步，选中要输入歌词的一个音符；

第二步，打开菜单创建（Create）｜文本（Text）｜歌词（Lyrics）｜第一段歌词（Lyrics line 1）这时在选中的音符下方出现闪烁的光标，开始输入歌词，快捷键为 Ctrl+L；

第三步，每输入一个歌词按一下空格键，光标会自动跳转到下一个音符，继续输入歌词，直到输入完成。

或者这样操作：

第一步，打开菜单创建（Create）｜文本（Text）｜歌词（Lyrics）｜第一段歌词（Lyrics line 1）这时鼠标变为蓝色的方向向右的鼠标，如图 4.3.1；

图 4.3.1

第二步，在需要输入歌词的音符处点击鼠标，这时在点击的音符下方出现闪烁的光标，开始输入歌词；

第三步，每输入一个歌词按一下空格键，光标会自动跳转到下一个音符，继续输入歌词，直到输入完成。

2. 从 txt 文件中导入

如果歌词已经输入到 word 中或者从互联网上复制下来的歌词，经过少许调整之后导入到 Sibelius 中，这种方法可以极大地节约输入歌词所需要的时间。

例如谱例 4.3.2，《欢乐颂》选段

图 4.3.2

这是一首非常著名的乐曲，在互联网上搜索这首歌曲的歌词应该非常容易，将搜索到的歌词复制并粘贴到 txt 文件中，粘贴到 txt 中的格式如下：

欢乐女神，圣洁美丽，灿烂阳光照大地

这个格式是不能直接导入的，否则导入到 Sibelius 中后，这些长长的一句歌词全部堆积到第一个音符上，我们在直接输入歌词时知道，Sibelius 中输入歌词是每输入一个歌词要按一下空格键，这时输入的文本才不会堆积到一起，因此这里我们也要做相同处理，在 txt 文件中编辑文本，这段歌曲一个音符对应一个歌词，所以每两个歌词之间都要有一个空格，修改后格式为：

欢 乐 女 神,圣 洁 美 丽,灿 烂 阳 光 照 大 地

中文与英文字符占位不同，所以标点符号最好也要做一下调整，中文输入法下的“，”被认作一个汉字的长度，所以最好将中文输入法下的“，”修改为半角输入法下的“,”，否则软件将把这个标点符号识别为一个汉字，形成了一个音符对应两个歌词的状况，Sibelius 会自动给这两个词加上连线，将标点修改后便不会出现歌词连线的情况；同样乐谱中确实有一个音符对应两个歌词的情况时，这两个歌词之间不要有空格。调整完毕后开始导入工作。

第一步，双击需要添加歌词的谱行，将该行谱表选中，如果已经准备好了整首歌曲的歌词，则三击当前谱表，将整首歌曲中该声部全部选中。如果没有做选择直接执行第二步，则会弹出如下提示：请选择一个包含音符的通道后再试。

Sibelius 6
Please select a passage containing some notes and try again
确定

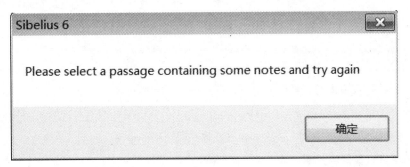

图 4.3.3

第二步，选择菜单创建（Create）| 文本（Text）| 歌词（Lyrics）| 来自 Text 文件（From Text File），这时弹出一个从“文本文件创建歌词（Crcatc Lyrics From Text File）”对话框，在如图 4.3.4 中点击“Browse”，弹出一个对话框，如图 4.3.5 所示，在本机电脑中指定位置找到已经修改好的 Text 歌词文档。

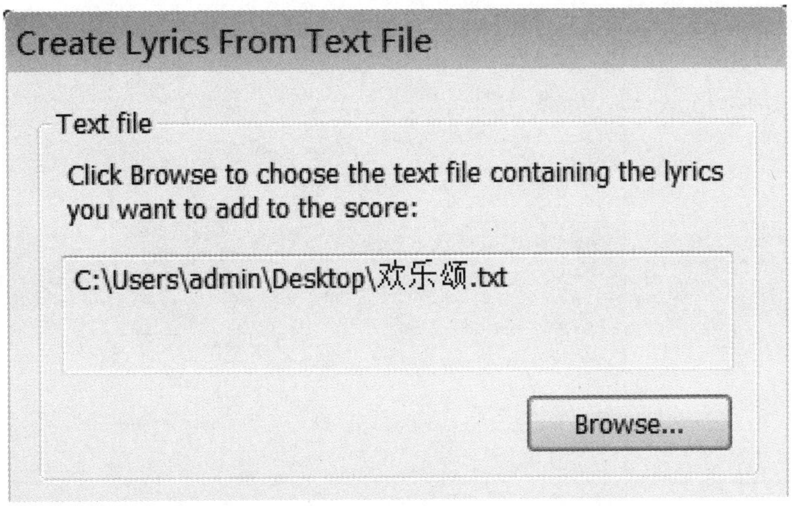

Create Lyrics From Text File
Text file
Click Browse to choose the text file containing the lyrics you want to add to the score:
C:\Users\admin\Desktop\欢乐颂.txt
Browse...

图 4.3.4

第一章 认识sibelius

第二章 新建与保存乐谱

第三章 音符输入与编辑

第四章 文本、符号

第五章 五线谱与排版

第六章 播放

第七章 乐理试卷制作

第八章 常用插件介绍

第九章 常用操作问答

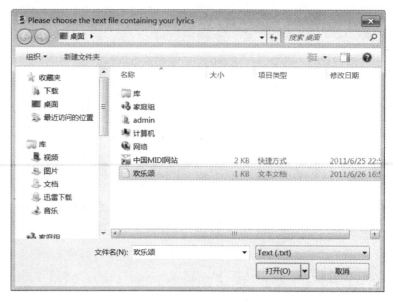

图 4.3.5

经过以上设置后歌词成功导入，如图 4.3.6 。

图 4.3.6

在导入歌词时需要注意几个问题：

·当乐曲中已经存在歌词时，默认情况下已存在的歌词将被即将导入的替换，如需要更改该项目，在"文本文件创建歌词（Create Lyrics From Text File）"对话框中取消"删除已存在的歌词（Delete existing lyrics first）"，一旦取消，导入的新歌词将与原有歌词重叠，如图 4.3.7；

·新导入的歌词默认被导入第一段歌词，在"歌词文本样式（Lyrics text style）"处更改导入的歌词段落，如图 4.3.7；

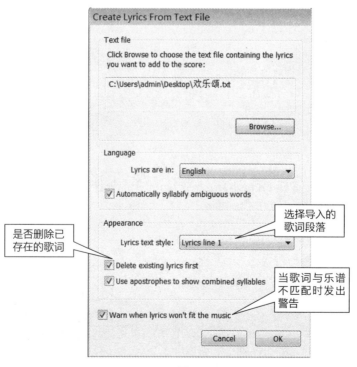

图 4.3.7

·在调整歌词时注意要保持歌词与乐谱匹配，当文本歌词长度比乐曲长时，会弹出如图提示：您选择的文本太长，与歌曲不匹配，多余的歌词将不能被添加到乐谱中，你要继续吗？

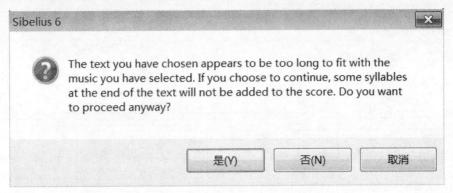

图 4.3.8

当选择的文本比实际歌曲长度短时，会弹出如图 4.3.9 的提示："你选择的文本太短，如果选择继续，选区结尾的音符将不能添加歌词，你要继续吗？"

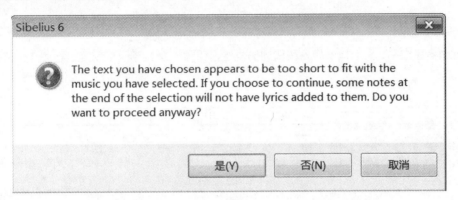

图 4.3.9

根据实际情况对上述的提示做出正确判断。

二、编辑歌词

1. 更改歌词

双击需要修改的歌词，进行编辑，重新输入。单击一个歌词，按空格键可以将当前歌词移动到下一个音符上，按住 Shift+ 空格键，可以将当前歌词移动到前一个音符上。通过电脑键盘的方向键也可以控制修改前一个或后一个歌词。

2. 复制歌词

单击选中一个歌词，然后按 Ctrl+Shift+A 可以全选当前谱行当前声部的歌词，按 Ctrl+C 可将选择的歌词复制并粘贴到指定声部，如图 4.3.10，将第一行中的歌词复制到下行谱表中。

图 4.3.10

第一章 认识sibelius

第二章 新建与保存乐谱

第三章 音符输入与编辑

第四章 文本·符号

第五章 五线谱与排版

第六章 播放

第七章 乐理试卷制作

第八章 常用插件介绍

第九章 常用操作问答

操作步骤：

· 单击歌词"欢"；

· 按 Ctrl+Shift+A 全选当前行所有歌词；

· 按 Ctrl+C 复制选中的歌词；

· 三击第二行乐谱，将其整个选中；

· 按 Ctrl+V 将歌词粘贴到当前选中谱行，效果图如图 4.3.11 所示。

图 4.3.11

3. 切换歌词段落

当歌曲有多段歌词时，可以交换各段歌词的位置，如图 4.3.12 所示，交换第一段与第二段歌词的位置：

图 4.3.12

第一步，用鼠标单击第一行第一个歌词"你"，按住 Ctrl+Shift+A 全选第一行歌词，单击属性窗口的文本标签，歌词默认是"Lyrics line1"，暂时将该声部移动到第三段"Lyrics line3"，为第二段移动到第一段让出位置，点击下拉菜单选择"Lyrics line3"，如图 4.3.13 所示：

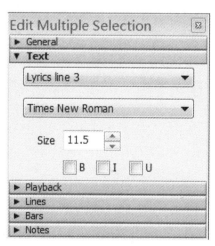

图 4.3.13

第二步，用鼠标单击第二行第一个歌词"亿"，按住 Ctrl+Shift+A 全选第一行歌词，用第一步相同方法将歌词移动到第一段，选择"Lyrics line1"；

第三步，用相同方法再将移动到第三段的歌词移动到第二段；

经过以上三步设置后，乐谱表面并没有任何变化，双击当前谱行，将其选中，然后打开菜单"布局"（Layout）|"重置位置（Reset Position）"，快捷键为 Ctrl+Shift+P 完成操作，如图 4.3.14。

亿 万 人 民 团 结 起 来, 大 家 相 亲 又 相 爱. 亿
你 的 力 量 能 使 人 们, 消 除 一 切 分 歧. 在

图 4.3.14

3. 歌词在乐谱上方

如图 4.3.15，在同一行五线谱中有多声部，歌词分别在乐谱的上方和下方。

图 4.3.15

第一步，首先将音符输入；

第二步，点击第一声部的第一个音符，按快捷键 Ctrl+L，输入第一声部的歌词；

第三步，点击第二声部的第一个音符，打开菜单创建（Create）| 文本（Text）| 歌词（Lyrics）| 五线谱上方的歌词（Lyrics above staff），如图 4.3.16。

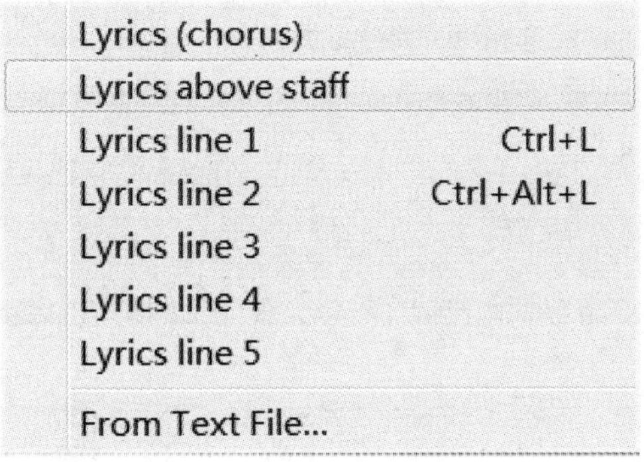

图 4.3.16

第四步，输入所需歌词，完成制作。

4. 更改歌词字体字号

选中需要更改的歌词，打开属性面板的文本标签，可更改字体、字号等信息，如图 4.3.17 所示。若要修改所有歌词的字体字号等样式详见本章第六节。

图 4.3.17

认识sibelius 第一章

新建与保存乐谱 第二章

音符输入与编辑 第三章

文本、符号 第四章

五线谱与排版 第五章

播放 第六章

乐理试卷制作 第七章

常用插件介绍 第八章

常用操作问答 第九章

第四节 表情符号与演奏技法

一、表情符号

表情符号主要用来表现乐曲力度和相关指示的文字、符号，例如 p、mp 等，用斜体字表示，位于器乐谱表下方，人声谱表的上方，如图 4.4.1。

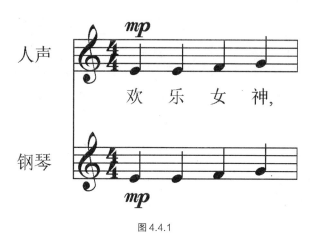

图 4.4.1

以谱例 4.4.1 为例，我们来了解下表情符号使用方法：

·单击人声声部的第一个音符，将其选中；

·打开菜单创建（Create）| 文本（Text）| 表情（Lyrics），点击后在当前选中音符上方出现闪烁的斜线光标；

·在光标处输入"**mp**"或在光标处单击鼠标右键，在弹出的菜单中选择，如图 4.4.2

ppp		*cresc.*	Ctrl+Shift+C	℞	Ctrl+1	ò ó ô õ ù ú û ü À Á Â Ã Ç È É Ê Ì Í
pp		*dim.*	Ctrl+Shift+D	*tenuto*		Ctrl+Shift+Alt+O / Ctrl+Shift+O
p	Ctrl+P	*dolce*		♮ Ctrl+Num 7		Ctrl+Shift+Alt+U / Ctrl+Shift+U
mp		*espress.*		♯ Ctrl+Num 8		Alt+`
mf		*legato*		♭ Ctrl+Num 9		Shift+Alt+`
f	Ctrl+F	*leggiero*		×	Ctrl+3	Alt+2
ff		*marcato*		à Ctrl+Shift+Alt+A		Shift+Alt+2
fff		*meno*		á Ctrl+Shift+A		
fp		*molto*		ã Ctrl+Num 1		
sf		*niente*		ç Ctrl+Num 2		
sfz		*più*		è Ctrl+Num 3		
rfz		*poco*		é Ctrl+Num 4		
m	Ctrl+M	*sempre*		ê Ctrl+Shift+Alt+E		
n	Ctrl+N	*staccato*		ì Ctrl+Shift+E		
r	Ctrl+R	*subito*		í Ctrl+Shift+Alt+I		
s	Ctrl+S	*con*		Ctrl+Shift+I		
z	Ctrl+Shift+Z	*senza*		Ctrl+Num Del / Ctrl+[		

图 4.4.2

表情符号字体默认是 Opus，斜体。默认字体可以通过菜单排版样式（House style）| 编辑所有字体（Edit All fonts）| 主要乐谱字体（Main Music Font）来更改，一般情况下请保持不要修改。

当被添加表情符号的谱表是乐器，例如钢琴、小提琴等时，表情符号被添加到该谱行下方；如果被添加的谱表是人声时，例如女声独唱、合唱等时，表情符号被添加到该谱表的上方，这里所说的人声谱表主要是指在所有乐器（All Instruments）| 歌手（Singers）中的乐器，如图 4.4.3。

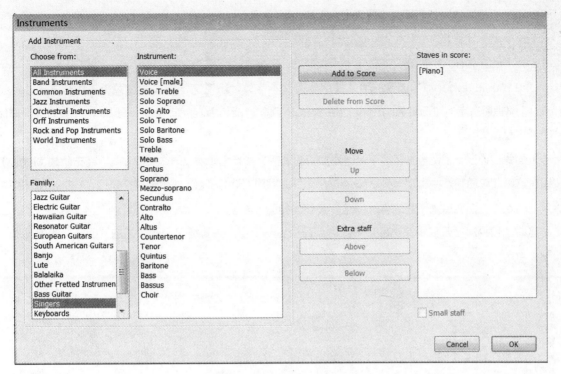

图 4.4.3

在表情文本闪烁的光标处右键时弹出的菜单中列出了内置的所有表情符号，如图 4.4.2，如果你常用的表情文本这个列表中没有，可以通过菜单文件（ File ）| 个性参数设置（ Preferences ）| 单词菜单（ Word menus ）| 表情（ Expression words ）来定义，如图 4.4.4。

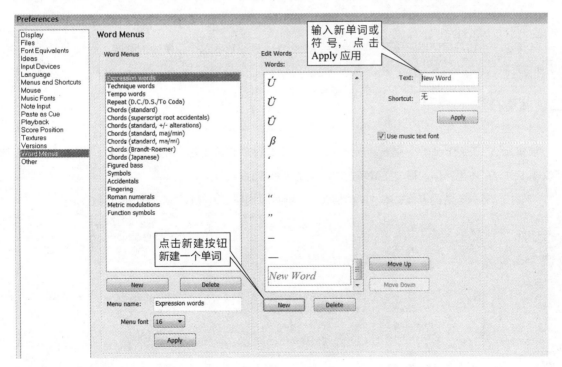

图 4.4.4

Menu name：菜单名称，根据自己喜好设置，建议保持默认；

Menu font size：菜单字体大小，根据实际需要设置，一般保持默认；

Words：这里列出了内置的所有表情文本和符号；

Move up（ Down ）：移动表情文本或符号的显示顺序，可以把常用的移动到最上方；

第一章 认识sibelius

第二章 新建与保存乐谱

第三章 音符输入与编辑

第四章 文本 符号

第五章 五线谱与排版

第六章 播放

第七章 乐理试卷制作

第八章 常用插件介绍

第九章 常用操作问答

Delete：删除选中的表情文本或符号；

Text：输入新建文本；

Shortcut：为输入的新建文本指定一个快捷键；

Use music text font：选定的字体使用乐谱文本字体，乐谱文本字体通过菜单排版样式（House style）｜编辑所有字体（Edit All fonts）｜主要乐谱字体（Main Music Font）来更改，一般情况下请保持不要修改。

下面我们通过一个例子来了解下如何添加新的表情文本，比如建立一个"Cre."，点击新建（New）按钮，这时在单词列表中出现一个"New Word"，同时对话框 Text 处出现这个单词，在这个编辑框内输入"Cre."，然后点击下面的 Apply 应用按钮，如图 4.4.4。

这时我们再次打开表情文本的菜单，看到在最后一个项目中新增了刚刚添加的"Cre."表情文本。如图 4.4.5。

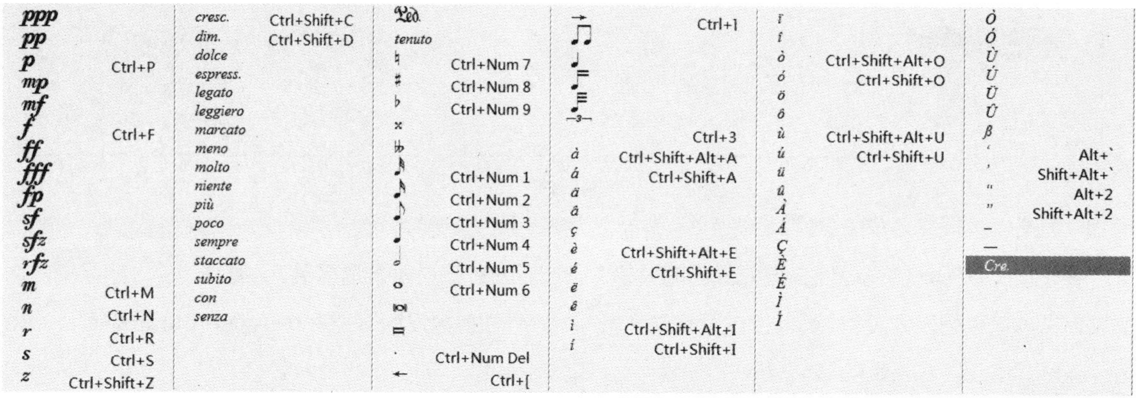

图 4.4.5

如果这个新增符号使用率较高，可以使用 Move up 调整它在这个菜单中的顺序。

二、演奏技法

演奏技法（Technique）是一种描述乐曲演奏技术的文字或符号，比如"mute"、"pizz."等，这类文本字体一般不用斜体，标注在谱表上方，快捷键为 Ctrl+T。

演奏技法输入方法同表情文本，不再赘述。Sibelius 内置的演奏技法符号如图 4.4.6 所示：

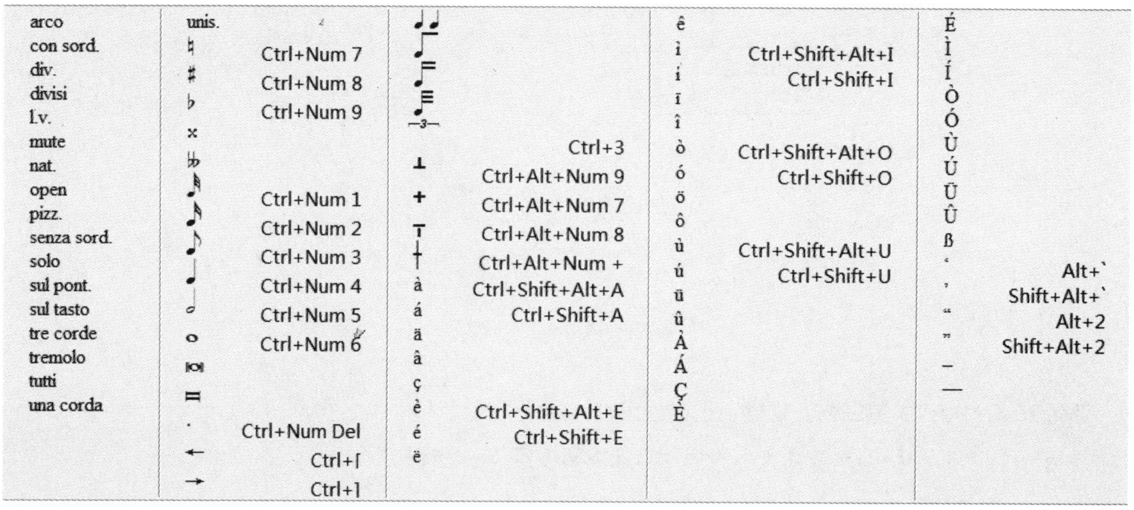

图 4.4.6

这些演奏技法文本也可以通过菜单文件（File）| 个性参数设置（Preferences）| 单词菜单（Word menus）| 表情（Technique words）来定义，详细操作步骤同自定义表情文本，详见 147 页，我们可以利用这个自定义功能将常用符号添加到菜单中，例如散板符号"サ"，因为这个符号用的较多，我们在这里做一个详细介绍。

可以使用拼音输入法的日文片假名来输入，很多拼音输入法都有这个，比如智能 ABC、搜狗拼音输入法、QQ 拼音输入法、Google 拼音输入法等，这里以搜狗拼音输入法为例：

· 安装搜狗拼音输入法，并将当前输入法切换到该输入法下；

· 点击如图 4.4.7 中软键盘图标上单击鼠标右键，在弹出的菜单中选择日文片假名，如图 4.4.8；

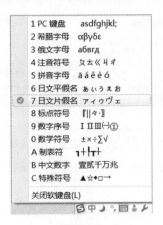

图 4.4.7   图 4.4.8

· 选择了日文片假名后弹出一个软键盘，点击"Q"即可将符号"サ"输入，如图 4.4.9。

图 4.4.9

需要注意的是，无论表情文本还是演奏技法文本通过自定义添加的在播放乐谱时是没有实际演奏效果的，表情文本内置的有一部分有演奏效果，比如 p、f 等。

第五节　插入其他文本

文本输入在 Sibelius 操作中属于比较重要的一个功能，本节我们继续对常用的文本输入方式做一个介绍，主要包含以下几个内容：

- · 节拍器标记与速度文本
- · 小文本与带边框文本
- · 页眉与页脚
- · 页码
- · 铜管与弦乐指法文本
- · 版权文本
- · 罗马数字和弦级数
- · 反复记号

一、节拍器标记与速度文本

节拍器标记与速度文本是描述乐曲演奏速度的文本，一般是配合使用，也可以单独使用。

节拍器标记是一个速度提示的文本标记，标注在谱表上方，该文本标记在乐谱播放时具有回放效果，创建方法如下。

选中谱表上音符或休止符，打开菜单创建（Create）|文本（Text）|节拍器标记（Metronome mark），这时在选中的音符或休止符上方出现闪烁的光标，在这里直接输入节拍器标记，或者在光标处单击鼠标右键，在弹出的菜单中选择相应的文本，输入完毕后按 ESC 键确认，如图 4.5.1 所示：

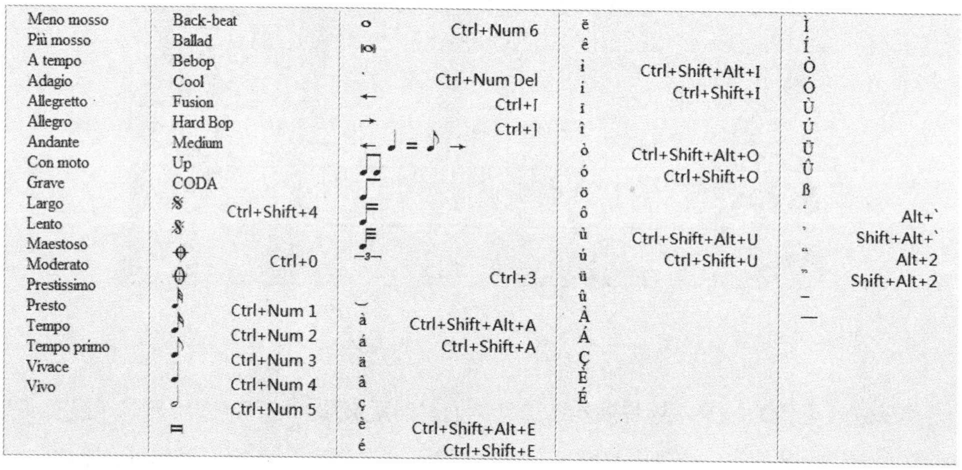

图 4.5.1

如果在打开创建节拍器菜单前未选择任何音符或休止符时，鼠标会变为蓝色向右的箭头，在需要添加节拍器标记的音符上点击，这时会在这个音符上方出现闪烁的光标，在光标处单击鼠标右键也可以弹出图 4.5.1 菜单，进行选择，该菜单项的内容也可以进行自定义，方法同第 147 页自定义表情文本。

添加速度文本的方法同上，但是菜单项不同，速度文本的菜单项为创建（Create）|文本（Text）|速度（Tempo）。

二、铜管与弦乐指法文本

Sibelius 中不同文本都有专用，铜管与弦乐指法的专用文本是菜单创建（Create）|文本（Text）|其他五线谱文本（Other Staff Text）|指法（Fingering）。

使用方法：

单击选中需要添加指法的音符，执行上述指法菜单，这时在音符上方出现闪烁的光标，在光标处输入指法数字，输入完成一个按空格键自动跳转到下一个音符，如图 4.5.2 所示。

图 4.5.2

给铜管乐器添加指法方法与上述相同，不再赘述。

使用插件可以自动给指定的谱表添加指法，详见第八章。

三、小文本和带边框文本

对乐曲描述或演奏中较为重要的提示性文本可以使用本组文本类型，比如乐曲中途更改乐器等重要提示。

相应菜单项为：创建（Create）| 文本（Text）| 其他五线谱文本（Other Staff Text）| 带框文本（Boxed Text）或小文本（Small Text）。

选择菜单后，鼠标变为蓝色向右的箭头，在需要创建文本的地方单击鼠标，即出现闪烁的光标，在此输入所需文本，输入完毕，按 ESC 键确认退出。

四、版权文本

版权文字一般标注在乐谱（总谱与分谱）的第一页，位于乐谱下方中央，其菜单项为创建（Create）| 文本（Text）| 其他五线谱组文本（Other system text）| 版权（Copyright）。

选择这个菜单后，鼠标变为蓝色向右的箭头，在第一页上单击鼠标，这时在页面下方正中央出现闪烁的光标，在此输入版权文字即可，或者可以在光标处单击鼠标右键，在弹出的菜单中选择，比如版权符号 "©" 等可以在这个菜单中找到，快速输入，如图 4.5.3。

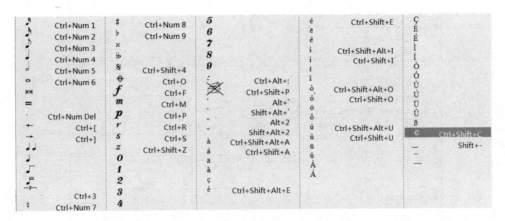

图 4.5.3

五、页眉与页脚

页眉标注与乐谱（总谱与分谱）上方正中央，乐曲标题上方，并且显示在总谱与分谱的所有页面中，如图 4.5.4。

第一章 认识 sibelius

第二章 新建与保存乐谱

第三章 音符输入与编辑

第四章 文本、符号

第五章 五线谱与排版

第六章 播放

第七章 乐理试卷制作

第八章 常用插件介绍

第九章 常用操作问答

页眉
标题

图 4.5.4

页眉输入方法：

　　选择菜单创建（Create）| 文本（Text）| 其他五线谱文本（Other System Text）| 页眉（Header），这时鼠标变为蓝色的向右箭头，在页面上单击鼠标，这时在标题上方的位置出现闪烁的光标，在光标处输入页眉文字即可。

　　结合隐藏功能，页眉可以拓展出其他形式，例如从第二页开始出现页眉 Header（after first page）、从第二页开始出现内侧页眉 Header（after first page,inside edge）等。

　　页脚分为内侧页脚与外侧页脚，标注在页面下方两侧，所谓内侧页脚是指标注在页面靠内侧一边的，外侧指标注在页面靠外侧一边的，如图 4.5.5 所示，该乐谱来源于 Sibelius 演示乐谱。

图 4.5.5

页脚输入方法：

　　选择菜单创建（Create）| 文本（Text）| 其他五线谱组文本（Other System Text）| 页脚，根据需要选择页脚（Footer Outside）或（Footer Inside）。

六、罗马数字和弦级数

使用该组文本可以快速输入罗马数字和弦级数，如图 4.5.6 所示，该谱例来自 Sibelius 帮助文档。

$$\text{I} \quad \text{V}^7 \quad \text{vi} \quad \text{ii} \quad \text{I}^6 \quad \text{IV}^6 \quad \text{IV}^6_5 \quad \text{I}$$

图 4.5.6

该组文本相应的菜单项是创建（Create）|文本（Text）|其他五线谱文本（Other Staff Text）|罗马数字（Roman numerals），选择该菜单项后鼠标变为蓝色向右的箭头，在需要添加和弦级数的音符上点击，这时在该音符下方出现闪烁的光标，在光标处单击鼠标右键，弹出和弦级数列表，在列表中选择适当的数字，如图 4.5.7。

I		vii		+	Shift+=	7	7		Q
i		vii°	Ctrl+7	♮	Ctrl+7	8	8		R
II		6/4		♮	Ctrl+Shift+Alt+7	9	9		S
ii		6/3		♮	Ctrl+Shift+7	1	Shift+1		T
ii°	Ctrl+2	6/5		♯	Ctrl+8	2	Shift+2		U
III		4/3		♯	Ctrl+Shift+Alt+8	3	Shift+3		Shift+M
iii		4/2		♯	Ctrl+Shift+8	4	Shift+4		Shift+N
III~	Ctrl+Shift+3	6~/3		♭	Ctrl+9	5	Shift+5		Shift+O
IV		It	Ctrl+I	♭	Ctrl+Shift+Alt+9	6	Shift+6		Shift+P
iv		Ger	Ctrl+G	♭	Ctrl+Shift+9	7	Shift+7		Shift+Q
V		Fr	Ctrl+F	1	1	8	Shift+8		Shift+R
v		°	Ctrl+O	2	2	9	Shift+9		Shift+S
VI		·	Ctrl+Shift+O	3	3		M		Shift+T
vi		-	-	4	4		N		Shift+U
vi°	Ctrl+6	-	=	5	5		O		
VII		-	Shift+-	6	6		P		

图 4.5.7

下面我们以图 4.5.6 为例，来介绍和弦级数输入方法：

1. "I" 的输入

·单击低音谱表中第一拍的任意一个音符，将其选中；

·选择菜单创建（Create）|文本（Text）|其他五线谱文本（Other Staff Text）|罗马数字（Romannumerals），这时在该音符下方出现闪烁的光标；

·在光标处单击鼠标右键，在弹出的菜单中选择"I"，输入完成。

2. "V⁷" 的输入

·输入完"I"后按空格键，光标自动跳转到下一拍的位置；

·在光标处单击鼠标右键，在弹出的菜单中选择"V"，紧接着再次在光标处单击鼠标右键，在弹出的菜单中选择"7"，快捷键为数字"7"（或者直接输入 7 也可以），输入完成。

第一章 认识sibelius

第二章 新建与保存乐谱

第三章 音符输入与编辑

第四章 文本、符号

第五章 五线谱与排版

第六章 播放

第七章 乐理试卷制作

第八章 常用插件介绍

第九章 常用操作问答

3. "IV^6_5" 的输入

· 输入完 "V^7" 后按空格键，光标自动跳转到下一拍的位置；

· 在光标处单击鼠标右键，在弹出的菜单中选择 "IV"；

· 按快捷键 6 输入上标数字 6，按快捷键 Shift+5 输入下标数字 5，输入完成。

在弹出的菜单的数字中常用的部分都附有快捷键，可以使用快捷键快速输入，而不必每次都单击菜单选择，比如：

上标的数字快捷键是对应的阿拉伯数字；

下标数字快捷键是 Shift+ 对应的阿拉伯数字；

上标降号快捷键是 Ctrl+Shift+Alt+9；

上标升号快捷键是 Ctrl+Shift+Alt+8；

下标降号快捷键是 Ctrl+Shift+9；

下标升号快捷键是 Ctrl+Shift+8；

其余的快捷键不再一一列举，在图 4.5.7 菜单中都标有，大家在使用时学会使用快捷键，可以极大提高工作效率。

七、页码

1. 显示位置

页码默认显示在谱面上方，在左页的左边，右页的右边。通过菜单排版样式（House Style）| 编辑文本样式（Edit Text Styles）| 页码（Page numbers）可以调整在谱面上的显示位置，如图 4.5.8。

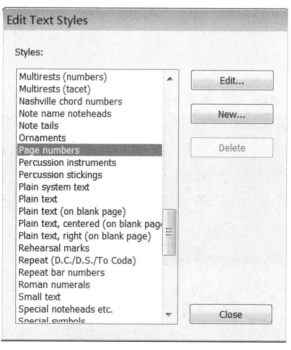

图 4.5.8

例如，将页码显示在页面下方，左页的左边，右页的右边。

点击图 4.5.8 的编辑按钮，弹出五线谱组文本样式编辑对话框，如图 4.5.9，点击垂直位置标签（Vertical Posn）。

Snap to top or bottom of page：对齐到页面顶部或底部，在这里选择；

mm from top margin：到顶部边距的距离，选择该项页码将显示在页面顶部；

mm from bottom margin：到底部边距的距离，选择该项页码将显示在页面底部；

选择 mm from bottom margin 页码即可显示在页面底部。

以上是页码垂直位置调整，如需在水平位置上调整，请将图 4.5.9 五线谱文本样式编辑对话框切换到水平位置标签（Horizontal Posn），在 Align to page 处调整即可，例如，选择 Left，页码将显示在所有页面的左页，如果选择 Inside edge，页码将显示在页面内侧等。

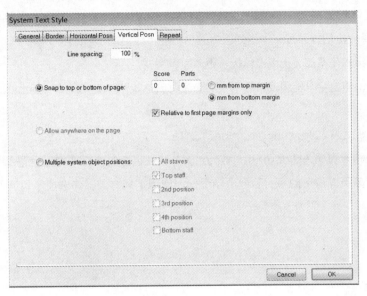

图 4.5.9

关于页码显示样式等其他内容不再赘述。

2. 自定义页码

页码默认从第一页开始计算页数，但有些乐谱需要重新定义页码等操作，比如乐理试题等内容，这时需要自定义页码。

选择菜单创建（Create）|其他（Other）|更改页码（Page Number Change），弹出如图 4.5.10 更改页码对话框。

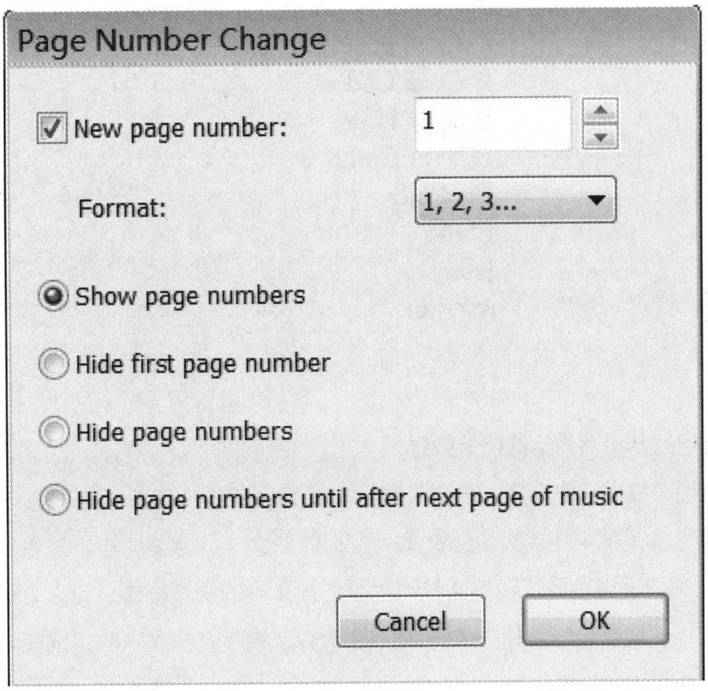

图 4.5.10

认识sibelius 第一章

新建与保存乐谱 第二章

音符输入与编辑 第三章

文本、符号 第四章

五线谱与排版 第五章

播放 第六章

乐理试卷制作 第七章

常用插件介绍 第八章

常用操作问答 第九章

这里举例介绍本功能，比如前两页用罗马数字显示页码，第三页开始重新计算页码，第三页显示为第一页。

第一步，在该对话框中新页码（New page number）处输入新定义的页码1，在下面格式（Format）处选择大写罗马数字，下面选择显示页码（Show page number），单击确定，这时鼠标变为蓝色向右箭头，在第一页上点击鼠标，更改页码完成。

第二步，打开该对话框，在新页码（New page number）处输入新定义的页码1，在下面格式（Format）处选择阿拉伯数字数字，下面选择显示页码（Show page number），单击确定，这时鼠标变为蓝色向右箭头，在第三页上点击鼠标，更改页码完成。

页码不能删除，但是可以使用该对话框中的隐藏页码功能（Hide page numbers）将页码隐藏，具体操作为：

第一步，取消新页码（New page number）选项；

第二步，勾选隐藏页码（Hide page numbers）选项，这时鼠标变为蓝色箭头，在需要隐藏页码的页码上点击，当前页面即可隐藏；若要显示页码，使用相同方法，勾选显示页码即可（Show page number）即可。

八、反复记号

选择菜单创建（Create）|文本（Text）|其他五线谱组文本（Other System Text）|反复记号（Repeat D.C./D.S./To Coda），这时鼠标变为蓝色向右箭头，在需要添加反复记号的地方单击，这时出现闪烁的光标，在此处单击鼠标右键，在弹出的菜单中选择合适的反复记号，Sibelius内置的反复记号类型如图4.5.11。

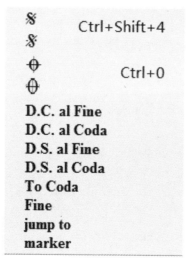

图4.5.11

内置的这些反复记号都具有真实的播放效果。

该菜单项的内容也可以进行自定义，方法同第147页自定义表情文本。

Sibelius的插入文本菜单中还有大量的文本类型，这些文本的字体大小、是否粗斜体、何种字体、显示位置等Sibelius都已经设置好，我们要做的就是选择正确的文本样式，输入正确的内容，节约了大量用来调整字体、大小、位置等繁杂操作的时间，因此熟练掌握这些文本的正确使用方法对于提高工作效率是十分有帮助的。

Sibelius 内置的多种文本样式，除此之外，还可以自定义文本样式，本节我们来了解下如何编辑和新建文本样式。

一、编辑五线谱样式

Sibelius 所有的文本样式都可以通过菜单排版样式（House Style）| 编辑文本样式（Edit Text Style）进行编辑，快捷键为 Ctrl+Shift+Alt+T，如图 4.6.1。

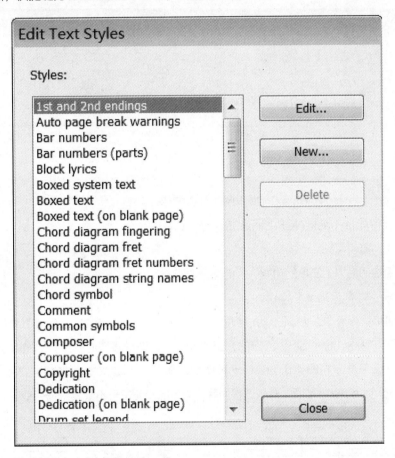

图 4.6.1

选择要编辑的文本样式，点击编辑（Edit）按钮，在弹出的编辑文本样式对话框中编辑文本，如图 4.6.2。

在五线谱文本编辑对话框中一共有 5 个选项卡，分别是常规、边框、水平位置、垂直位置、反复，通过这 5 个选项卡编辑文本样式，我们来了解下这 5 个选项卡中的相关内容对文本样式的影响都有哪些，大家可以根据实际需要进行设置。

1. 常规选项卡，如图 4.6.2

· Font：更改文本字体，设置粗斜体等；

· Size：设置字体大小；

· Preview：预览；

· Other：其他。这里主要涉及到三个内容：

认识sibelius 第一章

新建与保存乐谱 第二章

音符输入与编辑 第三章

文本·符号 第四章

五线谱与排版 第五章

播放 第六章

乐理试卷制作 第七章

常用插件介绍 第八章

常用操作问答 第九章

图 4.6.2

Transpose chord/note names：移调和弦 / 音符名称；

Interpret during playback：回放期间播放该符号的音效；

Word menu：单词菜单；

为了让大家更加明白以上三项的功能，我们举例说明。

例一：和弦符号文本（Chord symbol）

图 4.6.3 中的和弦符号 "C、D、E、F" 是通过菜单创建（Create）| 文本（Text）| 特殊文本（Special Text）| 和弦符号（Chord Symbol）创建的，当对图 4.6.3 进行移调时，所输入的和弦文本也会跟跟随发生变化，如图 4.6.4 是将图 4.6.3 由 C 调移调到 D 调后，和弦文本随之发生变化。如果取消勾选 Transpose chord/note names 项，对乐谱移调后，输入的和弦符号不会发生任何变化。

图 4.6.3   图 4.6.4

例二：表情文本（Expression）

通过菜单创建（Create）| 文本（Text）| 表情（Expression）创建的 p、f 等力度记号，在默认状态下是有实际的播放效果的，这是因为 Sibelius 内置的表情文本样式中勾选了 Interpret during playback 项目，取消该项后，创建的符号将不具备播放音效。

Sibelius 内置了 18 组单词菜单（Word menu），通过文件（File）| 个性参数设置（Preferences）| 单词菜单（Word menus）可以查看到这 18 组单词菜单，以及每组单词菜单下的所有单词，如图 4.6.5 所示。

158

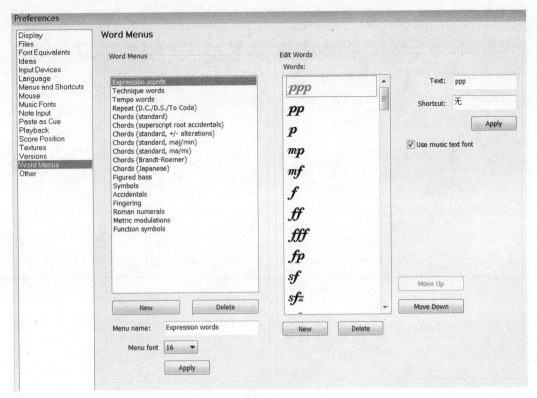

图 4.6.5

在编辑文本样式时，更改单词组后，创建文本时弹出的右键菜单将使用该组中的单词文本。详细操作见本节第二部分新建文本样式章节。

2. 边框选项卡

边框选项卡中主要设置给文本周围添加一些装饰性图标，比如圆圈、方框等，一般排练标记、带框文本中用的比较多，大家也可以根据自己的实际需要对其他文本类型进行设置，如图 4.6.6。

Circled：圆圈；

Boxed：方框；

Erase background：擦除背景。

Position：本项内容结合 Erase background 使用，设置擦除背景的位置。

Staff Text Style

| General | Border | Horizontal Posn | Vertical Posn | Repeat |

Border Shape

☐ Circled

☐ Boxed

☐ Erase background

Position (%age of height)

Left of text:	30
Right of text:	30
Above text:	0
Below text:	10

图 4.6.6

第一章 认识sibelius

第二章 新建与保存乐谱

第三章 音符输入与编辑

第四章 文本、符号

第五章 五线谱与排版

第六章 播放

第七章 乐理试卷制作

第八章 常用插件介绍

第九章 常用操作问答

3. 水平位置选项卡

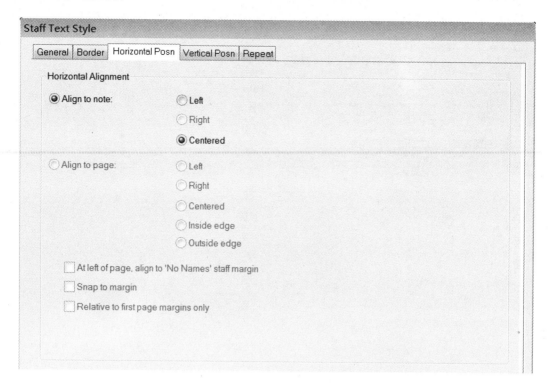

图 4.6.7

水平对齐有两种方式：

一是对齐到音符（Align to note）；

一种是对齐到页面（Align to page）。

我们在本章第一节介绍文本分类时提到，在 Sibelius 中文本分为三类：五线谱文本（Staff text）、五线谱组文本（System text）、空白页面文本（Blank page text），这里设置文本对齐方式时注意以下区别。

五线谱文本只能吸附到当前谱行中，对其他谱行不起作用，比如力度记号等，这些文本符号跟随某小节中指定音符调整而调整，因而只能对齐到音符，这时对齐到页面按钮对这类文本是不允许修改的；五线谱组文本不仅可以吸附到某行，也可以吸附到某页，比如速度、标题等信息，这些文本符号既可以选择对齐到音符，也可以选择对齐到页面。

对齐到音符（Align to note）有三个位置，分别是居左、居右、居中；

对齐到页面（Align to page）有五个位置，分别是居左、居右、居中、页面内侧、页面外侧。

如果选择对齐到页面的话，下面还有三项进一步细化的设置：

·At left of page, align to 'No names' staff margin：在左页上，对齐到没有名称的五线谱边距。如果不勾选，文字将对齐到页边距，如图 4.6.8，图 4.6.9 为勾选该项后文字对齐到谱表边缘。

图 4.6.8

图 4.6.9

·Snap to margin：对齐到页边距；

·Relative to first page margins only：仅相对于到第一页页边距。这个功能的意思是该文本在第一页中距离边距的位置确定后，无论后面页怎么调整，都不会影响该文本的位置，比如页眉、页脚、页码等。

4. 垂直位置选项卡

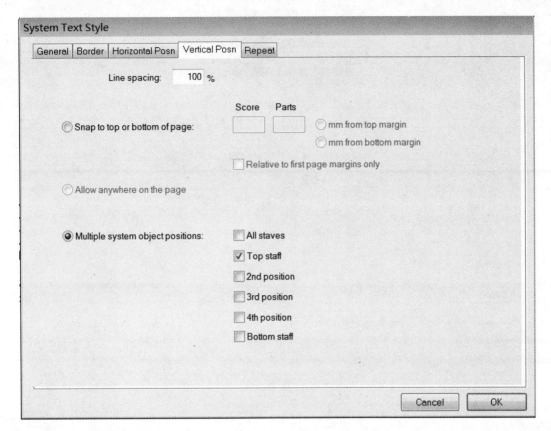

图 4.6.10 垂直位置

·Line sapcing：文本的行间距；

文本垂直位置这里分为三部分设置。

·Snap to top or bottom of page：对齐到页面底部或者顶部，在总谱（Score）或分谱（Parts）处设置到顶部页边距或底部页边距的距离。

·Allow anywhere on the page：允许文本在页面的任意位置，这类文本主要是在空白页面上操作的。

·Multiple system object positions：设置文本对象显示在多行五线谱中，下面有几个位置可选：

– All staves：所有五线谱行；

– Top staff：顶部五线谱；

– 2nd position：第二位置；

– 3nd position：第三位置；

– 4nd position：第四位置；

– Bottom staff：底部谱行。

我们对 2nd position、3nd position、4nd position 做一个说明。选择菜单排版样式（House Style）|五线谱组对象位置（System Object Positions），弹出如图 4.6.11 对话框。

在这个对话框中设置文本显示的位置，最多可以选择显示 5 个位置，其中顶部五线谱是必选的，如图 4.6.11 中"Acoustic Guitar"为第二位置；"Violin 1"为第三位置；"Cello"为第四位置。

第一章 认识sibelius

第二章 新建与保存乐谱

第三章 音符输入与编辑

第四章 文本、符号

第五章 五线谱与排版

第六章 播放

第七章 乐理试卷制作

第八章 常用插件介绍

第九章 常用操作问答

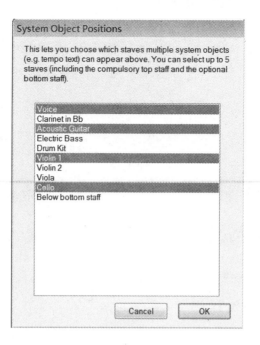

图 4.6.11

5. 反复选项卡

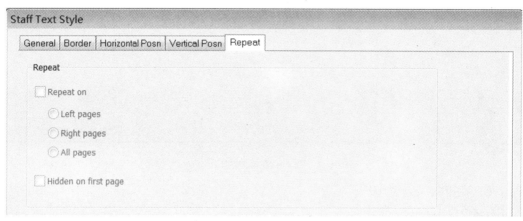

图 4.6.12

如图 4.6.12 为反复选项卡内容，该标签主要针对页眉、页脚、版权等文本显示而设置，也可以设置自定义文本显示。

Repeat：反复。让文本显示的位置有以下三个选项：

- Left pages：显示在所有左页；

- Right pages：显示在所有右页；

- All pages：显示在所有页面。

Hidden on first page：在第一页上隐藏。

二、新建五线谱样式

在了解了编辑五线谱样式后，新建五线谱样式就比较容易进行了，根据自己的实际需要进行创建，新建五线谱样式要基于某个内置样式的基础上进行创建。

我们在本章第一节介绍文本分类时提到，在 Sibelius 中文本分为三类：五线谱文本（Staff text）、五线谱组文本（System text）、空白页面文本（Blank page text），我们在新建五线谱样式时要弄清楚新建的文本属于哪一类，选错文本类型，某些文本样式将不能定义。

下面我们举个例子来介绍新建五线谱样式。

第一步：选择菜单排版样式（House Style）|编辑文本样式（Edit Text Styles），弹出如图4.6.13编辑文本样式对话框。

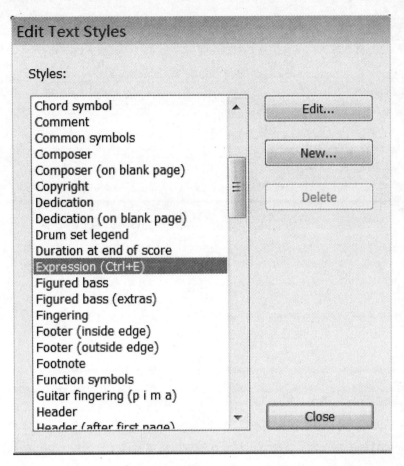

图4.6.13

第二步，选择"Expression"，然后点击新建（New），弹出如图4.6.14，大意是"你确定要在表情文本的基础上新建文本样式吗？"

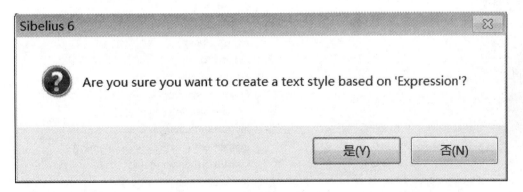

图4.6.14

在图4.6.14中选择"是"，弹出编辑文本样式对话框，在各个选项卡中设置相关参数，这里我们着重介绍下常规选项卡中的单词菜单（Word menu）的使用，如图4.6.15。

表情文本默认状态下绑定了 Expression word 这个单词菜单，因此我们创建文本表情时，在创建表情文本的光标处单击鼠标右键时弹出的菜单中的单词列表是表情单词，比如 mp、mf 等。

比如这里，我们给这个新建文本样式重命名为"New Chord"，在单词菜单处选择"Chord Standard"，并同时勾选"Transpose chord/note names"，如图4.6.15所示。

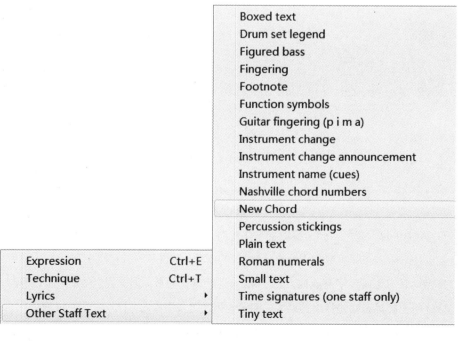

图 4.6.15

设置完毕后单击"OK"确定，然后关闭"Edit Text Style"对话框。

这时我们就可以来应用刚刚建立的文本样式"New Chord"，因为这个新建文本样式是在表情文本（Expression）的基础上定义的，表情文本在文本类别中属于五线谱文本组，所以创建该文本时到五线谱文本组中去查找，选择菜单创建（Create）文本（Text）其他五线谱文本（Other Staff Text），如图 4.6.16。

图 4.6.16

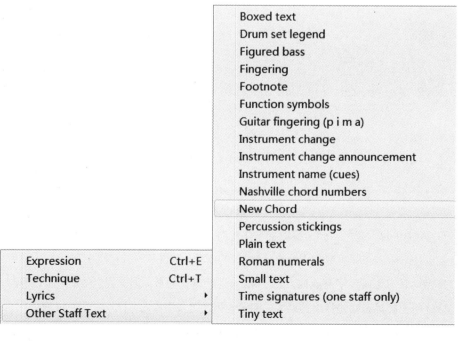

选择该项后，鼠标变为蓝色向右箭头，在音符上单击，这时在音符下方出现斜体闪烁的光标，在光标处单击鼠标右键，在弹出的菜单中我们可以看到，菜单内容即为我们所绑定的和弦单词菜单，如图4.6.17。

C	*/*		*m*	*dim*		*2*		*11*	*äÆ*		*ð*	
C©	*,*	Alt+/	*‹*	*dim7*		*3*		*#11*	*äÈ*		*ñ*	
D¨	*6*		*m%*	*°*	Ctrl+O	*4*		*b13*	*ïïëÎ*		*ì*	
D	*%*		*m(,7)*	*o*	Ctrl+Alt+O	*#4*		*13*	*ïðîëÎ*		*í*	
D©	*6,9*		*m7*	*-*		*b5*		*#13*	*ïðîëÎ*		*î*	
E¨	*7*		*m9*	*€*	Alt+-	*5*		*)*	*ïðñëÎ*		*û*	•
E	*Ë*		*m11*	*μ*		*#5*		*[*	*	*		*ü*	•
F	*9*		*m13*	*(*		*6*		*äÀ*	*(b9 b5 #5 #9)*		*ý*	
F©	*9#5*		*sus2*	*'*		*b7*		*âÀ*	*(b9 #9 #11 b13)*		*ø*	
G¨	*11*		*sus4*	*@*	Ctrl+Shift+A	*7b5*		*áÁ*	*£*		*ù*	
G	*13*		*Ñ*	*;*	Ctrl+Shift+Alt+A	*Ø*	Ctrl+Shift+O	*âÀ*	*¼*		*ú*	
G©	*ma*		*aug*	*:*	Ctrl+Shift+M	*±*	Ctrl+Shift+Alt+O	*àÀ*				
A¨	*ma7*		*+*	*Œ,,Š*	Ctrl+Shift+Alt+M	*#7*		*Á*	*©*			
A	*^*	Shift+6	*aug7*	*,*		*b9*		*âÀ*	*¨*			
A©	*²*	Shift+Alt+6	*aug9*	*<*		*9*		*åÀ*	*©*	Ctrl+Num 7	B	
B¨	*ma9*		*aug11*	*Œ†'*		*#9*		*àÆ*	*©*	Ctrl+Num 8		
B	*ma11*		*aug13*	*Œ†*		*b11*		*áÆ*	*ï*	Ctrl+Num 9		
C¨	*ma13*			*>*								

图 4.6.17

这时我们就可以应用新创建的文本样式了，在本例中因为创建的"New Chord"文本样式勾选了"Transpose chord/note names"，所以对该谱行或小节进行移调时，所选的和弦也会发生相应的变化。

新建文本类型时要确定自己选择的类型与要使用的类型相匹配，以免耽误后面大量的工作，在刚开始新创建的文本类型时如果发现不合适，可以再次重新编辑，或者删除重新建立即可，比如本例中，和弦符号一般标注在音符上方的，但是基于表情文本创建的新和弦文本却无法调整到音符上方，只能在音符下方显示，所以要确定所建立的文本类型符号实际需要后再开展后面的工作。

关于如何创建新的文本类型本文不再赘述，利用本例举一反三可以定义出各种各样的文本类型，就像模板一样，直接在乐谱中插入使用，可以极大节约调整文本样式所需时间。

认识Sibelius 第一章

新建与保存乐谱 第二章

音符输入与编辑 第三章

文本、符号 第四章

五线谱与排版 第五章

播放 第六章

乐理试卷制作 第七章

常用插件介绍 第八章

常用操作问答 第九章

第七节 编辑与新建线样式

在 Sibelius 中内置两组类型的线，一种是五线谱线，这组线仅对当前谱行的相关内容起作用，比如高八度，只对规定范围内的音符提高八度，而不会影响其他谱行；另一种是五线谱组线，这组线类型对整个当前五线谱组的所有谱行都生效，比如渐慢。

一、编辑线样式

选择菜单排版样式（House Style）| 编辑线（Edit Lines），弹出如图 4.7.1 编辑线对话框：

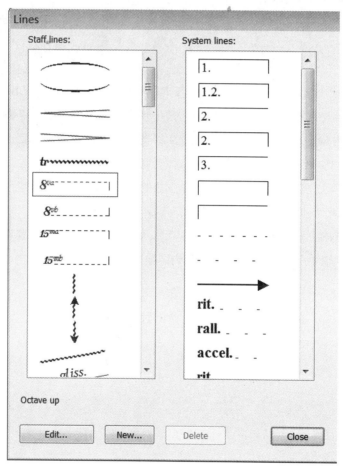

图 4.7.1

点击选择需要编辑的线，然后点击下面编辑（Edit）按钮，弹出如图 7.4.2 对话框：

在这个对话框中我们可以看出，一个完整的线，主要由四大部分组成：

· Line：线类型；

· Start：线的起始内容；

· Continuation：添加部分，当线遇到换行或换页时，在下行或下页开头显示的符号或文字；

· End：线的结束部分。

我们来了解下该对话框中的相关参数：

1. Line：线类型

— Style：这里列出了所有线的样式，包括直线、虚线、点线、波浪线等不同线形状；

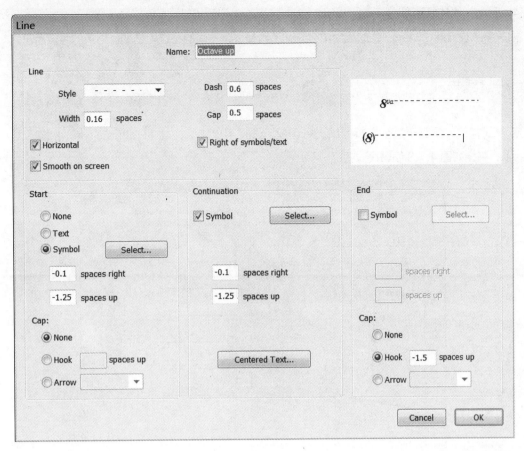

图 4.7.2

– Width：Style 中线的宽度；

– Dash：如果 Style 中选择的是虚线，可以设置每个虚线的长度；

– Gap：如果 Style 中选择的是虚线或点线，设置每个线或点之间的距离；

– Horizontal：设置线是水平的，比如高八度后的虚线；如果不勾选该项，线条可以拉斜出角度，比如刮奏的斜线；

– Right of symbols/text：设置符号或文本在线的右端；

– Smooth on screen：在屏幕上显示平滑，无锯齿现象；

2. Start：线的起始内容

– None：什么内容都不显示；

– Text：在线开始显示文本，点击这里弹出的对话框输入文本内容以及文本的相对位置；

– Symbol：点击这里选择符号，点击后弹出如图 4.7.3 对话框，在对话框中选择合适的符号，单击"OK"确定，在下面"spaces right/up"确定符号的右间距和上间距，确定符号的位置；

– Hook：设置例如高八度结束线的向下的短线；

– Arrow：箭头，为选定的线选择一个箭头。

3. Continuation：添加部分

– 点击这里选择符号，点击后弹出如图 4.7.3 对话框，在对话框中选择合适的符号，单击"OK"确定，在下面"spaces right/up"确定符号的右间距和上间距，确定符号的位置；

– Centered Text：点击这里弹出的对话框输入文本内容以及文本的相对位置。

认识sibelius　第一章

新建与保存乐谱　第二章

音符输入与编辑　第三章

文本、符号　第四章

五线谱与排版　第五章

播放　第六章

乐理试卷制作　第七章

常用插件介绍　第八章

常用操作问答　第九章

4. End：线的结束部分

相关参数设置同"Start：线的起始内容"，不再赘述，不同的是这里是选择结束的内容而已。

二、新建线样式

新建线样式时要基于某个内置的线进行创建，选择菜单排版样式（House Style）| 编辑线（Edit Lines），弹出如图 4.7.3 编辑线对话框。

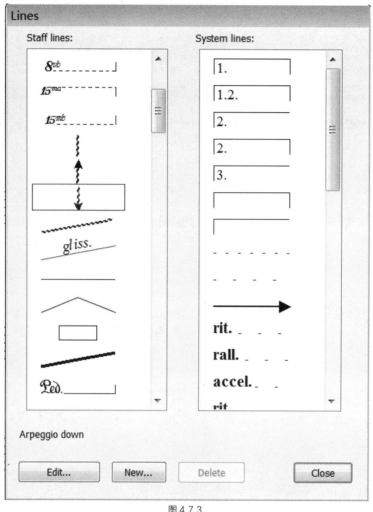

图 4.7.3

点击新建（New）按钮，新建线样式，这时弹出如图 4.7.4 提示框，大意为"你确定在 Arpeggio down 的基础上定义新的线吗？"，选择"是"，接下来在弹出的新建线类型对话框中进行定义即可。

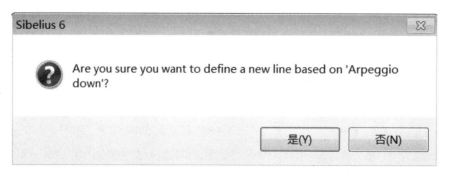

图 4.7.4

排练标记放置在乐曲的重要段落，一般用字母或数字的形式来标注，每添加一次排练标记，Sibelius会按照正确的顺序进行排列。

一、参数介绍

选择菜单创建（Create）|排练标记（Rehearsal marks），直接添加的快捷键为 Ctrl+R，弹出如图 4.8.1 对话框。

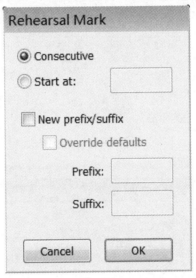

图 4.8.1

· Consecutive：使排练标记保持连续，比如，当前面一个排练标记是 A 时，再次添加自动为 B；

· Start at：定义一个新的排练标记，比如，前面已经有排练标记A、B、C 时，勾选这个，输入 1 或 A，排练标记又会重新开始定义，而同时不影响前面的排练标记的顺序；

· New prefix/suffix：新建排练标记的前缀和后缀，给排练标记定义一个前后缀，比如 "* A –" 中的 "*" 为定义的前缀，"–" 定义的为后缀，以此来定义较为复杂的排版样式；

· Override defaults：勾选此项后，在版式规则中定义的前后缀将被替换。

排版标记有几种显示样式，默认为大写字母的显示方式，通过版式规则（Engraving Rules）|排练标记（Rehearsal marks）进行修改，快捷键为 Ctrl+Shift+E，如图 4.8.2。

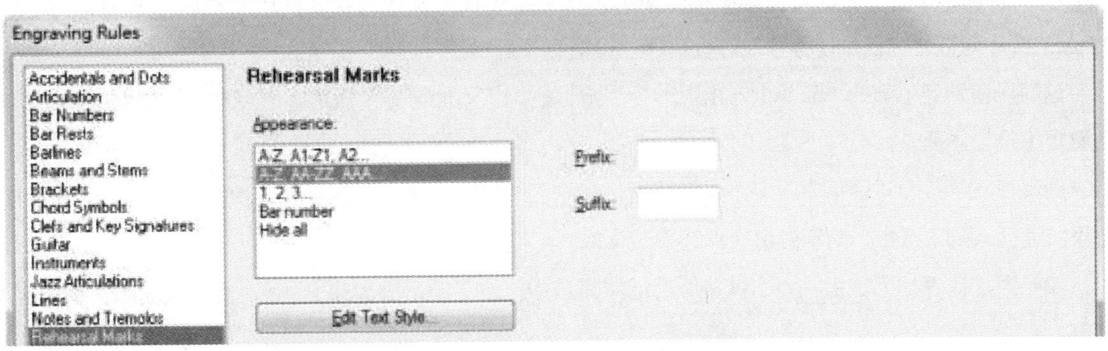

图 4.8.2

『Sibelius 入门到精通』

认识sibelius　第一章

新建与保存乐谱　第二章

音符输入与编辑　第三章

文本、符号　第四章

五线谱与排版　第五章

播放　第六章

乐理试卷制作　第七章

常用插件介绍　第八章

常用操作问答　第九章

这里提供 4 种样式：

- A–Z, A1–Z1, A2...
- A–Z, AA–ZZ, AAA...
- 1, 2, 3...
- Bar number
- Hide all

实际上只有 3 中可以显示，Bar number 是使用小节数作为排练标记；Hide all 是隐藏所有的排练标记。这里列出的几种样式，一旦选择了其中一种，在乐谱中将一直使用这种样式作为排练标记。

- Prefix：前缀；
- suffix：后缀。

在这里输入前缀和后缀后，乐谱中所有添加的排练标记都将使用该前缀和后缀。

排练标记默认情况下文本周围有一个方框，若需修改其样式或字体，点击编辑文本样式（Edit Text Style）可以对排练标记字体、边框、位置等进行调整，相关方法参照本章第六节，一般保持默认，不再赘述。

二、插入排练标记

第一步，选中需要添加排练标记的小节；

第二步，选择菜单创建（Create）|排练标记（Rehearsal Mark），弹出如图 4.8.3 排练标记对话框：

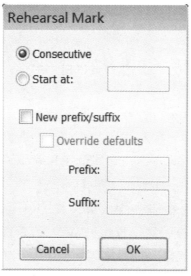

图 4.8.3

根据实际需要进行修改对话框中相关参数，如果不做任何修改，软件就按照默认的 A–Z, AA–ZZ, AAA 的顺序对插入的各个排练标记进行排序。设置完毕后单击"OK"确定。

这时乐谱选定小节的小节线上方出现一个带方框的 A，添加第一个排练标记完成；如果要继续添加，则重复执行上述操作。

或者在图 4.8.3 对话框中设定好排练标记的参数后，选定一个小节后，按下快捷键 Ctrl+R 可将排练记号快速插入到乐谱中，而不必每次都选择该菜单。

如果添加排练标记出错，点击该排练标记将其选中，按下电脑键盘的 Delete 键即可删除，重新添加即可。

Sibelius 内置丰富的符号库，直接调用这些符号，节约了使用者设计符号所需要的时间，但乐谱符号千变万化，这就需要自定义一些符号，本节从三个方面对 Sibelius 的符号做一个介绍。

一、插入符号

我们把 Sibelius 的符号分为两类，一类是 Keypad 面板上的符号，这类符号具有真实的回放效果；另一类是通过菜单创建（Create）| 符号（Symbol）所插入的符号，这类符号大部分没有回放效果。

1. Keypad 面板上的符号

各类符号在 Keypad 面板上主要集中在演奏符号面板、爵士演奏符号面板、临时记号面板这三个面板上，快捷键分别是 F10、F11、F12。

输入方法：

第一步，单击需要添加符号的音符，按住 Ctrl 可以多选，或者选中某小节批量选择音符；

第二步，按下 Keypad 面板对应面板上的符号，即可给所选音符添加选择的符号。

2. 插入菜单中的符号

选择菜单创建（Create）| 符号（Symbol）后，快捷键 Z，弹出如图 4.9.1 对话框。

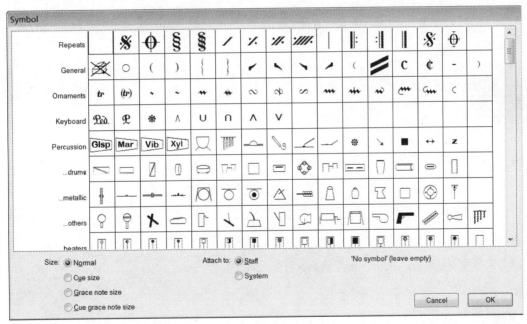

图 4.9.1

这里一共有 24 组不同的符号，从中选择适合需要的符号，Sibelius 会根据五线谱的大小来匹配符号的大小，当五线谱在编辑乐器时选择了小五线谱，在 Size 处选择符号的大小时您只需选择 Normal，添加的符号自动为小符号，在 Size 处列出的四个符号大小，从上到下越来越小变小。

· Normal：正常大小；

· Cue size：提示音大小；

· Grace note size：装饰音大小；

· Cue Grace note size：提示音上的装饰音大小。

第一章 认识sibelius

第二章 新建与保存乐谱

第三章 音符输入与编辑

第四章 文本、符号

第五章 五线谱与排版

第六章 播放

第七章 乐理试卷制作

第八章 常用插件介绍

第九章 常用操作问答

这里添加的符号可以附加到选定的五线谱上，也可以附加到多行五线谱上，比如，当需要该符号在分谱中显示时，就必须要设置允许该符号附加到多行五线谱上。

　　·Attach to：设置将选中符号附加的位置。

　　– Staff：附加到选定的五线谱上；

　　– System：附加到五线谱组上。

如果需要符号显示在多行五线谱上，请先勾选 System，然后选择菜单排版样式（House Style）|五线谱组对象位置（System Object Positions），弹出如图 4.9.2 对话框，在这个对话框中选择需要显示该符号的声部，最多可以选择 5 个谱行；最上面的谱行是必选的，最下面的谱行可以选择，也可以不选择，除去最上面和最下面的谱行之外，您还可以选择 3 个谱行。

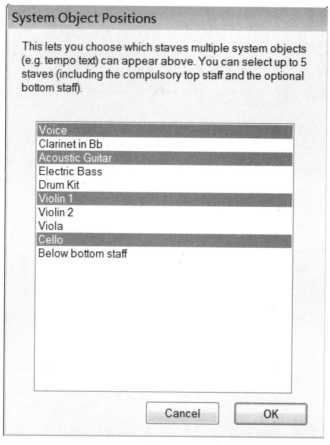

图 4.9.2

以上信息设定完毕后，单击"OK"确定，符号输入完毕。

二、编辑与新建符号

即使符号库再强大也无法满足所有乐曲的需要，Sibelius 提供了编辑与新建符号的功能，这个问题就可以迎刃而解了。

选择菜单排版样式（House Style）|编辑符号（Edit Symbols），弹出如图 4.9.3 编辑与新建符号对话框。

我们以一个例子来介绍这个环节的内容。

选择"Octaves"组中的第二个符号，如图 4.9.3，然后点击编辑（Edit）按钮，弹出编辑符号对话框，在该对话框中编辑符号，如图 4.9.4 所示：

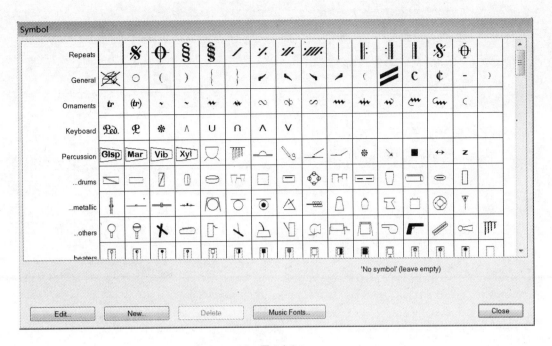

图 4.9.3

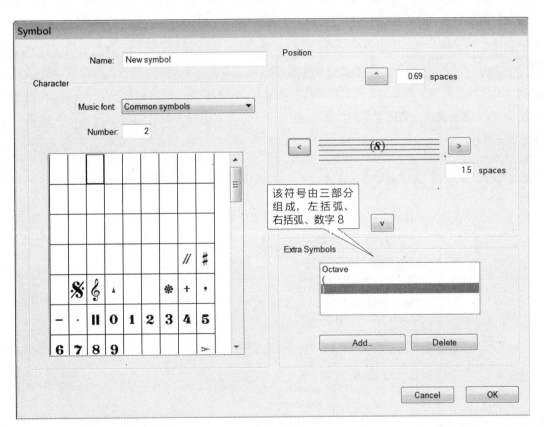

图 4.9.4

　　Sibelius 的自定义符号是采用字体库中的符号拼凑而成的，您可以在这里调用你电脑中安装的所有字体来拼凑所需要的符号。在图 4.9.4 中可以看出，在 Sibelius 中一个符号可以由两部分的符号构建而成：一部分是"Character"符号区域的 Music font 字体中的符号；另一部分是 Extra Symbols 附加符号。当我们按下 Add 添加符号时弹出如图 4.9.5 对话框，这个对话框中的符号与图 4.9.3 中的符号是一样的，所以通过这里可以看得出，这些符号是可以循环利用的。

173

第一章 认识sibelius

第二章 新建与保存乐谱

第三章 音符输入与编辑

第四章 文本、符号

第五章 五线谱与排版

第六章 播放

第七章 乐理试卷制作

第八章 常用插件介绍

第九章 常用操作问答

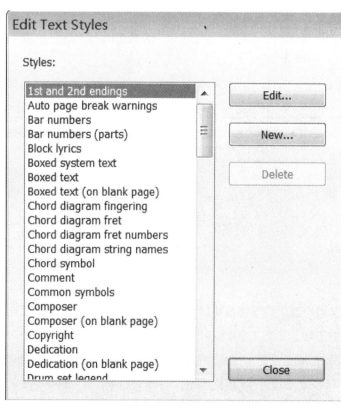

图 4.9.5

　　我们再来看当前我们正在编辑的这个符号，在"Position"区域我们可以看到当前这个符号由"Extra Symbols"附加的三个符号组成，没有用到 Music font 字体中的符号。

　　通过这个例子我们可以看出自己拼凑符号的一些方法，如果附加的符号中没有所需的符号，就到"Character"符号区域的 Music font 字体中查找；如果当前字体依然没有时，可以通过更改 Music font 字体来查找是否有所需要的，这里内置的字体是 Sibelius 中用到的大部分符号，一共 26 种字体，如果这 26 种字体中依然没有所需要的，请返回到图 4.9.3 的对话框，点击"Music Fonts"按钮，这时弹出如图 4.9.6。

图 4.9.6

在这个对话框中点击"New"新建一个文本样式，并为这个新建文本样式指定一个适合您需求的字体，新建完毕后再重新去新建或编辑符号即可。

三、定义 Keypad 面板上的符号

打开 Keypad 面板，如图 4.9.7 所示，在最上面一排符号中后面三个符号是方框，当鼠标移动到上面去时分别显示"Custom Articulation 1"、"Custom Articulation 2"、"Custom Articulation 3"这三个是自定义符号。

菜单排版样式（House Style）|编辑符号（Edit Symbols），打开编辑符号对话框进行编辑（图略）。

在这个对话框中一共有 24 组不同的符号，找到 Articulation 符号，这组符号共有三排，前两排是成对出现的，第一排的符号被添加到音符上方，第二排的添加到音符的下方。我们可以看到其中横排第 1 组、第 12 组、第 16 组的符号是空白的，这里的三组空白符号分别对应 Keypad 面板的三个自定义符号，为这三组空白定义新的符号后即可在 Keypad 面板中直接调用该符号。

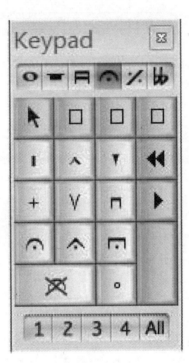

图 4.9.7

第一章 认识sibelius

第二章 新建与保存乐谱

第三章 音符输入与编辑

第四章 文本、符号

第五章 五线谱与排版

第六章 播放

第七章 乐理试卷制作

第八章 常用插件介绍

第九章 常用操作问答

第十节 小节序号与五线谱名称

一、小节序号

1. 小节序号显示频率

Sibelius 在默认状态下自动统计乐谱小节数，并以阿拉伯数字的形式显示在每行谱表的第一小节上方，如图 4.10.1。

图 4.10.1

通过菜单排版样式（House style）| 版式规则（Engraving Rules）| 小节数（Bar Numbers）对小节数统计外观显示样式和显示方式进行修改，版式规则（Engraving Rules）快捷键为 Ctrl+Shift+E，如图 4.10.2。

图 4.10.2 版式规则（Engraving Rules）对话框

· Appearance and frequency：小节数外观和出现的频率。

– Every 5 bars：每隔 5 小节显示一次小节数，在这里定义小节序号显示频率；

– Every system：每个谱行行首都显示小节数；

– No bar numbers：不显示小节数。

· Show on first bar of sections：在乐曲（段落）第一小节显示小节序号，参照五线谱名称部分。

· Hide at rehearsal marks：在排练标记处隐藏小节序号，勾选此项后，当遇到小节序号与排练标记在同一小节时，小节序号自动隐藏。

· Count repeats：计算反复小节的小节数，当乐曲中出现反复记号时，对反复的部分是否进行小节数统计，以及统计后的显示方式，这里提供了四种方式"10"、"10（20）"、"10/20"、"10-20"，这四种显示的方式不同，如图 4.10.3 为第二种的截图，其他请自行尝试。

图 4.10.3 计算反复小节数

· Show rang of bars on multirests：在多休止符上显示小节范围，比如 5-8 小节等，如图 4.10.4。

－ Center range on multirest：将显示的小节范围数字在多休止符上居中；

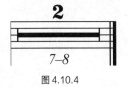

图 4.10.4

－ Distance below staff 1 spaces：距离下一个五线谱的间隔为 1 个空格，在这里输入空格数。

2. 小节序号显示谱行

小节序号默认显示在谱表的最顶部谱行，在下面选项中可以设置小节序号显示在多行谱表中：

· All staves：勾选该项，小节序号显示在所有谱行中；

· Specific staves：在下面谱行中选择需要显示小节序号的谱行。

3. 小节序号样式

· Show on Staves：小节序号显示的位置。

－ All staves：显示在所有五线谱上；

－ Specific staves：显示在指定的谱表上。

· Edit Text Style：编辑文本样式，比如给小节序号加个方框，点击该按钮，弹出如图 4.10.5 五线谱组文本样式对话框，该对话框有两个标签，切换到边框（Border）标签，勾选方框（Boxed），确定后回到乐谱，查看小节序号已经添加了一个方框；如勾选（Circled），则是给小节序号添加圆圈。

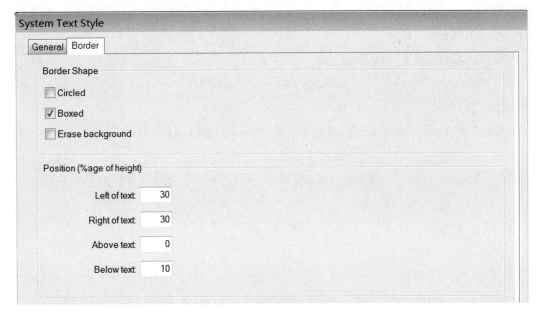

图 4.10.5

认识sibelius 第一章
新建与保存乐谱 第二章
音符输入与编辑 第三章
文本、符号 第四章
五线谱与排版 第五章
播放 第六章
乐理试卷制作 第七章
常用插件介绍 第八章
常用操作问答 第九章

· Horizontal Position：水平位置。

· Vertical Position：垂直位置。

4. 自定义小节序号显示

小节序号可以实现自定义，满足各种制作需求。

Sibelius 默认每个谱行行首显示小节序号，双击该数字，即可弹出更改小节数对话框，或通过菜单创建（Create）|其他（Other）|更改小节序号（Bar Number Change）打开，如图 4.10.6。

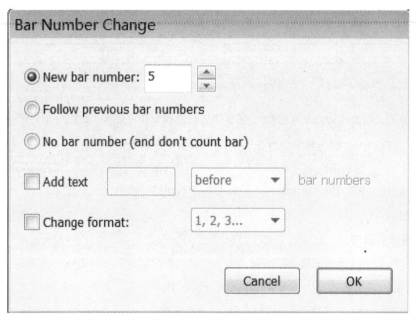

图 4.10.6 更改小节数

· New bar number：新建小节序号，当需要重新定义起始小节序号时使用该项；

· Follow previous bar number：继续与上一个小节序号保持衔接；

· No bar number(and don't count bar)：没有小节序号，并且不再统计小节数；

· Add text：给小节序号添加文本，可以添加到序号前或序号后；

· Change format：更改小节序号显示格式，默认是数字，可以是数字与大小写字母组合。

自定义小节序号还可以使用创建菜单来实现，菜单项是创建（Create）|文本（Text）|特殊文本（Text）|小节序号（Bar numbers）。

5. 隐藏小节序号

小节序号不能直接删除，但是可以隐藏。

点击需要隐藏的小节序号，选择菜单编辑（Edit）|隐藏或显示（Hide or Show）|隐藏（Hide）快捷键为 Ctrl+Shift+H。

需要重新显示该小节序号时，选择菜单查看（View）|隐藏对象（Hidden Objects），快捷键为 Ctrl+Alt+H，这时隐藏的小节序号变为灰色显示出来，点击选中该小节序号，选择菜单编辑（Edit）|隐藏或显示（Hide or Show）|在总谱和分谱中显示（Show in All），快捷键为 Ctrl+Shift+H。

二、五线谱名称

每个乐器都有两个名字，一个全称，一般用于乐曲开头，放置于行首；一个是缩写，一般放置于乐曲其他谱行行首，如果调整了一个缩写，该谱行后面的所有缩写都会随之发生相应改变。

1. 编辑五线谱名称

图 4.10.7

如图 4.10.7，双击五线谱名称"Piano"即可对该名称进行编辑。双击第二组谱行"Pian."即可对缩写名称进行编辑。这里修改五线谱名称不会修改该行五线谱的乐器，比如，图 4.10.7 中乐器音色为钢琴，当把乐器名称修改为"Flute"后，乐器音色依然为钢琴，而不是"Flute"。如果该谱行（或乐器组）前没有乐器名称，将鼠标移动到该谱行行首前双击，在行首前即出现闪烁的光标，这时就可以再次输入乐器名称。

2. 隐藏五线谱名称

如果要隐藏五线谱名称不显示出来，选择菜单排版样式（House Style）| 版式规则（Engraving Rules）| 乐器（Instruments），在 Instruments Nmaes 中，"start"、"Subsequently"、"At new sections"三项中分别有三项。

· Full：显示乐器名称全称；

· Short：显示乐器名称缩写；

· None：不显示乐器名称。

在这里全部选择"None"，不显示乐器名称。

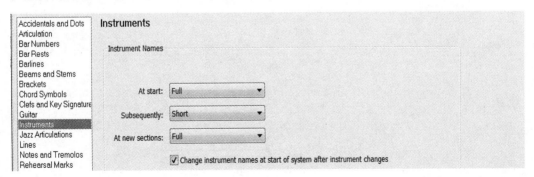

图 4.10.8

如果要删除五线谱名称，用鼠标单击，选中该五线谱名称，点击电脑键盘的 Delete 删除键即可将五线谱名称删除；如果要从第二行谱行下面删除五线谱名称缩写时，其他剩余所有谱行的缩写名称都会被删除。

3. 五线谱名称格式

乐器名称一般标注在谱行行首，这类五线谱名称可以直接输入即可，但有些五线谱名称格式比较特殊，我们先来了解以下几种：

认识sibelius 第一章

新建与保存乐谱 第二章

音符输入与编辑 第三章

文本、符号 第四章

五线谱与排版 第五章

播放 第六章

乐理试卷制作 第七章

常用插件介绍 第八章

常用操作问答 第九章

例1：

图 4.10.9

第一步，输入 Flute，按回车键，再输入 Oboe；

第二步，选择菜单排版样式（House Style）|版式规则（Engraving Rules）|乐器（Instruments），点击"Edit Text Style"，在弹出的编辑文本样式对话框中切换到"Vertical Posn"选项卡，在 Line spacing 处调整行间距百分比，调整 Flute 和 Oboe 的行间距，点击"OK"确定后预览行间距，直到合适为止，如图 4.10.10。

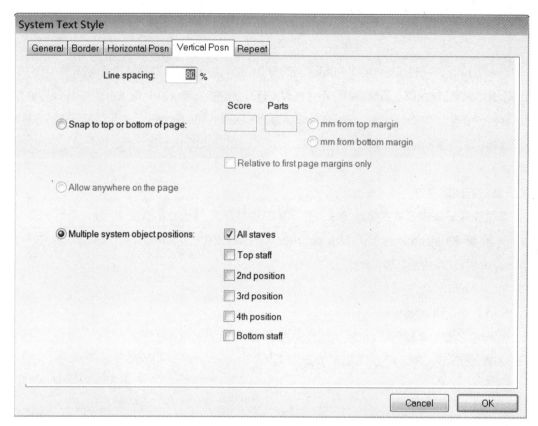

图 4.10.10

例2：

图 4.10.11

第一步，输入 1，按回车键；

第二步，输入 Flute，再连续按几次空格键，再次按回车键；

第三步，输入 2；

第四步，选择菜单排版样式（House Style）|版式规则（Engraving Rules）|乐器（Instruments），点击"Edit Text Style"，在弹出的编辑文本样式对话框中切换到"Vertical Posn"选项卡，在 Line spacing 处调整行间距百分比即可。

例3：

图 4.10.12

第一步，按下添加乐器快捷键"I"，弹出如图 4.10.13，选中 Flute，然后点击下面 Below 按钮，附加一个相同的乐器。

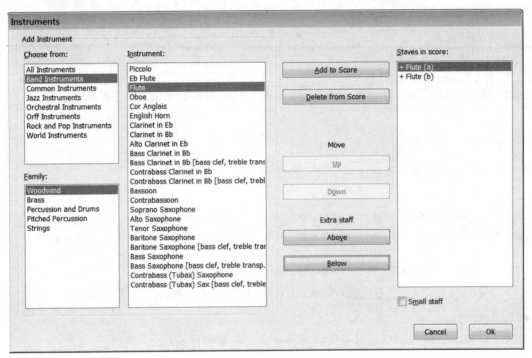

图 4.10.13

第二步，添加完乐器后，乐谱效果如图 4.10.14，修改乐器名称，输入 1，按回车键，然后输入 Flute，连续按三次空格，最后输入 2；

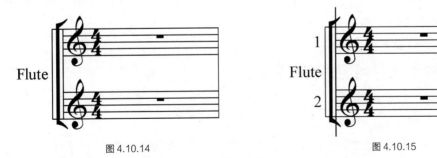

图 4.10.14   图 4.10.15

第三步，参阅例 1 的方法在编辑文本样式对话框中切换到"Vertical Posn"选项卡，在 Line spacing 处调整行间距百分比即可。

4. 新乐曲（段落）五线谱名称

一首歌曲或乐曲有时会出现几个乐章、段落等，这时新的乐章或者歌曲之前也会标注有各个五线谱的名称，如图 4.10.16。

认识 sibelius 第一章

新建与保存乐谱 第二章

音符输入与编辑 第三章

文本、符号 第四章

五线谱与排版 第五章

播放 第六章

乐理试卷制作 第七章

常用插件介绍 第八章

常用操作问答 第九章

明快有力地 ♩ = 170

五线谱名称全称

风在 吼，马在 叫，黄河在 咆哮

风在 吼，马在 叫，黄河 在

新段落标记

五线谱名称缩写

黄河在 咆 哮，河西山冈 万丈高，河东河北

咆 哮，黄河在 咆 哮. 河西山冈 万丈高，

新段落五线谱名称全称

高粱熟了 万 山丛中，抗日英雄 真 不

河东河北 高粱熟了 万 山丛中，抗日英雄

图 4.10.16

这个新段落可以在新的一页建立，也可以在当前页面。

操作方法：

· 点击需要划分新段落的小节线，将该小节线选中，选中后小节线颜色为紫色；

· 打开属性面板，切换到小节面板，勾选"Section end"，如图 4.10.17。

勾选"Section end"后，在选中小节线上方会出现段落结束的图标，如图 4.10.16。

这时下行五线谱组行首自动显示新段落全称。选择菜单排版样式（House Style）|版式规则（Engraving Rules）|乐器（Instruments），可以更改新段落时的显示方式，如图 4.10.18。

· At new section：在新段落时；

－Full：显示全称；

－Short：显示缩写；

－None：不显示乐器名称。

这里根据实际需要选择相应的显示方式即可。

图 4.10.17

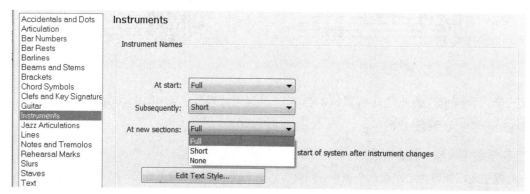

图 4.10.18

第五章
五线谱与排版

本章重点

1. 添加、删除与更换乐器；
2. 编辑乐器；
3. 调整五线谱间距；
4. 调整页面小节数与谱行数；
5. 动态分谱；
6. 模板制作与利用。

本章主要内容概要

本章共十节：

1. 添加、删除与更换乐器；
2. 编辑五线谱乐器；
3. 调整五线谱细节；
4. 调整五线谱间距；
5. 磁性布局；
6. 调整页面小节数与谱行数；
7. 对齐谱面元素；
8. 文档设置；
9. 动态分谱；
10. 模板与排版样式。

认识sibelius	第一章
新建与保存乐谱	第二章
音符输入与编辑	第三章
文本、符号	第四章
五线谱与排版	第五章
播放	第六章
乐理试卷制作	第七章
常用插件介绍	第八章
常用操作问答	第九章

第一节 添加、删除与更换乐器

一、添加乐器

在音乐创作过程中，随时可以添加乐器，选择菜单创建（Create）| 乐器（Instruments），快捷键为 I，然后弹出选择乐器对话框，如图 5.1.1。

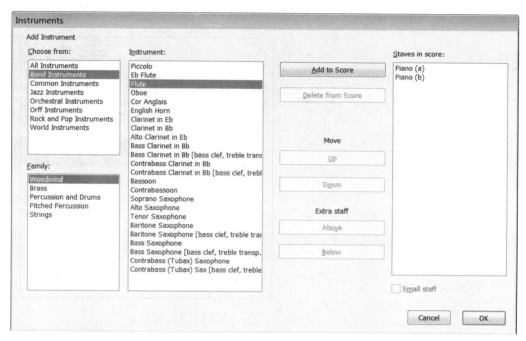

图 5.1.1

我们看到这个对话框同新建乐谱时的对话框是一样的，相关参数解释详见第二章第一节，第 42 页。

在这个对话框中选择需要的乐器，并调整好各个乐器的顺序后，点击"OK"确定，乐器即被添加到当前乐谱中。

在制作大型交响乐音乐作品时，一般需要添加的乐器比较多，当添加乐器比较多导致页面比较拥挤时，软件会弹出如图 5.1.2 的提示：

"Sibelius 6 能减小乐谱的大小使乐谱与页面尺寸大小相匹配。现在您想让 Sibelius 进行这个操作吗？如果现在不更改，也可以稍后通过菜单布局（Layout）| 文档设置（Document Setup）来调整"。

选择"Yes"，软件会自动调整页面大小，选择"No"则稍后自己手动调整。

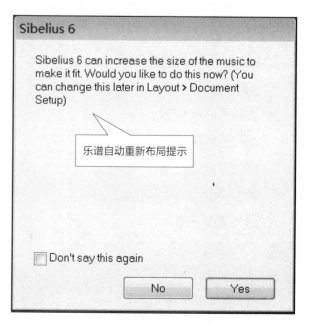

图 5.1.2

二、删除五线谱

1. 删除五线谱

选择菜单创建（Create）|乐器（Instruments），快捷键为I，然后弹出选择乐器对话框，如图 5.1.3，单击选择需要删除的乐器，点击从总谱中删除（Delete from Score），弹出如图提示。

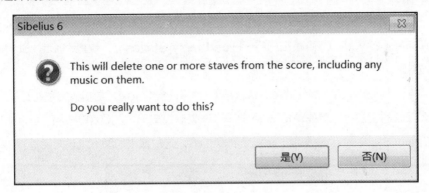

图 5.1.3

提示大意为："这个操作将从总谱中删除相关乐谱，包括乐谱中的音乐符号等，您确定要删除吗？" 点击"是"将删除当前选中的乐谱，点击"否"取消删除操作。

2. 隐藏五线谱

在一些声乐谱、乐队谱中经常遇到需要隐藏五线谱的情况，个别谱行暂时没有出现音符，这时不能用删除五线谱的办法来操作，只能用隐藏的方法，如图 5.1.4。

图 5.1.4

第一章 认识sibelius

第二章 新建与保存乐谱

第三章 音符输入与编辑

第四章 文本、符号

第五章 五线谱与排版

第六章 播放

第七章 乐理试卷制作

第八章 常用插件介绍

第九章 常用操作问答

操作方法：

　　·添加五线谱 Soprano、Tenor、Piano；

　　·修改 Soprano、Tenor 五线谱名称如图 5.1.4 乐谱中标注的名称；

　　·将所有音符输入对应的谱表中，设置每行显示 4 个小节，输入完毕后第一组的"S.A."、"T.B."两行保留空白状态；

　　·选中第一组谱表的"S.A."、"T.B."两行空白行；

　　·选择菜单布局（Layout）|隐藏空白行（Hide Empty Staves），快捷键 Ctrl+Shift+Alt+H，选中的空白行即被隐藏；

　　·乐谱中如果还有其他空白行需要批量隐藏，按 Ctrl+A，全选乐谱，再执行上述隐藏操作即可；

　　·如需显示隐藏的空白行，首先单击选中一个小节或几个谱行，选择菜单布局（Layout）|显示空白行（Show Empty Staves），快捷键 Ctrl+Shift+Alt+S，这时弹出如图 5.1.5 对话框：

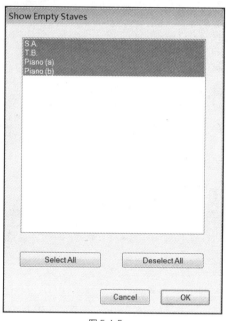

图 5.1.5

点击"OK"确定，隐藏的五线谱即显示出来。

三、提示乐谱

　　提示乐谱（Ossia Staff）以小字号的谱表标注在标准五线谱的上方或下方，一般在乐队总谱中起提示作用，或现代乐谱中使用较多，它可以是完整的几个小节，也可以是不完整小节，如图 5.1.6。

图 5.1.6

操作方法：

·选择需要添加提示乐谱的小节；

·选择菜单创建（Create）|其他（Other）|提示乐谱（Ossia Staff）|添加到上方（Ossia Above）或下方（Ossia Below），在本例中选择添加到下方；

·在该提示乐谱上可以直接输入音符，也可以从其他谱行复制音符粘贴到这里。

提示乐谱的小节长度可以通过拖拉的方式修改。

图 5.1.7

如图 5.1.7 所示，用鼠标点击该小节的两端，会出现一个浅蓝色的边框，拖动该边框可以延长或缩短提示小节的长度。.

Sibelius 添加的提示乐谱实际上是添加了一行谱表，只不过其他不需要的谱行部分默认被隐藏了，所以当需要删除该提示乐谱时，用鼠标点击选中，按下电脑键盘的 Delete 删除键，这时弹出如图 5.1.8 对话框提示删除谱行：

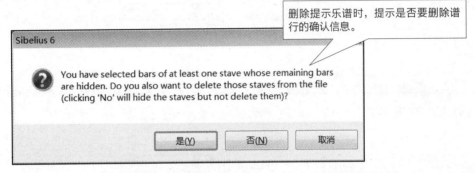

图 5.1.8

提示大意为"您选定了当前五线谱的部分小节，其他的被隐藏，您想删除当前的谱行吗？"点击"否"，该行五线谱将被隐藏，但不会被删除，点击"是"将直接删除该行谱表。

四、括弧与小节线

添加了乐器后，软件自身都会按照合理的方法对乐器进行群组，比如同类乐器用括弧括起来，归为一组大的乐器组，其小节线也穿越所有谱表，如图 5.1.9。

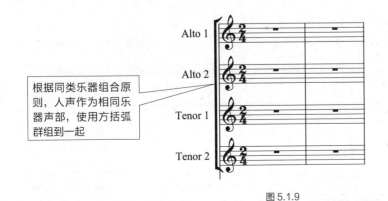

图 5.1.9

但是在有些特定的工作中需要修改括弧和小节线，下面我们来了解下修改括弧与小节线。

第一章 认识sibelius

第二章 新建与保存乐谱

第三章 音符输入与编辑

第四章 文本、符号

第五章 五线谱与排版

第六章 播放

第七章 乐理试卷制作

第八章 常用插件介绍

第九章 常用操作问答

1. 括弧

括弧类别介绍：

Bracket：方括弧，相同乐器组时一般使用该括弧，比如几个乐器都是弦乐类，或者管乐类的，可以使用该括弧将其归为一组大乐器组。

Sub-bracket：这是方括弧的二级括弧，用来细分乐器种类群组，比如弦乐类中两把小提琴、两把中提琴，这四把提琴可以用 Bracket 括起来，里面的两把小提琴和两把中提琴可以分别用 Sub-bracket 括起来。

Brace：莲花括弧，一般用在键盘乐器中，比如钢琴，竖琴也是使用莲花括弧。

添加方法：

选择菜单创建（Create）|其他（Other）|方括弧或莲花括弧（Bracket or Brace），在子菜单下选择一个合适的括弧，这时鼠标变为蓝色的向右箭头，在需要添加括弧的谱行行首点击，在该谱行行首出现一个括弧，如图 5.1.10。

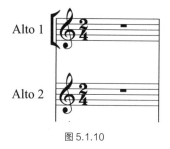

图 5.1.10

点击括弧，将其选中，这时括弧颜色变为紫色，用鼠标左键点击按住括弧下端不松，同时向下拖拉，这时括弧被拖拉到了"Alto 2"声部，括弧添加完成，如图 5.1.11。

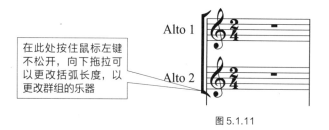

图 5.1.11

二级括弧添加到谱表中后默认不显示，在该谱行行首前点击时会出现紫色的二级括弧，这时用鼠标左键点击按住括弧下端不松，同时向下拖拉即可拖出二级括弧。

莲花括弧的添加方法同上，不再赘述。

2. 小节线

这里所介绍的不是小节线样式，而是小节线跨越谱行的问题。

用鼠标在小节线顶端或底端点击，这时我们会看到在小节线的顶端或底端出现空白小方格，点击这些小方格，同时按住鼠标左键不松，向上或向下拖动鼠标，即可完成小节线跨行操作，如图 5.1.12。

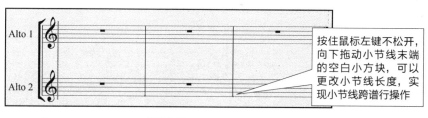

图 5.1.12

五、更改乐器

乐曲中途更改乐器，如图 5.1.13 所示：

图 5.1.13

本部分内容以图 5.1.13 为例来介绍操作步骤，更多关于编辑乐器的信息参阅本章第二节：

· 选中需要更改乐器的小节；

· 选择菜单创建（Create）| 其他（Other）| 乐器更改（Instrument Change），弹出如图 5.1.14 对话框，选择需要更改的乐器，点击"OK"确定即可，快捷键为 Ctrl+Shift+Alt+I。

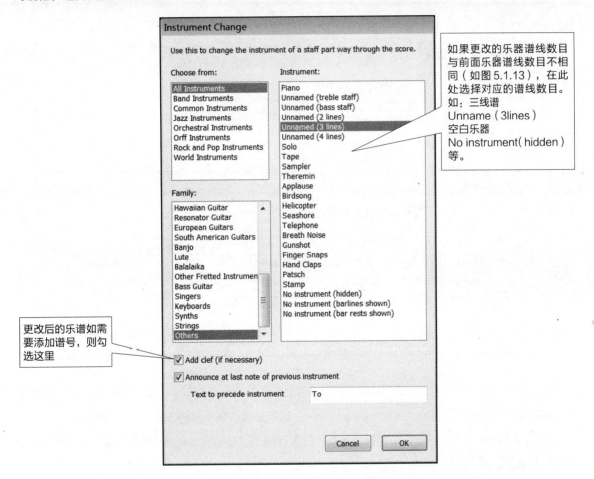

图 5.1.14

认识sibelius 第一章

新建与保存乐谱 第二章

音符输入与编辑 第三章

文本、符号 第四章

五线谱与排版 第五章

播放 第六章

乐理试卷制作 第七章

常用插件介绍 第八章

常用操作问答 第九章

第二节 编辑五线谱乐器

一、编辑乐器对话框介绍

编辑乐器时可以提前将乐器编辑完毕，然后在乐谱中直接调用，也可以选中当前乐谱中正在使用的乐器进行编辑，本节以编辑乐谱中正在使用的乐器为例来介绍本节内容。

单击乐谱中某个小节或双击选中当前谱行，然后选择菜单排版样式（House Style）|编辑乐器（Edit Instruments），这时弹出如图 5.2.1 对话框，在这个对话框中会自动定位到当前要编辑的乐器。

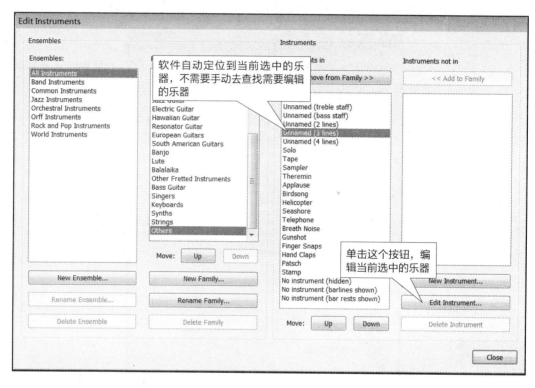

图 5.2.1

在图 5.2.1 对话框中点击"Edit Instrument"，进行编辑乐器，弹出如图 5.2.2 对话框。

这里提示的大意是："您当前编辑的乐器正在乐谱使用，任何变动都将会影响到整个乐谱中这个乐器的相关设置，您确定要继续吗？"

点击"否"则退出编辑，点击"是"则弹出如图 5.2.3 编辑乐器对话框。

在图 5.2.3 对话框中主要包含五部分内容的设置。

·Name：当前乐器名称设置，包含乐器的全称与缩写名称等；

·Notation Options：乐谱选项，主要有三种样式，有音高乐器、无音高乐器、TAB 乐谱，该内容是本节的重点；

·Range：在这里设置当前乐器的音域范围，超出该音音域的音高将用红色符头表示；

·Transposition：移调；

·Playback Defaults：默认播放；

·Chord Symbols：和弦符号。

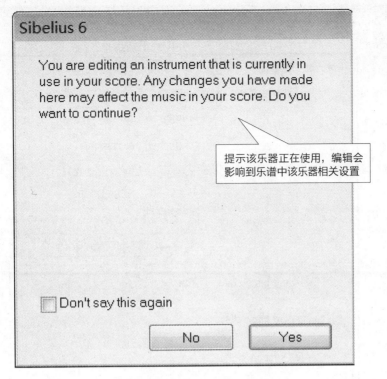

图 5.2.2

Edit Instrument

Name 乐器名称详细信息

Language: English

Name in dialogs: Unnamed (3 lines)

Full name in score:

Short name in score:

Instrument change

Instrument change warning name:

Notation Options 乐器乐谱选项

Type of staff: ● Pitched

Number of staves: 1

○ Unpitched percussion

○ Tablature

☐ Vocal staff

Edit Staff Type...

Sounding pitch clef: Null | Choose...

☐ Transposed pitch clef: | Choose...

Clef for second staff: | Choose...

Bracket with: Nothing

Range 修改乐器音域范围

Notes outside the range are drawn in red.

		Lowest		Highest
Comfortable:	F#/Gb	3	G	9
Professional:	C	-1	G	9

移调

Transposition

	Non-transposing score		Transposing score	
Written middle C sounds as:	C	4	C	4

Playback Defaults 默认播放选项

Best sound: Bright Piano

Choose...

Pan: 0 (-100 = full left, 100 = full

Distance: 100 (0-255)

Volume: 100 (0-127)

Glissando ty

和弦符号

Chord Symbols

Tab instrument to use for string tunings:

Acoustic Guitar, standard tuning (no rhythms) [tab]

☑ Show guitar chord diagrams by default

Cancel | OK

图 5.2.3

认识sibelius 第一章

新建与保存乐谱 第二章

音符输入与编辑 第三章

文本、符号 第四章

五线谱与排版 第五章

播放 第六章

乐理试卷制作 第七章

常用插件介绍 第八章

常用操作问答 第九章

下面我们对乐谱选项（Notation Options）做一个详细介绍，谱表主要分三种类型。

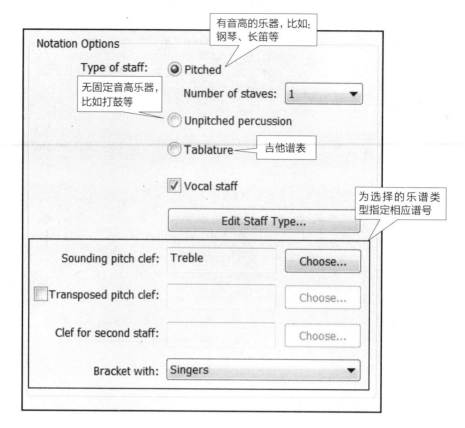

图 5.2.4

· Pitched：有音高乐器，比如钢琴、小提琴、长笛等。

有音高的乐器谱表有两种，一种是单谱表，比如：小提琴谱表、长笛谱表等；一种是两个谱表，比如：钢琴谱表、竖琴谱表等。当更改谱表数目后，点击应用会弹出如图 5.2.5 的提示：

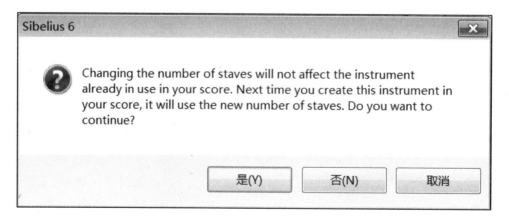

图 5.2.5

提示大意为："更改乐器的谱表数目不会影响当前乐谱中的乐器，再次在当前乐谱中添加该乐器时所作的更改生效，您想要继续吗？"选择"是"，在当前乐谱中再次添加该乐器时所作更改生效；选择"否"，则取消更改。

当单谱表乐器更改谱表数目为 2 个谱表时，可以在"Clef for second staff"处，点击"Choose"为第二个谱表选择谱号，也可以为第一个谱表指定谱号，如图 5.2.6，不再赘述。

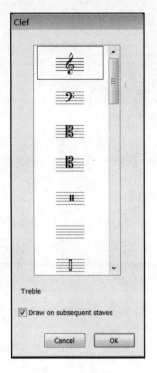

图 5.2.6

Sibelius 提供了三种类型的谱表，选择不同的谱表类型，点击这里的编辑五线谱类型按钮所弹出的编辑五线谱类型对话框的内容也有所不同。在图 5.2.4 中点击"Edit Staff Type"按钮，编辑当前选择的五线谱类型，弹出如图 5.2.7 五线谱类型对话框，这里分常规（General）、音符和休止符（Notes and Rests）两个选项卡。

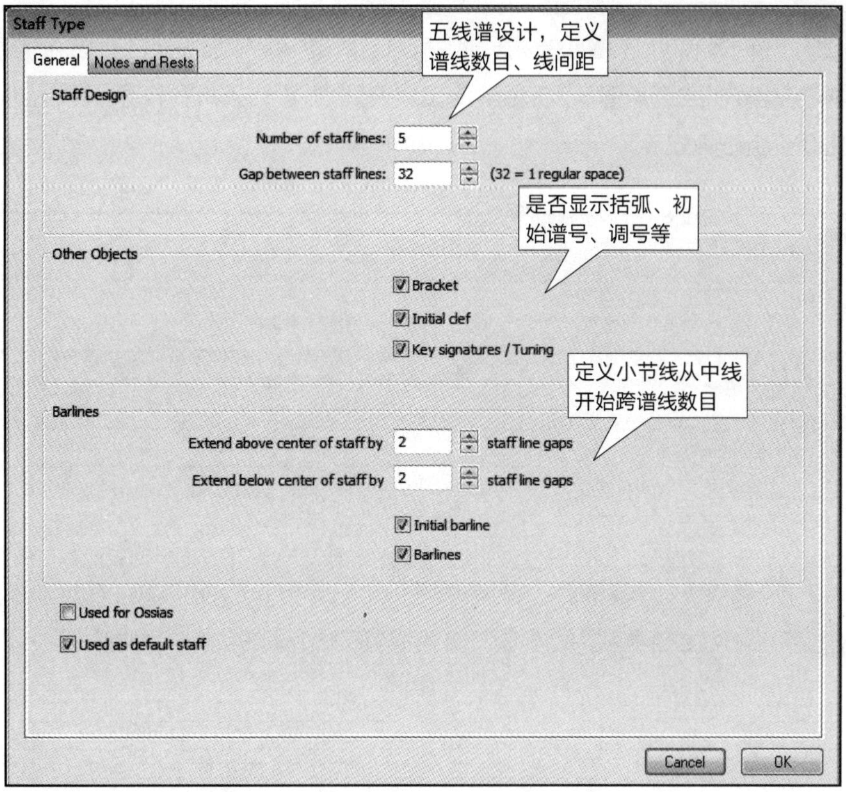

Staff Type

General | Notes and Rests

Staff Design

五线谱设计，定义谱线数目、线间距

Number of staff lines: 5

Gap between staff lines: 32   (32 = 1 regular space)

Other Objects

是否显示括弧、初始谱号、调号等

☑ Bracket

☑ Initial clef

☑ Key signatures / Tuning

Barlines

定义小节线从中线开始跨谱线数目

Extend above center of staff by 2   staff line gaps

Extend below center of staff by 2   staff line gaps

☑ Initial barline

☑ Barlines

☐ Used for Ossias

☑ Used as default staff

Cancel   OK

图 5.2.7

第一章 认识sibelius

第二章 新建与保存乐谱

第三章 音符输入与编辑

第四章 文本、符号

第五章 五线谱与排版

第六章 播放

第七章 乐理试卷制作

第八章 常用插件介绍

第九章 常用操作问答

通过调整图 5.2.8 五线谱谱线数目定义五线谱样式，比如单线谱、三线谱、六线谱等，如图 5.2.9 和图 5.2.10。

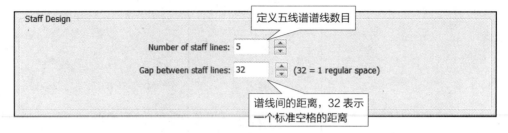

图 5.2.8

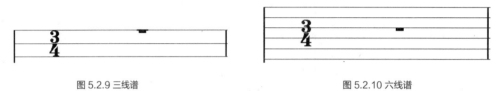

图 5.2.9 三线谱　　　　　　　　　　　图 5.2.10 六线谱

通过调整图 5.2.11 五线谱其他对象，可以在乐谱中显示或隐藏括弧、初始谱号、调号的信息，将图 5.2.11 中三项全部取消勾选，同时隐藏拍号、休止符、小节线等，即可制作一个空白五线谱。

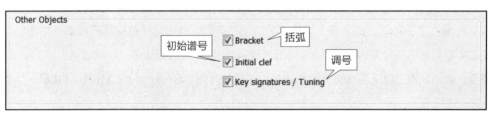

图 5.2.11

通过图 5.2.12 中的数字可以调整小节线长度，即从五线谱中线向上或向下延伸的空格数目，这里小节线向上下延伸的空格数也会随着图 5.2.7 中五线谱谱线数目的多少自动进行调整，以达到最合理状态，也可以根据实际需要手动调整。

图 5.2.12

在图 5.2.12 中，取消或勾选复选框初始小节线（Initial barline）、小节线（Barlines）可以决定在乐谱中初始小节线和小节线是否显示，如图 5.2.13 为取消初始小节线和小节线的谱例。

图 5.2.13 取消初始小节线和小节线

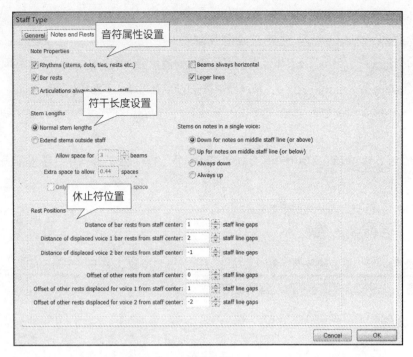

图 5.2.14

在音符和休止符选项卡（Notes and Rests）图 5.2.14 中，主要包含三大项内容的设置。

1. 音符属性设置（Note Properties），如图 5.2.15。

Rhythms: 节奏。包含符干、附点、连线、休止符等，如果取消勾选该项，则乐谱中出现的所有该乐器谱表上不显示这些内容。

Beams always horizontal: 符尾始终保持水平。勾选该项后，则乐谱中出现的所有该乐器谱表上的音符符尾将保持水平状态。

Bar rests: 小节休止符。如果取消勾选该项，则乐谱中该乐器的谱行上不显示小节休止符。

Leger lines：五线谱的上加线或下加线。取消该项后，则乐谱中该乐器的谱行上不显示上加线或下加线。

Articulations always above the staff：演奏技法始终显示在该行五线谱上方。

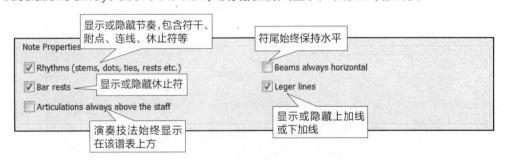

图 5.2.15

2. 符干长度（Stem Lengths），如图 5.2.16。

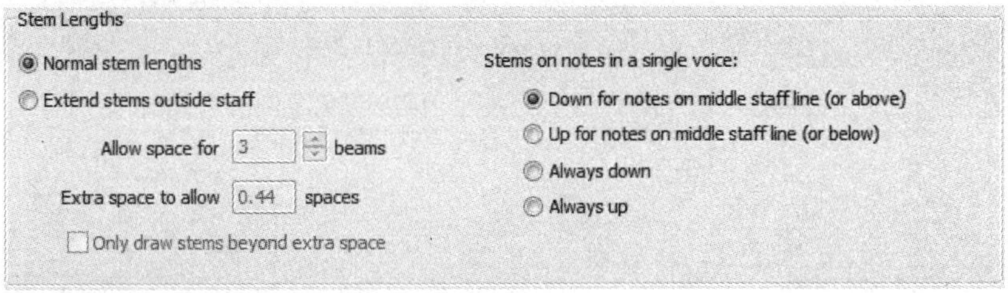

图 5.2.16

认识sibelius 第一章

新建与保存乐谱 第二章

音符输入与编辑 第三章

文本、符号 第四章

五线谱与排版 第五章

播放 第六章

乐理试卷制作 第七章

常用插件介绍 第八章

常用操作问答 第九章

Normal stem lengths：标准符干长度，默认选择该项。

Extend stems outside staff：扩展五线谱外部符干长度，在 Allow spaces for＿＿beams 与 Extra spaces to allow ＿＿＿spaces 中输入适当数值，修改扩展符干的长度。

Stems on notes in a single voice：单声部中符干的朝向选择，下面提供四个选项：

Down for notes on middle staff line（or above）：当音符在五线谱中线或者中线上方时，符干朝下方；

Up for notes on middle staff line（or below）：当音符在五线谱中线或者中线下方时，符干朝上方；

Always down：符干方向始终朝下方；

Always up：符干方向始终朝上方。

关于符干长度问题，笔者建议保持默认，非必要情况请勿修改。关于符干朝向问题，这里适合批量设定符干的朝向，一般在乐理试卷制作过程中使用较多。

3. 休止符位置

图 5.2.17

这里设置休止符与五线谱中线的距离以及偏移的数值，输入的数值单位为五线谱间距的个数，笔者建议保持默认，非必要请勿修改，一旦修改将影响谱面休止符位置，影响美观与乐谱专业程度。

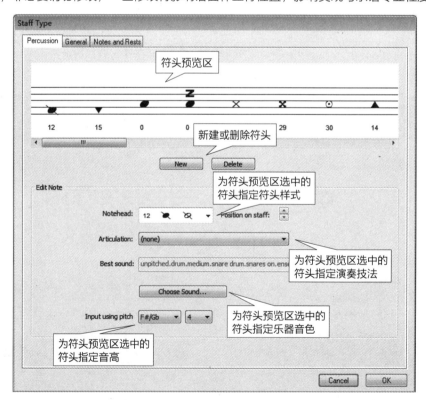

图 5.2.18

196

· Unpitched percussion：无音高乐器，如大鼓、军鼓等，图 5.2.18 为无音高乐器的编辑界面。在这个界面里有打击乐（Percussion）、常规（General）、音符和休止符选项卡（Notes and Rests）三个选项卡，其中常规（General）和音符和休止符选项卡（Notes and Rests）前面已经介绍过，不再赘述。这里主要介绍打击乐（Percussion）选项卡中的内容。

1. 新建或删除符头

在图 5.2.18 符头预览区列出了该乐器的所有符头样式，同时可以使用下面的新建（New）按钮和删除（Delete）按钮修改当前乐器支持的符头。单击新建（New）按钮后鼠标会变成蓝色的箭头，这时在符头预览区的五线谱相应谱线上点击，即可新建一个符头，在谱线上相同谱线或谱间上可以定义不同样式的符头。

2. 编辑符头样式

在符头预览区单击选中某个符头，在编辑符头（Edit Notes）区域中的符头（Notehead）下拉列表中可以更改符头样式。

在演奏技法（Articulation）下拉列表中可以为当前选中的符头增加默认演奏技法。

通过选择音色按钮（Choose Sound）可以为当前选中的符头指定演奏的乐器音色。

通过选择输入使用音高（Input using pitch）更改当前选中音符的音高。

更改后的信息，在使用 MIDI 键盘录制打击乐时，Sibelius 会自动调用这些信息。比如符头样式，在使用 MIDI 键盘录制时乐谱上会自动显示这里设定的符头样式，不需要再手动去修改每个符头。

· Tablature：吉他谱表，如图 5.2.19。

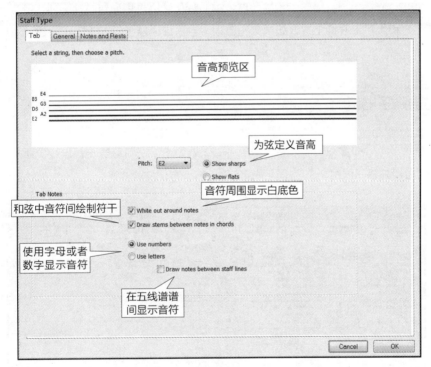

图 5.2.19

在吉他谱表类型中也有三个选项卡，其中常规（General）选项卡和音符和休止符选项卡（Notes and Rests）前面已经介绍过，不再赘述，这里主要介绍 TAB 选项卡。

吉他谱表的编辑框与打击乐的编辑框类似，主要有两个设置区域。

1. 修改音高区域

在音高预览区点击谱线，将其选中，通过音高（Pitch）下拉菜单即可更改该谱线的音高，通过显示升号（Show sharps）和显示降号（Show flats）两个单选卡可以更改升降号显示方式。

第一章 认识sibelius

第二章 新建与保存乐谱

第三章 音符输入与编辑

第四章 文本、符号

第五章 五线谱与排版

第六章 播放

第七章 乐理试卷制作

第八章 常用插件介绍

第九章 常用操作问答

2. TAB 音符选项

这里主要设置音符的显示内容。

White out around notes：在音符周围显示白色底色；

Draw stems between notes in chord：在和弦中音符之间绘制符干；

Use numbers：使用数字方式显示音符，选择该项后乐谱上的音符将以数字形式显示；

Use letters：使用字母方式显示音符，选择该项后乐谱的音符将以字母形式显示；

Draw notes between staff lines：在五线谱线间显示音符，如不勾选该项，默认情况下音符显示在五线谱的谱线上。

以上我们介绍的是 Sibelius 中提供三种类型的五线谱，除此之外，还有一个 Vocal staff 复选框，如图 5.2.20。

图 5.2.20

· Vocal staff：人声谱表，这是一个复选框，我们曾在介绍表情记号时介绍到，表情记号一般标注在乐器谱表的下方和人声谱表的上方，如果勾选该项，当在该乐器上添加表情记号时，添加的表情记号默认添加到谱表上方。

二、创建与删除乐器组

Sibelius 提供了十分细致的乐器分组，用户可以根据个人习惯对这些乐器进行重新分组规划，把自己常用乐器进行分组并将乐器组调整到乐器列表的最上方，方便快速查找。

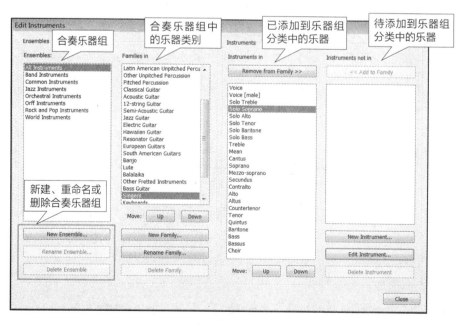

图 5.2.21

198

1. 建立合奏乐器组（New Ensemble）

点击合奏乐器组中任意一组乐器组，点击下面的新建合奏乐器组（New Ensemble），这时弹出如图 5.2.22 提示对话框。

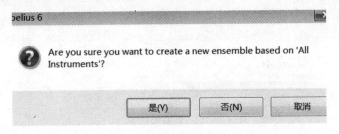

图 5.2.22

提示的大意为："您确定基于'All Instruments'合奏乐器组建立一个新的合奏乐器组吗？"，点击"是"，这时会建立一个新的合奏乐器组，并自动命名为"All Instruments(2)"，在这个新建的合奏乐器组中，所有乐器类别分组与原"All Instruments"的完全相同，用户可以通过调整各个乐器类别中的乐器，自定义一个完全符合自己使用习惯的新的合奏乐器组。

2. 建立新的乐器分类

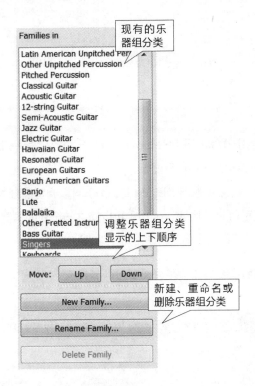

图 5.2.23

点击新建乐器组分类（New Family），这时会弹出重命名乐器组分类的对话卡，在这个对话框中输入新的名称即可，如图 5.2.24。

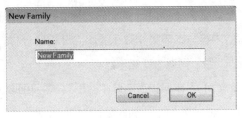

图 5.2.24

在图 5.2.23 中单击某个乐器组分类，通过点击向上按钮（Up）或向下按钮（Down）可以调整该分类在所有分类中显示的先后顺序，方便快速找到常用乐器组分类。

第一章 认识sibelius

第二章 新建与保存乐谱

第三章 音符输入与编辑

第四章 文本、符号

第五章 五线谱与排版

第六章 播放

第七章 乐理试卷制作

第八章 常用插件介绍

第九章 常用操作问答

3. 定义乐器组分类中的乐器

从当前乐器组分类中移除选中的乐器

将选中的乐器添加到当前的乐器组分类中

图 5.2.25

通过从乐器组分类中移除按钮（Remove from Family >>）和添加到乐器组分类中按钮(<<Add to Family) 来调整当前乐器组分类中的乐器。

通过点击向上按钮（Up）或向下按钮（Down）可以调整该分类在所有分类中显示的先后顺序。

通过新建乐器按钮（New Instrument）可以建立一个新的乐器，选择某个乐器后，点击新建乐器按钮（New Instrument）后弹出一个提示对话框，如图 5.2.26。

图 5.2.26

这个对话框的大意是："您想基于'Flute'这个乐器建立一个新的乐器吗？"，点击"是"则弹出新建乐器对话框，这个对话框的内容与本节第 191 页图 5.2.3 内容一样，不再赘述，大家可以参照那里的设置定义一个新的乐器；点击"否"则退出新建乐器。

通过编辑乐器(Edit Instrument)可以编辑当前选中的乐器,本节前面内容已经详细介绍过,不再赘述。

通过删除乐器（Delete Instrument）可以删除当前选中的乐器，Sibelius 内置的乐器无法删除，当选择 Sibelius 内置的乐器时，这个删除按钮是灰色不可点击的，只有用户自己新建的乐器才可以使用这个按钮进行删除操作。

三、使用新建乐器组及乐器

当用户定义了一套符合个人使用习惯的乐器组后，再次新建乐器时，定义的乐器组便出现在新建乐器对话框中。

选择菜单创建（Create）|乐器（Instruments），快捷键为 I，这时弹出新建乐器对话框，如图 5.2.27。

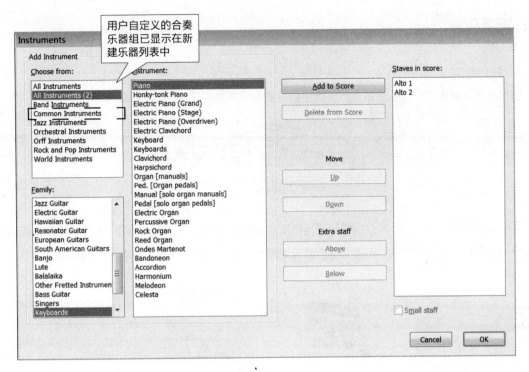

图 5.2.27

在图 5.2.27 新建乐器对话框中就显示出了我们自己定义的乐器组以及乐器，在新建乐谱时便可以直接使用自定义的乐器组进行音乐创作，以提高工作效率，节约时间。

第一章 认识sibelius

第二章 新建与保存乐谱

第三章 音符输入与编辑

第四章 文本、符号

第五章 五线谱与排版

第六章 播放

第七章 乐理试卷制作

第八章 常用插件介绍

第九章 常用操作问答

第三节 调整五线谱细节

乐谱制作完成后，可能还有些细节不够完善，本节内容从几个方面介绍五线谱细节调整与处理。

一、符尾位置

1. 符尾角度

符尾在默认状态下，根据音符在五线谱上的位置自动调整符尾角度，如图 5.3.1。

图 5.3.1

下面我们以图 5.3.1 为例来介绍调整符尾角度，用鼠标点击图 5.3.2 最左边的音符符尾时，在符尾处出现一个空白小方格，按住鼠标左键上下拖动可以延长或缩短这个组内所有音符的符尾，如图 5.3.3。

图 5.3.2   图 5.3.3

当鼠标点击图 5.3.4 最右端音符符尾时，在符尾处出现一个空白小方格，按住鼠标左键上下拖动可以调整符尾角度，如图 5.3.5。

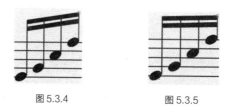

图 5.3.4   图 5.3.5

2. 使符尾保持水平

以图 5.3.6 为例来介绍如何使整行五线谱的符尾保持水平。

图 5.3.6

第一步，用鼠标点击该行谱表，将其选中；

第二步，选择菜单排版样式（House Style）| 编辑乐器（Edit Instruments），这时弹出编辑乐器对话框，并且 Sibelius 会自动选中当前需要编辑的乐器，如图 5.3.7。

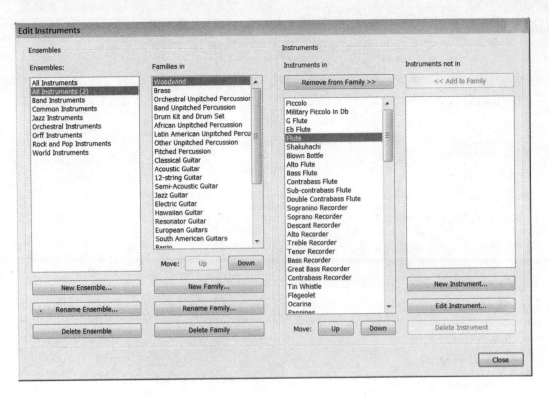

图 5.3.7

在图 5.3.7 对话框中点击编辑乐器（Edit Instrument），这时会弹出如图 5.3.8 提示对话框。

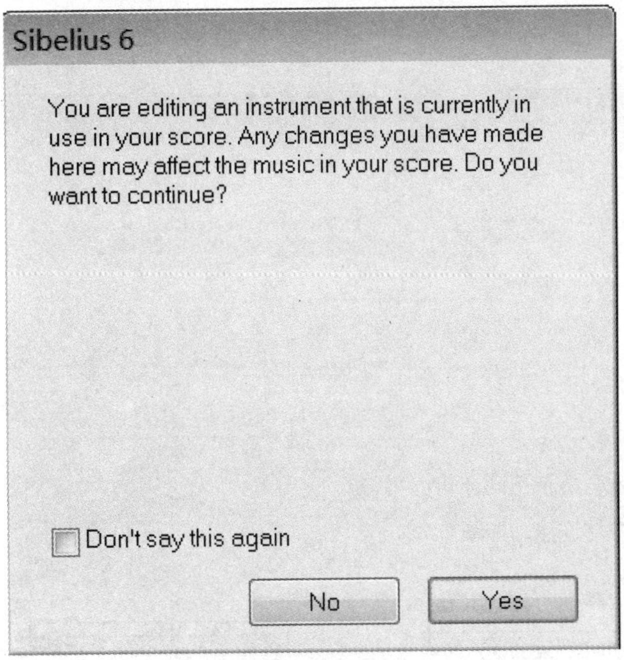

Sibelius 6

You are editing an instrument that is currently in use in your score. Any changes you have made here may affect the music in your score. Do you want to continue?

☐ Don't say this again

No   Yes

图 5.3.8

这个提示大意为"您编辑的乐器当前乐谱正在使用，修改乐器将影响当前的乐谱，您要继续吗？"选择"Yse"，这时弹出图 5.3.9 编辑乐器对话框。

在这个对话框中点击编辑五线谱样式"Edit Staff Text"，弹出如图 5.3.10 对话框，切换到音符和休止符选项卡（Notes and Rests），勾选符尾始终保持水平（Beams always horizontal），确定即可。

第一章 认识sibelius
第二章 新建与保存乐谱
第三章 音符输入与编辑
第四章 文本、符号
第五章 五线谱与排版
第六章 播放
第七章 乐理试卷制作
第八章 常用插件介绍
第九章 常用操作问答

图 5.3.9

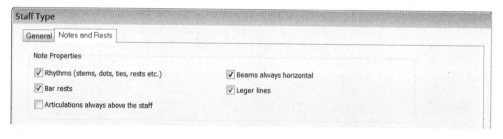

图 5.3.10

3. 跨休止符符尾

符尾跨越休止符主要有两种不同样式：

第一种，跨休止符符尾连接，如图 5.3.11。

图 5.3.11

图 5.3.12

默认状态下我们输入乐谱外观是图 5.3.12 样式。若要修改默认样式，选择菜单排版样式（House Style）|版式规则（Engraving Rules），快捷键是 Ctrl+Shift+E，选择符尾和符干（Beams and Stems），在符尾休止符区域（Beamed Rests）勾选"Beam over rests"，点击"OK"即可修改默认样式，如图 5.3.13。

Beams and Stems

Beam Positions

☑ Optical beam positions

Default slant per interval:　　2nd: 0.25　spaces　　　6th: 1　spaces

3rd: 0.5　spaces　　　7th: 1　spaces

4th: 1　spaces　　　8ve: 1　spaces

5th: 1　spaces

Maximum beam gradient:　　1 in 6　　　Up to an 8ve, 1 in 3.5

Horizontal if middle notes intrude by 0.1　spaces　☑ Avoid simple wedges

☑ Also for middle rests

Default beamed stem　　8ths (quavers) 3.25　spaces　16ths (semiqs) 3.25　spaces

Beam Appearance

0.5　spaces thick

50　% of thickness apart

1.25　spaces wide for fractional beams

☐ French beams

Stems

Stems 0.1　spaces thick

Minimum length 2.75　spaces

☑ New stem length rule

☑ Adjust for cross-staff and between-note beams

Beamed Rests

☐ Beam from and to rests

☑ Beam over rests

☐ Break secondary beam

☑ Allow beams after rests

☑ Adjust stem lengths to avoid beamed rests

☐ Use stemlets on beamed rests

☑ Make beams horizontal for groups with stemlets

☑ Extend stemlets into staff

Minimum stemlet length: 0.5　spaces

左侧导航栏: Accidentals and Dots / Articulation / Bar Numbers / Bar Rests / Barlines / Beams and Stems / Brackets / Chord Symbols / Clefs and Key Signature / Guitar / Instruments / Jazz Articulations / Lines / Notes and Tremolos / Rehearsal Marks / Slurs / Staves / Text / Ties 1 / Ties 2 / Time Signatures / Tuplets

图 5.3.13

在图 5.3.13 中勾选 "Break Secondary beam" 后效果图如图 5.3.14 所示：

图 5.3.14　　　　　　　　　　　　　　　　图 5.3.15

在图 5.3.13 中勾选 "Use stemlets on beamed rests" 后效果图如图 5.3.15 所示。

右侧 "Make beamshorizontal for groups with stemlets" 默认是勾选的，取消勾选后如图 5.3.16 所示：

图 5.3.16

第二种，符尾覆盖休止符。

图 5.3.17 符尾盖过休止符　　　　　　　　　　图 5.3.18 符尾未盖过休止符

默认状态下是图 5.3.18 的效果，修改方法在图 5.3.13 中勾选 "Beam from and to rests"。

『Sibelius 入门到精通』

认识sibelius 第一章

新建与保存乐谱 第二章

音符输入与编辑 第三章

文本、符号 第四章

五线谱与排版 第五章

播放 第六章

乐理试卷制作 第七章

常用插件介绍 第八章

常用操作问答 第九章

在版式规则（Engraving Rules）中一旦修改将影响整个乐谱的效果，如果乐谱中只是个别小节需要调节，可以在 Keypad 面板中修改，按快捷键 F9 切换到符尾和颤音面板，如图 5.3.19，几个常用连接符尾的按钮作用详见第三章第六节第 110 页。

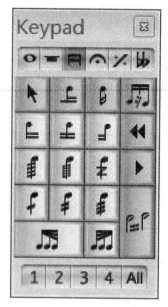

图 5.3.19

二、重复小节

重复小节一般在总谱使用较多，如图 5.3.20。

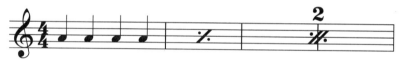

图 5.3.20

在 Sibelius 中可以创建 1 小节重复、2 小节重复、4 小节重复三种类型。

创建方法：

第一步，选择需要创建重复的小节；

第二步，打开 Keypad 面板，按下 F12，在爵士乐演奏技法面板选择相应的重复符号类型，如图 5.3.21。

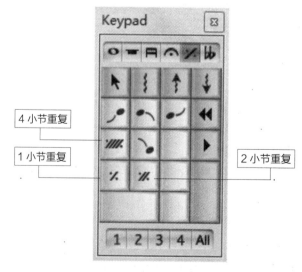

4 小节重复

1 小节重复

2 小节重复

图 5.3.21

修改重复小节显示样式，如图 5.3.22。

图 5.3.22

选择菜单排版样式（House Style）|版式规则（Engraving Rules）|小节休止符（Bar Rests），在重复小节（Repeat Bars）区域进行设置，如图 5.3.23。

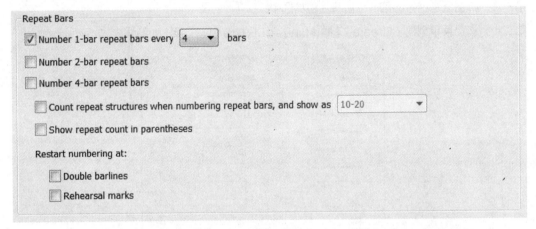

图 5.3.23

· Number 1-bar repeat bars every _n_ bars：每隔几小节显示一次 1 小节重复；

· Number 2-bar repeat bars every _n_ bars：每隔几小节显示一次 2 小节重复；

· Number 4-bar repeat bars every _n_ bars：每隔几小节显示一次 4 小节重复；

· Show repeat count in parentheses：在反复数字上显示括弧；

· Restart numbering at: 在下面位置重新统计反复记号数字，如图 5.3.24、图 5.3.25。

– Double barlines: 在双小节线处重新统计反复记号数字，如图 5.3.24；

– Rehearsal marks: 在排练标记处重新统计反复记号数字，如图 5.3.25。

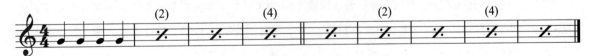

图 5.3.24 双小节线处重新统计反复记号数字

图 5.3.25 排练记号处重新统计反复记号数字

第一章 认识sibelius

第二章 新建与保存乐谱

第三章 音符输入与编辑

第四章 文本、符号

第五章 五线谱与排版

第六章 播放

第七章 乐理试卷制作

第八章 常用插件介绍

第九章 常用操作问答

三、连音线

连音线有两种，一种叫圆滑线（slur），还有一种叫延音线（tie）。

1. 圆滑线

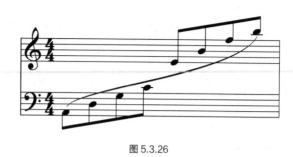

图 5.3.26

圆滑线主要标注在不同音高上，表示要表演的连贯，输入方法：

第一步，点击低音谱号的第一个音符，将其选中；

第二步，选择菜单创建（Create）| 线（Line），快捷键为 L，弹出如图 5.3.27 线对话框。

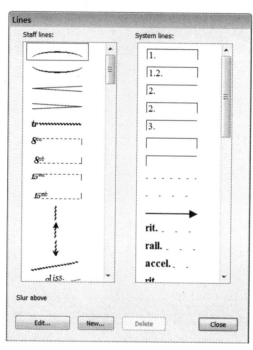

图 5.3.27

如果是在音符上方添加圆滑线，请在五线谱线（Staff Lines）中选择第一个，如果是在音符下方添加圆滑线，请在五线谱线中（Staff Lines）选择第二个，在谱例 5.3.26 中圆滑线在音符上方，选择第一个，然后单击"OK"确定，这时在第一个音符上方出现圆滑线，如图 5.3.28 所示。

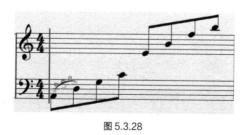

图 5.3.28

或者不用打开线对话框，直接圆滑线使用快捷键：

当圆滑线在音符上方时，快捷键为 S；当圆滑线在音符下方是，快捷键为 Shift+S。

我们看到在圆滑线上出现了空白小方格，按电脑键盘的空格键，每按一次圆滑线的另一端向后
面一个音符移动一下，连续按空格直到圆滑线的另一端到达最后一个音符，如图 5.3.29~5.3.30。

图 5.3.29

图 5.3.30

第三步，调整圆滑线弧度，用鼠标左键按住上方第三个空白小方格不松向下拖动圆滑线，拖出一个
适当弧度，松开鼠标，如图 5.3.31，这时继续向上拖动最后一个空白小方格，放到适当位置松开鼠标，
完成添加圆滑线，如图 5.3.32。

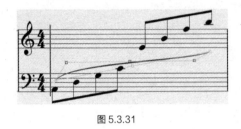
图 5.3.31

图 5.3.32

当连线跨越两组五线谱时，连线在小节结尾有两种样式，如图 5.3.33、图 5.3.34。

图 5.3.33 默认样式　　　　　　　　　　　图 5.3.34 修剪连线

修改方式，选择菜单排版样式（House Style）| 版式规则（Engraving Rules）| 连线（Slurs），
勾选"Clip at end of systems"，如图 5.3.35。

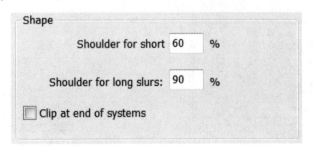
图 5.3.35

· Shoulder for short slurs：短圆滑线两肩弧度；

· Shoulder for long slurs：长圆滑线两肩弧度。

图 5.3.36 修改后圆滑线弧度

图 5.3.37 默认圆滑线弧度

第一章 认识sibelius

第二章 新建与保存乐谱

第三章 音符输入与编辑

第四章 文本、符号

第五章 五线谱与排版

第六章 播放

第七章 乐理试卷制作

第八章 常用插件介绍

第九章 常用操作问答

通过 Thickness 区域可以修改圆滑线的粗细，如图 5.3.38、图 5.3.39。

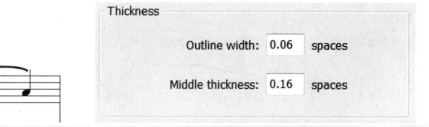

图 5.3.38 圆滑线粗细   图 5.3.39 修改圆滑线粗细

2. 延音线

图 5.3.40

· 添加延音线

延音线标注在相同的音高上，如图 5.3.40 所示。

延音线可以添加到同音高的单音上，也可以添加到相同的和弦上。

下面以图 5.3.40 为例介绍延音线的添加方法：

第一步，单击选中前面的音符，按住 Ctrl 可以选择多个音符或整个和弦中的每个音符；

第二步，打开 Keypad 面板，按 F7 切换到第一个面板，点击延音线或按电脑小键盘的回车键即可，如图 5.3.41。

图 5.3.41

图 5.3.42

· 调整延音线

用鼠标单击延音线中部，通过电脑键盘的方向键可以调节延音线的弧度，如图 5.3.42 所示。

执行菜单布局（Layout）|重置位置（Reset Position），可以使延音线恢复到默认状态，快捷键 Ctrl+Shift+P。

按下快捷键 X，可以反转延音线的方向，确定延音线在音符上方或下方；

通过窗口菜单（Window）| 属性（Properties）| 音符面板（Notes）也可以单独修改每个延音线的外观，如图 5.3.43。

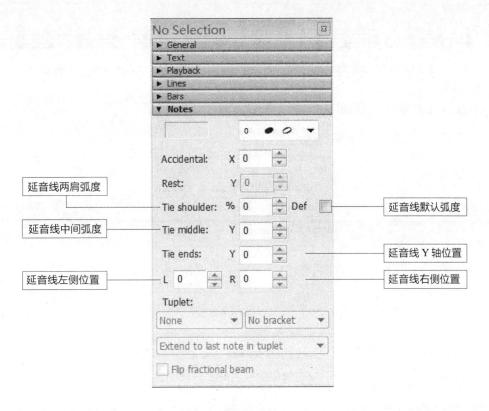

图 5.3.43

当对延音线的外观进行编辑后，执行菜单布局（Layout）| 重置设计（Reset Design），可以使延音线恢复到默认状态，快捷键 Ctrl+Shift+D。

在版式规则（Engraving Rules）中可以对延音线进行更为细致的设置，关于延音线设置内容较多，分 Ties 1 和 Ties 2 两个标签。

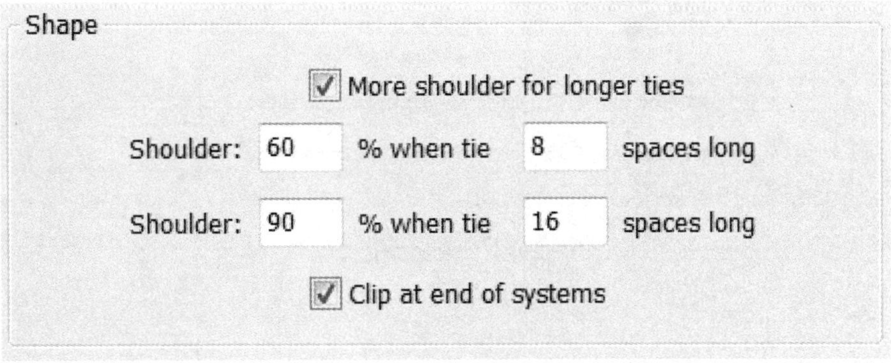

图 5.3.44 延音线形状

在 Shoulder 处设置延音线两肩的弧度，一旦修改，整个乐谱中所有延音线都将被修改，如果要对个别的延音线进行修改，通过窗口菜单（Window）| 属性（Properties）| 音符面板（Notes）可以单独修改每个延音线的外观，如图 5.3.43。

当延音线遇到换行时同圆滑线一样，也有两种样式可以选择，一种是在断行处修剪延音线，一种是保持默认状态，若要修剪延音线，请勾选 "Clip at end of systems"，如图 5.3.45 和图 5.3.46。

第一章 认识sibelius

第二章 新建与保存乐谱

第三章 音符输入与编辑

第四章 文本、符号

第五章 五线谱与排版

第六章 播放

第七章 乐理试卷制作

第八章 常用插件介绍

第九章 常用操作问答

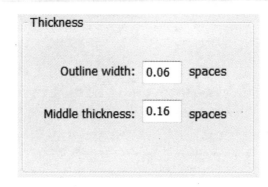

图 5.3.45 修剪延音线样式　　　　　图 5.3.46 未修剪延音线样式

在 Thickness 处修改延音线粗细，如图 5.3.47。

Thickness

Outline width: 0.06 spaces

Middle thickness: 0.16 spaces

图 5.3.47 修改延音线粗细

当延音线在音符上方或下方时，可以设定延音线在音符上方或下方还是在其一侧，默认延音线在单音的正上方或正下方，在和弦的一侧，其设置如图 5.3.48，效果图如图 5.3.49 和 5.3.50。

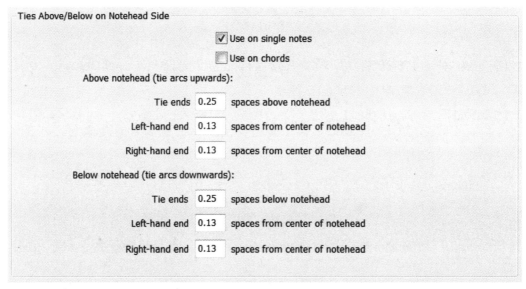

图 5.3.48 延音线在音符旁的位置

图 5.3.49 延音线在和弦和单音正上方　　　　图 5.3.50 延音线在和弦或单音的一侧

当延音线在音符上方时的位置，在图 5.3.48 中可以做出十分细致的设置，分两种情况，当延音线在音符上方时的位置（Above notehead）和当延音线在音符下方时的位置（Below notehead），不再赘述。

当延音线在符干旁时，延音线的位置也有两种情况，如图 5.3.51，更多关于延音线的设置不再赘述。

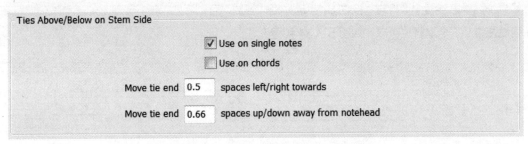

图 5.3.51 延音线在符干上方或下方时延音线位置设置

四、渐强渐弱线

这组线一个是渐强线，一个是渐弱线，同表情记号一样，默认标注在器乐谱表下方，人声谱表的上方，图 5.3.52 是器乐谱表。

图 5.3.52

创建方法：

第一步，选择一个音符、休止符或需要添加渐强渐弱线的小节，按住 Shift 点击鼠标可以选择多个小节；

第二步，选择菜单创建（Create）|线（Line）|渐强线，如图 5.3.53。

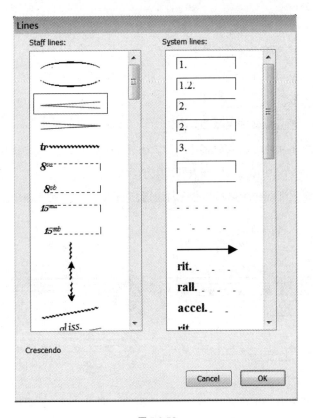

图 5.3.53

213

第一章 认识sibelius
第二章 新建与保存乐谱
第三章 音符输入与编辑
第四章 文本、符号
第五章 五线谱与排版
第六章 播放
第七章 乐理试卷制作
第八章 常用插件介绍
第九章 常用操作问答

或者使用快捷键，渐强快捷键为 H，渐弱快捷键为 Shift+H。

如果渐强线跨越两个谱行时，按住 Shift 选择相关区域，可以添加跨谱行渐强线，或者按住鼠标不松，将渐强线拖拉至下个谱行也可以，如图 5.3.54 和图 5.3.55。

图 5.3.54 选择添加渐强线区域

图 5.3.55 跨谱行渐强线

在版式规则（Engraving Rules）中可以对渐强渐弱线进行更为细致的设置，切换到线（Line）标签，如图 5.3.56。

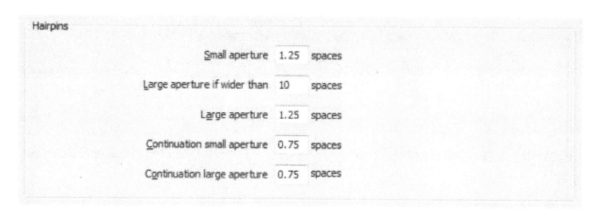

图 5.3.56

· Small aperture：渐强渐弱线小张口大小；

· Large aperture if wider than＿n＿spaces：指定渐强渐弱线宽度，如果小于该宽度使用小张口，如果大于该宽度则使用大张口；

· Large aperture：渐强渐弱线大张口大小；

· Continuation small aperture：延伸小张口大小；

· Continuation large aperture：延伸大张口大小。

以上参数主要针对渐强渐弱线跨越两个谱行时设置，如图 5.3.57 和 5.3.58。

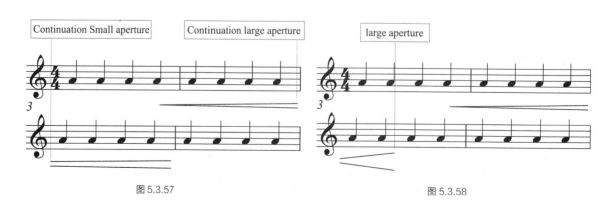

图 5.3.57

图 5.3.58

在版式规则中一旦修改，将影响整个乐谱中所有的渐强渐弱线，通过窗口菜单（Window）| 属性（Properties）| 音符面板（Notes）也可以单独修改每个渐强渐弱线的外观，如图 5.3.59 和 5.3.60。

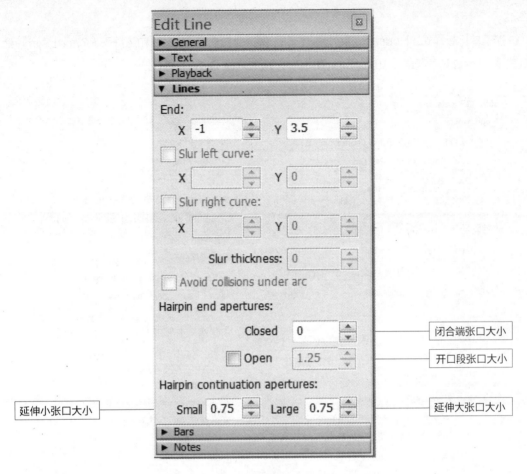

图 5.3.59

图 5.3.60

渐强渐弱线同表情符号一样，在总谱中可以显示在多行谱表中，通过菜单排版样式（House Style）| 默认位置（Default Positions）。

当表情记号与渐强渐弱线同时使用时，表情记号会自动覆盖在渐强渐弱线上方，如图 5.3.61。

图 5.3.61

第一章 认识 sibelius

第二章 新建与保存乐谱

第三章 音符输入与编辑

第四章 文本、符号

第五章 五线谱与排版

第六章 播放

第七章 乐理试卷制作

第八章 常用插件介绍

第九章 常用操作问答

五、和弦样式

在第三章第五节第 107 页我们对和弦的输入做过初步介绍，这里我们对和弦后缀元素样式作进一步介绍。

选择菜单排版样式（House Style）| 版式规则（Engraving Rules）| 和弦符号（Chord Symbols），如图 5.3.62 后缀元素区域（Suffix Elements），快捷键是 Ctrl+Shift+E。

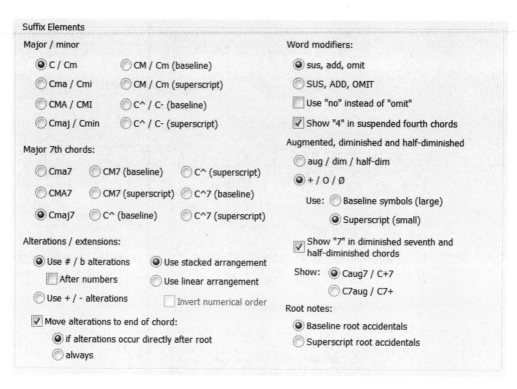

图 5.3.62 和弦后缀元素

这里主要分为六部分内容来确定不同和弦的样式，下面我们逐一进行介绍。

1. 大小三和弦样式（Major/minor triads）

该对话框中列出的和弦样式主要有以下八种，分大三和弦和小三和弦两组，一旦在该对话框中确定使用某种样式的和弦后，乐谱中出现的和弦都将采用该样式，如图 5.3.63。

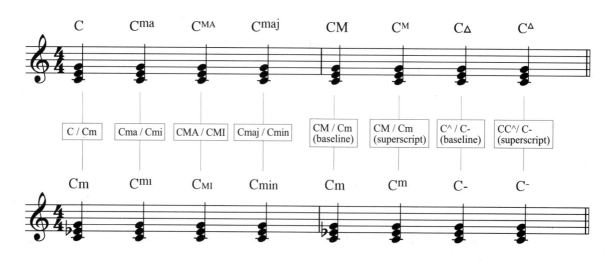

图 5.3.63 上行为大三和弦 8 种和弦样式、下行为小三和弦 8 种和弦样式

2. 大七度和弦样式（Major 7th chords）

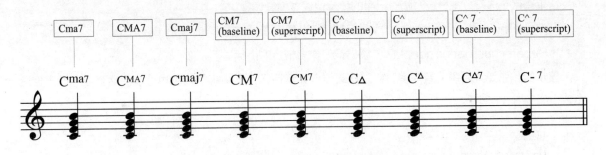

图 5.3.64

3. 变更与拓展（Alterations/extensions）

变更与拓展	说明	和弦样式	
Use #/b alterations	和弦中使用升降号	$C^{7(\flat 5sus4)}$	$C^{7(\sharp 5sus4)}$
After numbers	升降号在数字后面	$C^{7(5\flat sus4)}$	
Use + / - alterations	和弦中使用加减号	$C^{7(-5sus4)}$	
Use stacked arrangement	使用堆叠排列	$C^{7\binom{\flat 9}{\flat 5}}$	
Use linear arrangement	使用线性排列	$C^{7(9\flat 5\flat)}$	
Invert numerical order	反转顺序	$C^{7(5\flat 9\flat)}$	
Move alterations to end of chord	if...：如果变更出现在根音后，则移动变更到和弦结尾	$C^{7(\flat 5sus4)}$	
	Always：始终移动变更到和弦结尾	$C^{7(sus45\flat)}$	

4. 单词修改（Word modifiers）

在这组主要针对 sus,add, omit 这三类和弦样式做相关修改，分大小写两种样式，另外还有两处细节设置：

· Use "no" instead of "omit"：用 "no" 代替 "omit"；

· Show "4" in suspended fourth chords：在挂留四和弦中是否显示数字 4。

5. 增和弦、减和弦和半减和弦（Augmented, diminished and half-diminished chords）

这组主要针对增、减、半减和弦样式进行设置，主要分两种：文本和符号。在此基础上进行更为细致的设置，三和弦、大七和弦等设置相同，不再赘述。

第一章 认识 sibelius

第二章 新建与保存乐谱

第三章 音符输入与编辑

第四章 文本、符号

第五章 五线谱与排版

第六章 播放

第七章 乐理试卷制作

第八章 常用插件介绍

第九章 常用操作问答

6. 根音（Root notes）

这里有两个选项，主要针对临时记号的显示位置做细微调整。

· Baseline root accidentals：临时记号显示在根音基线位置，如：C♯ / D♭；

· Superscript root accidentals：临时记号作为根音的上标显示，如：C♯ / D♭。

显示的和弦如果后缀元素较多时，默认会自动显示括弧，在版式规则中也可以对括弧显示做出相应设置，如图 5.3.65。

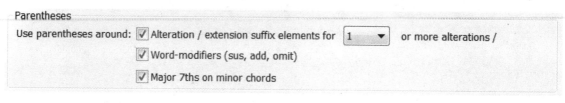

图 5.3.65 括弧显示

· 在变更拓展后缀元素上添加括弧；

· 在单词修改上添加括弧；

· 在小和弦中大七度添加括弧。

六、自定义和弦样式

1. 文本类和弦样式

以上在版式规则中一旦对和弦样式进行修改，整个乐谱出现的相关和弦都将按照该默认方式进行显示，在同一个乐谱中 Sibelius 允许多种和弦样式并存，这时需要对每个和弦进行自定义，图例 5.3.66 中有 4 个和弦，实际上只有 1 个，只不过显示样式有所不同，本章节我们以该图为例来介绍如何在同一乐谱中定义不同样式的和弦。

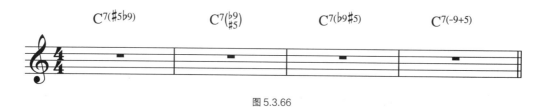

图 5.3.66

第一小节中和弦为默认样式，按输入和弦快捷键 Ctrl+K，在第一小节输入和弦文字"C7b9#5"，输入完毕后按 ESC 键确认，这时第一小节和弦输入完毕；

选中第一小节的和弦，按重复输入快捷键"R"，将剩余三小节和弦输入完毕，这时效果图如图 5.3.67 所示。

图 5.3.67

用鼠标单击第二个和弦，将其选中，然后选择菜单排版样式（House Style）| 编辑和弦符号（Edit Chord Symbols），这时弹出如图 5.3.68 编辑和弦符号对话框：

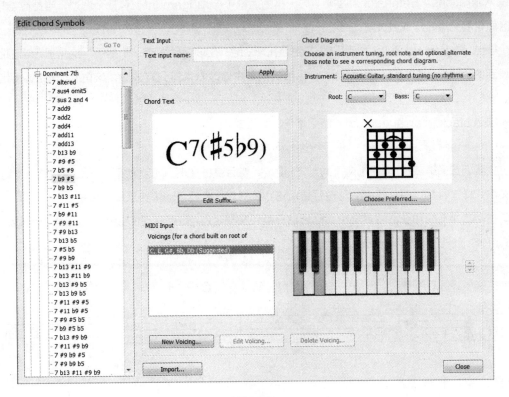

图 5.3.68

在对话框中"Chord Text"和弦预览区域显示的当前和弦文本，点击编辑后缀按钮（Edit suffix）后弹出如图 5.3.69 编辑后缀对话框。

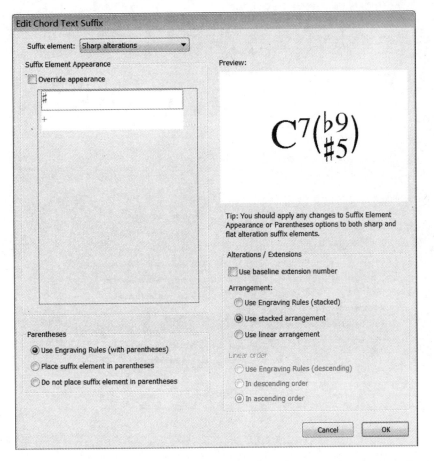

图 5.3.69

第一章 认识sibelius

第二章 新建与保存乐谱

第三章 音符输入与编辑

第四章 文本、符号

第五章 五线谱与排版

第六章 播放

第七章 乐理试卷制作

第八章 常用插件介绍

第九章 常用操作问答

在 Alterations / Extensions 区域下关于排列后缀（Arrangement）有三个选项，当更改选项后在预览区即可看到排列样式效果图。

·Use Engraving Rules：使用版式规则中的设定，在该项后面有一个括弧，这里显示当前版式规则中设定的后缀排列方式为线性 linear ，当版式规则中修改默认排列方式后，这里的提示也会相应发生改变。

·Use stacked arrangement：使用堆叠排列方式；

·Use linear arrangement：使用线性排列方式。

这里我们选择第二种,使用堆叠排列方式,设定完毕后单击"OK"确定,然后关闭编辑和弦符号对话框。自定义和弦样式后 Sibelius 不会自动进行更新该和弦样式,需要手动单独更新该和弦。

单击第二小节的和弦，将其选中，然后选择菜单布局（Layout）|重置设计（Reset Design）快捷键是 Ctrl+Shift+D，这时完成效果图如图 5.3.70。

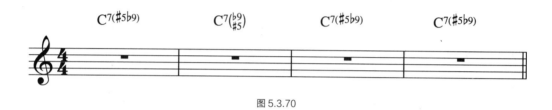

图 5.3.70

接下来继续对第三个和弦样式进行修改，单击第三小节的和弦，将其选中，与修改第二个和弦的方法相同，打开如图 5.3.71 编辑和弦文本后缀对话框：

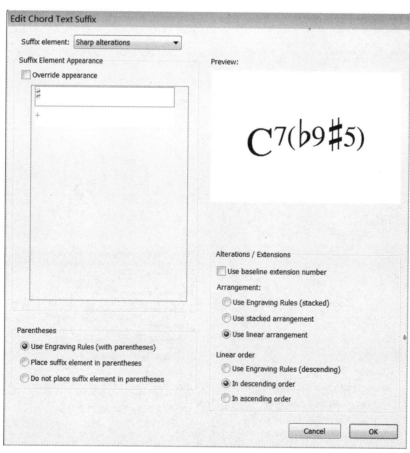

图 5.3.71

在图 5.3.71 中 Alterations / Extensions 区域做如图设置，在 Arrangement 中排列方式选择线性（Use linear arrangement）排列方式，这时线性顺序（Linear Oder）区域才可以进行操作，有以下三个选项。

· Use Engraving Rules：使用版式规则中的设定，在该项后面有一个括弧，这里显示当前版式规则中设定的后缀排列方式为上行排列 ascending ，当版式规则中修改默认排列方式后，这里的提示也会相应发生改变。当在版式规则（Engraving Rules）| 和弦符号（Chord Symbols）中勾选 Invert numerical order 时为上行排列（ascending），当取消勾选时为下行排列（descending）；

· In descending Oder：使用下行排列；

· In ascending Oder：使用上行排列。

这里我们选择使用下行排列方式，设定完毕后单击"OK"确定，然后关闭编辑和弦符号对话框。自定义和弦样式后 Sibelius 不会自动进行更新该和弦样式，需要手动单独更新该和弦。

单击第三小节的和弦，将其选中，然后选择菜单布局（Layout）| 重置设计（Reset Design）快捷键是 Ctrl+Shift+D，这时完成效果图如图 5.3.72。

图 5.3.72

第四个和弦的修改，使用相同的方法，打开如图 5.3.73 编辑和弦文本后缀对话框。

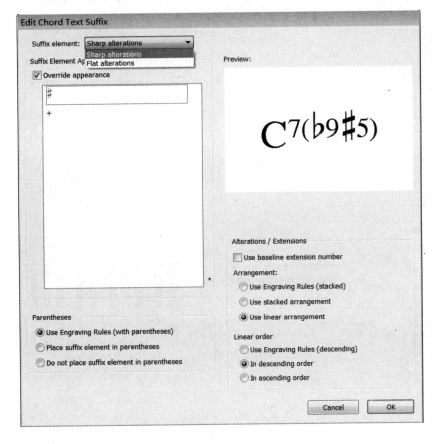

图 5.3.73

认识sibelius 第一章

新建与保存乐谱 第二章

音符输入与编辑 第三章

文本、符号 第四章

五线谱与排版 第五章

播放 第六章

乐理试卷制作 第七章

常用插件介绍 第八章

常用操作问答 第九章

在图 5.3.73 中后缀元素（Suffix element）下拉菜单下有如图两个选项。

· Sharp alterations：升号变更；

· Flat alterations：降号变更。

后缀元素（Suffix element）下拉菜单的选项并不是固定的，不同和弦这里的选项也会有所不同。

勾选覆盖默认外观（Override appearance），在下面列出了该和弦类型的所有后缀样式，在其中选择需要的后缀样式后点击"OK"确定，然后关闭编辑和弦符号对话框。自定义和弦样式后 Sibelius 不会自动进行更新该和弦样式，需要手动单独更新该和弦。

单击第四小节的和弦，将其选中，然后选择菜单布局（Layout）| 重置设计（Reset Design）快捷键是 Ctrl+Shift+D，这时完成效果图如图 5.3.74。

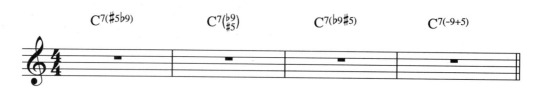

图 5.3.74

至此，四个和样式全部制作完毕，这里我们仅以这四个和弦为例来介绍修改和弦样式相关的操作，在图 5.3.73 中 Parenthese 区域还可以对括弧样式做出设置，请大家自行尝试，不再赘述。

Sibelius 内置四组和弦后缀元素：Common Chords, More Major Chords, More Minor Chords, More Dominant Chords, Other Chords，涵盖了目前大部分的和弦后缀元素，这里列出的也是在输入和弦时可以被 Sibelius 识别的，不能识别的在乐谱中将以红色显示，以示提醒，如图 5.3.75。

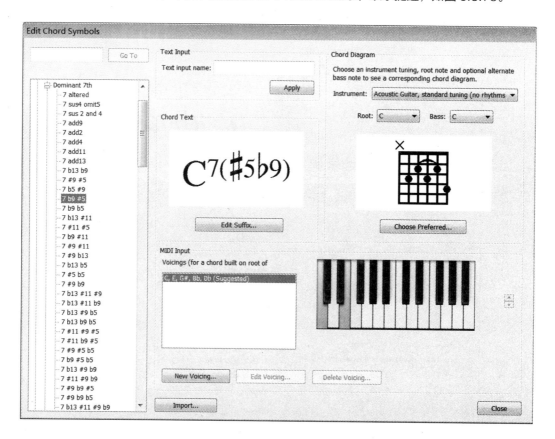

图 5.3.75

2. 图标类和弦样式

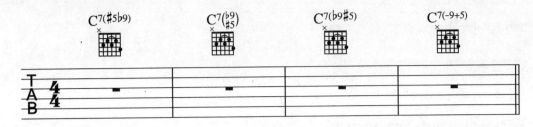

图 5.3.76

有关和弦类型样式参照第三章第五节第 107 页。

图表类和弦一般在吉他乐谱中使用较多，如图 5.3.76，用鼠标单击第一个和弦，将其选中，然后选择菜单排版样式（House Style）| 编辑和弦符号（Edit Chord Symbols），这时弹出如图 5.3.77 编辑和弦符号对话框。

在这个对话框中"Chord Text"中显示的是当前和弦的文本样式，"Chord Diagram"中显示的是当前和弦的图标样式，当在"Chord Diagram"中对该和弦的根音（Root）与低音（Bass）做出调整时，右侧"Chord Text"中的和弦也会相应跟随发生变化。

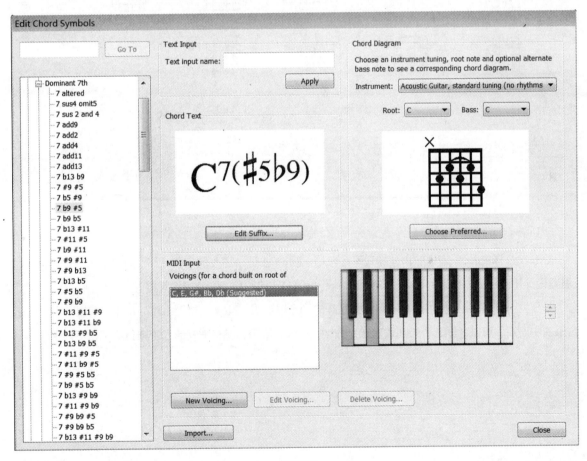

图 5.3.77

"Chord Diagram"区域中当前显示的和弦为默认和弦图表，点击"Choose Preferred"更改默认和弦图表显示样式，这时弹出如图 5.3.78 对话框，在这个对话框中列出了当前和弦的所有图标样式，单击选择需要的图表样式，点击"OK"确定。

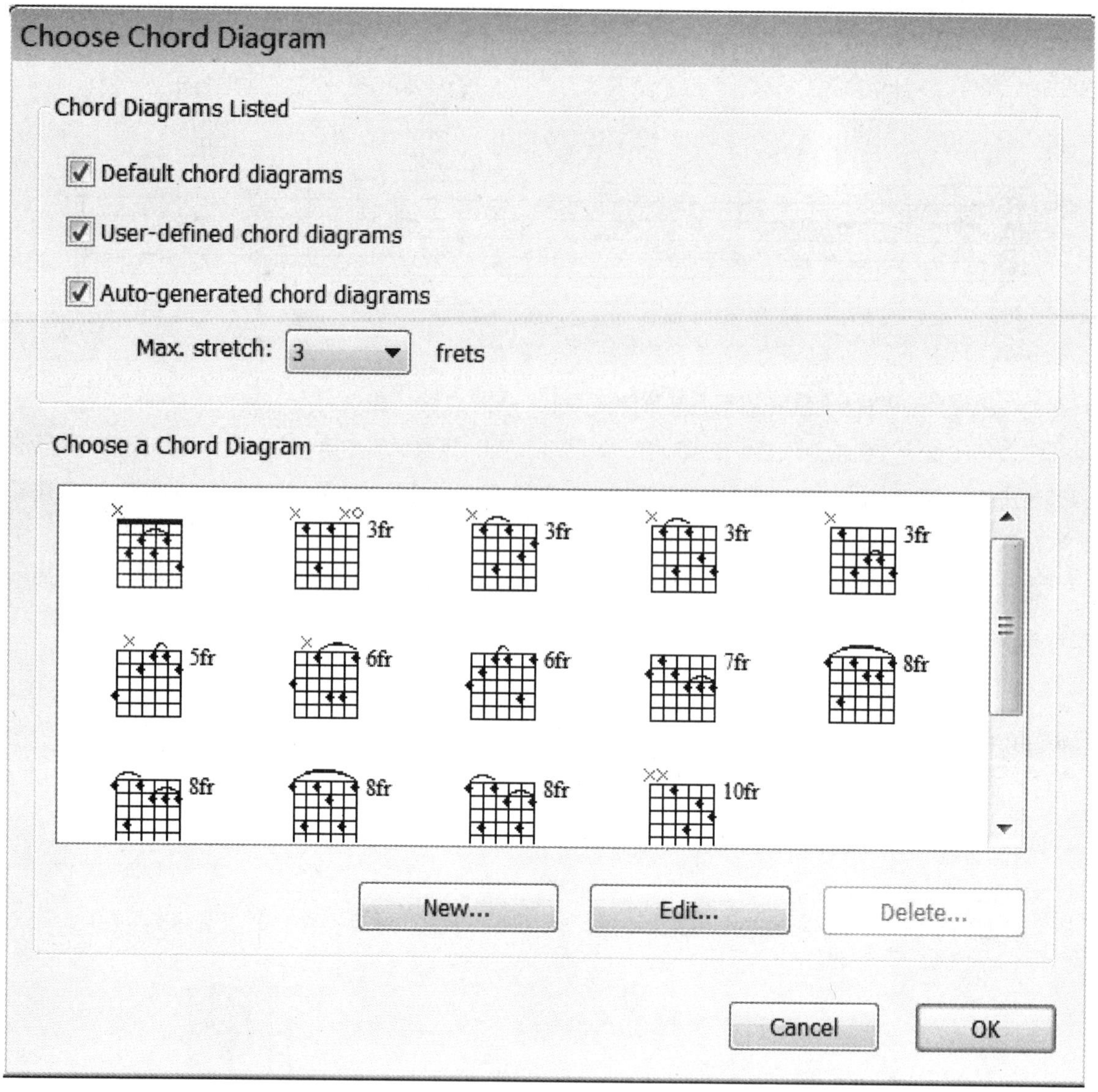

图 5.3.78

更改和弦样式后,乐谱中的和弦样式不会自动更新,单击选中更改的和弦,然后选择菜单布局(Layout)| 重置设计(Reset Design),快捷键是 Ctrl+Shift+D,这时和弦图表修改完成。

如果图 5.3.78 中列出的没有所需的图表样式,可以点击"New"或"Edit"新建或编辑一个,以适合乐曲中所需,可以在图表中和图表下定义数字等操作,限于篇幅有限,请大家自行尝试,不再赘述。

第一章 认识sibelius

第二章 新建与保存乐谱

第三章 音符输入与编辑

第四章 文本、符号

第五章 五线谱与排版

第六章 播放

第七章 乐理试卷制作

第八章 常用插件介绍

第九章 常用操作问答

一、默认五线谱间距

当新建一个五线谱后，Sibelius 会自动按照默认设置对谱表进行排列，使之更加科学合理，从而节约了使用者调整五线谱间距所需要的时间。

通过版式规则（Engraving Rules）可以对该默认的五线谱间距做出适当调整，选择菜单排版样式（House Style）|版式规则（Engraving Rules）|五线谱（Staves）标签，如图 5.4.1。

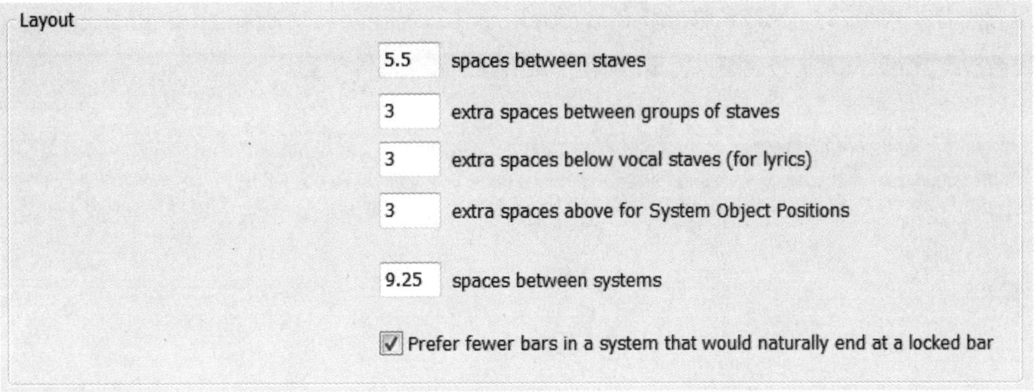

图 5.4.1

· Between staves：五线谱间距；

· Extra spaces between groups of staves：群组五线谱间距；

· Extra spaces below vocals staves（for lyrics）：人声五线谱下方间距，为书写歌词保留空间；

· Extra spaces above for System Object Positions："系统对象位置"上方间距；

· Between systems：五线谱组间距。

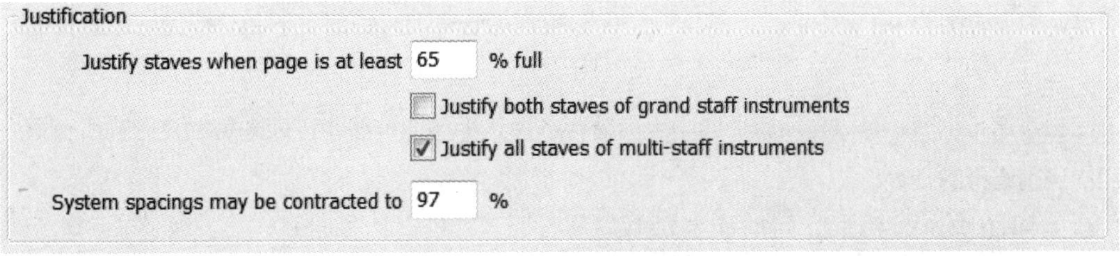

图 5.4.2

· Justify staves when page is at least_n_% full：当页面超多指定百分比时调整五线谱。

– Justify both staves of grand staff instruments：调整大谱表的两个谱表；

– Justify all staves of multi-staff instruments：调整所有谱表。

· System spacing may be contracted_n_%：五线谱组间距压缩到指定百分比；

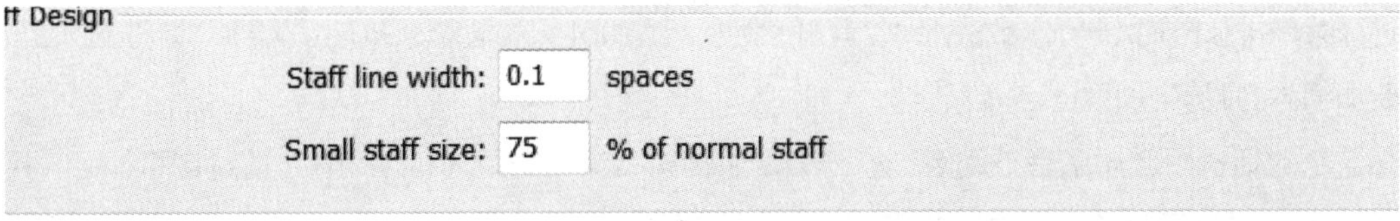

图 5.4.3

第一章 认识sibelius

第二章 新建与保存乐谱

第三章 音符输入与编辑

第四章 文本、符号

第五章 五线谱与排版

第六章 播放

第七章 乐理试卷制作

第八章 常用插件介绍

第九章 常用操作问答

· Staff line width＿**n**＿spaces：谱线宽度；

· Small staff size＿**n**＿% of normal staff：设定小五线谱占标准五线谱的百分比，如图 5.4.4；

图 5.4.4

图 5.4.4 中，上行谱表为小谱表，下行为标准谱表，小谱表的大小在图 5.4.3 中设定。

当五线谱过于拥挤时，执行菜单布局（Layout）| 优化五线谱间距（Optimize Staff Spacing）可以使五线谱按照指定的间距进行调整，指定的默认间距在如图 5.4.5 中设置。

Optimize Staff Spacing Settings
When optimizing staff spacing, minimum distance between items above or below the

Horizontally: [1] spaces

Vertically: [1] spaces

图 5.4.5

二、手动调整五线谱间距

在版式规则（Engraving Rules）中设定的五线谱间距对整个乐谱都有影响，如果需要单独调整五线谱间距，可以手动调整。

在多谱表的乐谱中：

· 单击选中某个谱行的一个小节，或双击选中当前谱行可以手动拖拉与其他谱行的间距，或可以使用快捷键调整谱表间距 Alt + ↑ 或 ↓，这里调整仅影响当前谱表组的间距，不会影响到其他页面或谱表组间距；

· 三击某谱行小节，可以将所有页面中当前谱行选中，手动拖拉移动谱表间距后将影响所有页面的当前谱行的间距；

· 按住 Shift 后可以选择多个谱行进行移动；

· 选择谱表时，按住 Shift 的同时拖拉谱表可以仅移动当前选中谱表，不影响其他任何谱表的间距。

选择菜单布局（Layout）| 重置五线谱上方间距（Reset Space Above Staff）或重置五线谱下方间距（Reset Space Below Staff）可以将五线谱间距恢复到初始状态。

三、音符间距

选择菜单排版样式（House Style）| 音符间距标尺（Note Spacing Rule）可以对音符的间距进行更加细微的调节，如图 5.4.6 所示。

在这个对话框中应用了音符间距，点击确定后再执行菜单布局（Layout）| 重置音符间距（Reset Note Spacing）后设定才会生效，快捷键为 Ctrl+Shift+N。

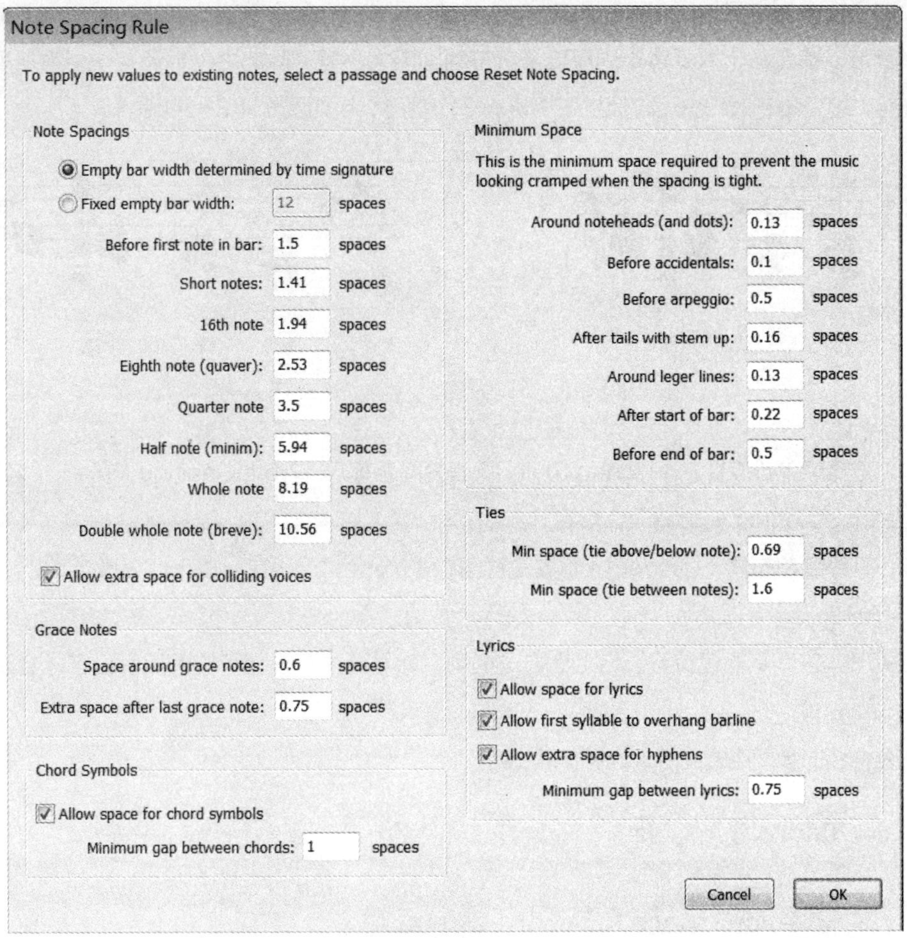

Note Spacing Rule

To apply new values to existing notes, select a passage and choose Reset Note Spacing.

Note Spacings

○ Empty bar width determined by time signature

○ Fixed empty bar width: 12 spaces

Before first note in bar: 1.5 spaces

Short notes: 1.41 spaces

16th note 1.94 spaces

Eighth note (quaver): 2.53 spaces

Quarter note 3.5 spaces

Half note (minim): 5.94 spaces

Whole note 8.19 spaces

Double whole note (breve): 10.56 spaces

☑ Allow extra space for colliding voices

Grace Notes

Space around grace notes: 0.6 spaces

Extra space after last grace note: 0.75 spaces

Chord Symbols

☑ Allow space for chord symbols

Minimum gap between chords: 1 spaces

Minimum Space

This is the minimum space required to prevent the music looking cramped when the spacing is tight.

Around noteheads (and dots): 0.13 spaces

Before accidentals: 0.1 spaces

Before arpeggio: 0.5 spaces

After tails with stem up: 0.16 spaces

Around leger lines: 0.13 spaces

After start of bar: 0.22 spaces

Before end of bar: 0.5 spaces

Ties

Min space (tie above/below note): 0.69 spaces

Min space (tie between notes): 1.6 spaces

Lyrics

☑ Allow space for lyrics

☑ Allow first syllable to overhang barline

☑ Allow extra space for hyphens

Minimum gap between lyrics: 0.75 spaces

Cancel   OK

图 5.4.6

下面我们对音符间距的使用做一个说明。

在这个对话框中把音符间距分为六部分进行设定，我们先来了解第一部分，音符间距如图 5.4.7。

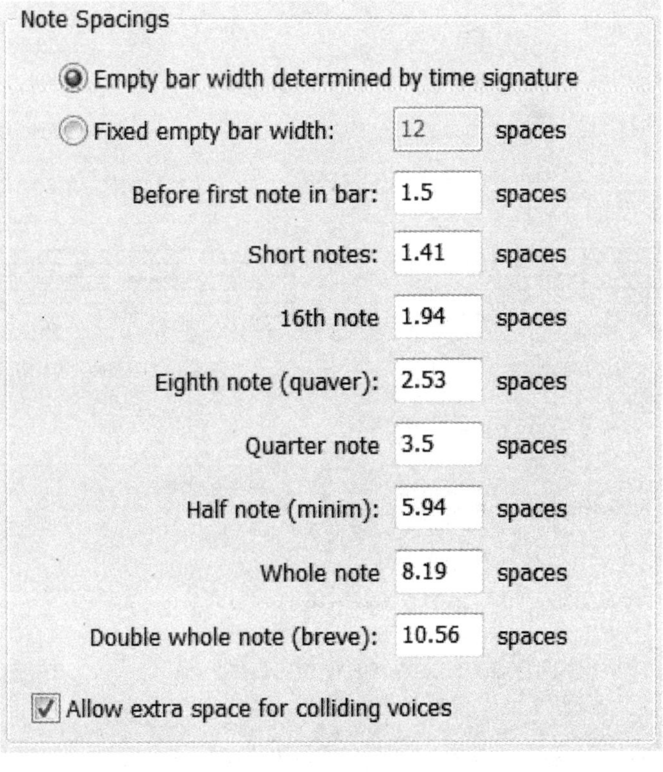

Note Spacings

◉ Empty bar width determined by time signature

○ Fixed empty bar width: 12 spaces

Before first note in bar: 1.5 spaces

Short notes: 1.41 spaces

16th note 1.94 spaces

Eighth note (quaver): 2.53 spaces

Quarter note 3.5 spaces

Half note (minim): 5.94 spaces

Whole note 8.19 spaces

Double whole note (breve): 10.56 spaces

☑ Allow extra space for colliding voices

图 5.4.7

第一章 认识sibelius

第二章 新建与保存乐谱

第三章 音符输入与编辑

第四章 文本、符号

第五章 五线谱与排版

第六章 播放

第七章 乐理试卷制作

第八章 常用插件介绍

第九章 常用操作问答

在这个对话框中提供了设定音符间距的方式，由拍号决定空白小节的宽度或者固定小节宽度，选择固定小节宽度可以指定从十六分音符到双倍全音符的间距大小等。除此之外，还有一个附加项，允许避让额外的间距，这个是针对和弦比较拥挤时提供的一个功能，比如图 5.4.8-5.4.9。

图 5.4.8 和弦过于拥挤

图 5.4.9 调整后的音符间距

操作方法：

第一步，选择菜单排版样式（House Style）|音符间距标尺（Note Spacing Rule），勾选"Allow extra space for colloding voices"，确定；

第二步，选择菜单布局（Layout）|重置音符间距（Reset Note Spacing）后设定才会生效，快捷键为 Ctrl+Shift+N。

其他的关于音符间距的设置方法与上面方法相同，都需要执行重置音符间距后设定才会正式生效，不再赘述。

第二部分，装饰音周围的间距，如图 5.4.10。

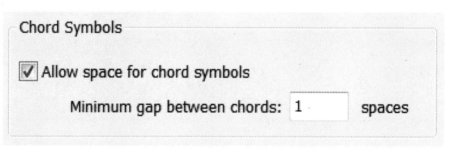

图 5.4.10

· Space around grace notes __n__ spaces：装饰音周围的间距，如图 5.4.11-5.4.12；

· Extra space after last grace note __n__ spaces：最后一个装饰音的拓展间距，如图 5.4.11-5.4.12。

图 5.4.11 默认装饰音间距

图 5.4.12 调整后装饰音间距

第三部分，和弦符号间距，如图 5.4.13。

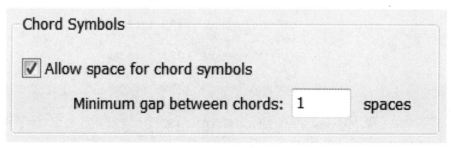

图 5.4.13

228

· Allow space for chord symbols：允许和弦符号间距，如图 5.4.14-5.4.15；

– Minimum gap between chords **_n_** spaces：和弦符号间最小的空隙如图 5.4.14-5.4.15。

图 5.4.14 默认和弦间距 　　　　　　　　　　图 5.4.15 取消"允许和弦符号间距"

图 5.4.15 中两个和弦间的空隙为默认设置的"Minimum gap between chords **_n_** spaces"值"1"，当取消了"Allow space for chord symbols"，执行菜单布局（Layout）| 重置音符间距（Reset Note Spacing）后，效果图变为了图 5.4.15，并且后面的 G 和弦以红色显示出来，表示这里出现了和弦对象位置冲突。

关于红色显示和弦这里做一个说明，这是因为 Sibelius 默认开启了磁性布局（Magnetic Layout），乐谱中的对象位置出现冲突时便用红色显示，详情阅读本章第五节磁性布局。

第四部分，符头、附点、临时记号、琶音记号等间距，如图 5.4.16。

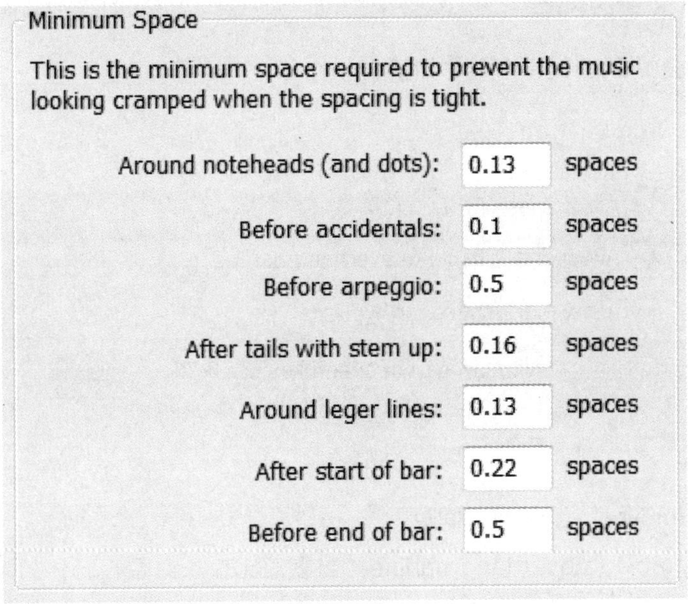

Minimum Space

This is the minimum space required to prevent the music looking cramped when the spacing is tight.

Around noteheads (and dots):	0.13	spaces
Before accidentals:	0.1	spaces
Before arpeggio:	0.5	spaces
After tails with stem up:	0.16	spaces
Around leger lines:	0.13	spaces
After start of bar:	0.22	spaces
Before end of bar:	0.5	spaces

图 5.4.16

· Around noteheads（and dots）：符头、附点的间距；

· Before accidentals：临时记号前的间距；

· Before arpeggio：琶音前的间距；

· After tails with stem up：带符尾的音符后的间距；

· Around leger lines：加线前后的间距；

· After start of bar：开始小节后的间距；

· Before end of bar：结束小节前的间距。

这里主要对以上对象周围的间距进行设置为例更加直观的了解本内容，举一个例子：

图 5.4.17 默认的临时记号、琶音间距　　　　　图 5.4.18 调整后的临时记号、琶音的间距

229

第一章 认识sibelius

第二章 新建与保存乐谱

第三章 音符输入与编辑

第四章 文本、符号

第五章 五线谱与排版

第六章 播放

第七章 乐理试卷制作

第八章 常用插件介绍

第九章 常用操作问答

第五部分，这部分内容主要针对延音线的间距设置，如图 5.4.19。

Ties

Min space (tie above/below note): 0.69 spaces

Min space (tie between notes): 1.6 spaces

图 5.4.19

· Min spaces（tie above/below note）：当延音线在音符上方或下方时的两端最小间距（针对单音）；

· Min space（tie between notes）：音符间延音线两端的最小间距（针对音程），如图 5.4.20-5.4.21。

图 5.4.20 默认延音线两端间距

图 5.4.21 修改后延音线两端间距

第六部分，这部分主要针对歌词间距，如图 5.4.22。

Lyrics

☑ Allow space for lyrics

☑ Allow first syllable to overhang barline

☑ Allow extra space for hyphens

Minimum gap between lyrics: 0.75 spaces

图 5.4.22

· Allow space for lyrics：允许歌词间距；

· Allow first syllable to overhang barline：当歌词比较长时是否允许超越前面小节线，如图 5.4.23、图 5.4.24；

· Allow extra space for hyphens：允许为字扩展保留间距；

– Minimum gap between lyrics n spaces：歌词间最小的间距值，如图 5.4.25、图 5.4.26。

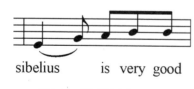

图 5.4.23 歌词超过小节线位置

图 5.4.24 歌词未超过小节线位置

图 5.4.25 最小歌词间距为 1

图 5.4.26 最小歌词间距为 3

当输入歌词后，乐谱显得比较拥挤时可以通过这里调节歌词的间距来调整音符的间距布局，使之合理美观。

关于这个音符间距标尺对话框的使用，有两点需要注意：

·在执行音符间距前首要选定一个五线谱行；

·执行音符间距后该行谱表都将会受到该设置的控制；

执行音符间距后要选择菜单布局（Layout）|重置音符间距（Reset Note Spacing）后设定才会生效，快捷键为 Ctrl+Shift+N。

在音符间距对话框中的设定，其影响对某行谱表来说是整体的，通过窗口菜单（Window）|属性（Properties）|常规（General）可以单独移动某音符的间距，如图 5.4.27。

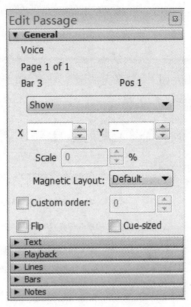

图 5.4.27

操作方法：

·鼠标单击选中需要移动的音符；

·在图 5.4.27 中调整 X 轴（鼠标处）的数值调整音符位置，效果图如图 5.4.28。

图 5.4.28

在制作乐理试卷时这种形式的乐谱是常见的，把音符移动到五线谱中间位置，这种乐谱不能通过鼠标拖拉音符来实现，当用鼠标拖拉时不仅调整了当前选中的音符，也会间接影响到其他音符在五线谱中的位置，不能达到我们预想的效果。

如果整行谱表的音符都如图 5.4.28 来制作比较耗时，这时可以使用音符间距来实现，我们以图 5.4.28 为例来介绍实现方法。

·选中当前谱行；

·执行菜单排版样式（House Style）|音符间距标尺（Note Spacing Rule）；

·在"Around noteheads（and dots）"中输入合适的数值，比如 10，确定，如图 5.4.29；

·选择菜单布局（Layout）|重置音符间距（Reset Note Spacing），快捷键为 Ctrl+Shift+N。

这时我们看到整行谱表中所有全音符都按照输入的数值对音符间距进行了调整，如果数值 10 不合适，可以重新输入，再次执行上述操作，直到调整到合适为止。

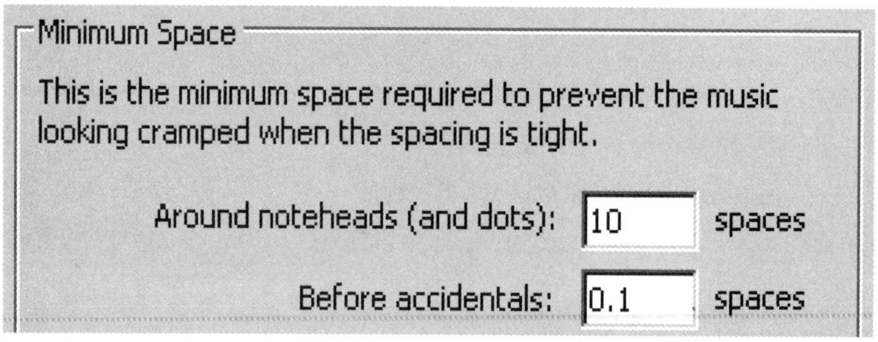

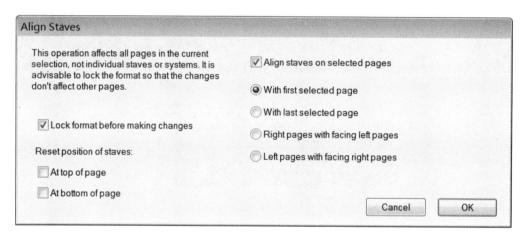

图 5.4.29

四、对齐五线谱

选择任意谱行，执行布局（Layout）| 对齐五线谱（Align Staves），在弹出的对齐五线谱对话框中设定对齐方式，如图 5.4.30。

图 5.4.30

我们先来认识下这个对话框中的相关参数：

这里对该对话框有一个简单的使用说明："这个操作将影响当前选区中的所有页面，不是单个五线谱或单个五线谱组。您可以锁定页面格式，这样不会影响到其他页面"。

· Lock format before making changes：标记更改前锁定格式。

· Reset position of staves：重置五线谱位置，有下面两个选项。

– At top of page：在页面顶部；

– At bottom of page：在页面底部。

· Align staves on selected pages：在选择的页面上对齐五线谱，有以下四个选项。

– With first selected page：对齐到第一页；

– With last selected page：对齐到最后一页；

– Right pages with facing left pages：用右页对齐到左页，如图 5.4.31、图 5.4.32；

– Left pages with facing right pages：用左页对齐到右页。

用右页对齐到左页和用左页对齐到右页的功能比较实用，这在保持乐谱位置一致性方面起着重要作用。如图 5.4.31，右页的第三行谱表与第二行的间距比左页的要大出很多，这时就可以使用"Right pages with facing left pages"功能，使其与第二页的间距保持一致，执行操作后效果图如图 5.4.32。

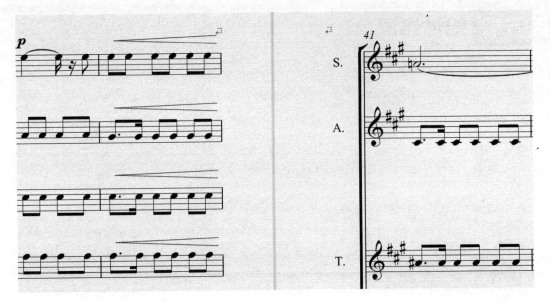

图 5.4.31

图 5.4.32

其他的对齐方式不再赘述。

关于这里的对齐操作有几点需要注意的事项：

· 在执行对齐五线谱操作时首先要选择一个五线谱表；

· 如果要使用"Align staves on selected pages"对齐页面，请通过三击谱行，选中所有页面中的当前谱表；

· 只有在乐谱有多页时才能使用"Right pages with facing left pages"和"Left pages with facing right pages"。

第一章 认识sibelius

第二章 新建与保存乐谱

第三章 音符输入与编辑

第四章 文本、符号

第五章 五线谱与排版

第六章 播放

第七章 乐理试卷制作

第八章 常用插件介绍

第九章 常用操作问答

第五节 磁性布局

磁性布局是 Sibelius 非常智能的一个功能，在默认状态下该功能是开启的，开启磁性布局后，当力度记号、排练标记、歌词、和弦等对象与音符之间以及这些对象相互之间的位置出现冲突时，软件会进行自动避让，从而节约了使用者手动调整所需要的大量时间，并且对相似对象进行群组，当我们用鼠标单击其中一个对象时，可以看到该对象与其相似的其他对象用虚线连接起来，如图 5.5.1。

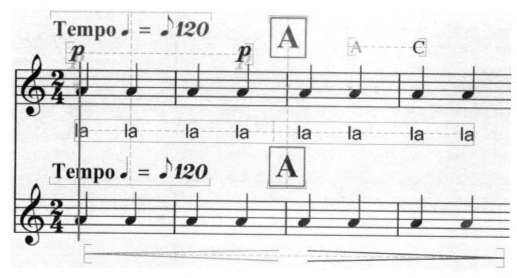

图 5.5.1

在菜单查看（View）| 磁性布局（Magnetic Layout）下有三个选项：

· 冲突（Collisions），开启此项后当对象位置出现冲突时该对象用红色显示；

· 群组（Groups），开启此项后当点击对象时，相似对象会用虚线和括弧连接起来，如图 5.5.2；

· 原始位置（Original Positions），当移动对象后，该对象原始用灰色显示出来。

通过菜单布局（Layout）| 磁性布局（Magnetic Layout）可以开启或关闭磁性布局功能，建议在非必要的情况下保持磁性布局开启状态，一旦关闭磁性布局，当对象出现位置冲突时将不会进行自动避让。

以下对象在默认情况下会进行自动避让：

· 小节序号

· 歌词

· 力度记号，包括表情文本和渐强渐弱线

· 和弦符号

· 跳房子线

· 排练标记

· 速度标记，包括速度文本、节拍器标记、渐慢、渐快等标记

· 数字低音（Figured bass）

· 罗马数字（Roman numerals）

· 函数符号（Function symbols）

· 踏板线（Pedal lines）

当以上对象与音符之间位置发生冲突，以及这些对象相互之间位置发生冲突时软件会进行自动避让，并且相似的对象会被群组到一起，如图 5.5.2-5.5.4。

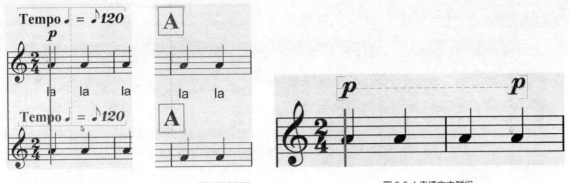

图 5.5.2 速度文本群组　　　图 5.5.3 排练标记群组　　　　　图 5.5.4 表情文本群组

有些对象默认在水平位置对齐，即在同一个谱表上显示群组对象，比如歌词；有些对象则是在水平位置和垂直位置都显示群组对象，比如排练标记。默认可以在垂直位置，即多谱表显示群组的对象主要有以下几种：

· 相邻谱表的力度记号

· 排练标记

· 速度标记

在乐谱制作过程中，个别符号也许并不需要磁性布局功能，可以单独关闭某个符号的磁性布局功能。

第一步，单击该符号，将其选中；

第二步，选择菜单布局（Layout）| 冻结磁性布局位置（Freeze Magnetic Layout Positions），或者可以通过窗口菜单（Window）| 属性（Properties）| 常规（General），如图 5.5.5。

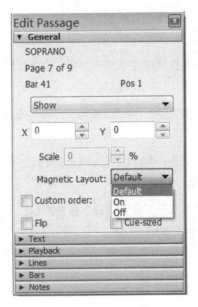

图 5.5.5

Magnetic Layout 下拉菜单中有三项。

Default：默认，默认状态磁性布局是开启的，通过菜单布局（Layout）| 磁性布局（Magnetic Layout）修改默认状态。

On：开启磁性布局；

Off：关闭磁性布局。

在这里关闭单个符号的磁性布局后，该符号不受磁性布局的限制，可以随意移动。

第一章 认识sibelius

第二章 新建与保存乐谱

第三章 音符输入与编辑

第四章 文本、符号

第五章 五线谱与排版

第六章 播放

第七章 乐理试卷制作

第八章 常用插件介绍

第九章 常用操作问答

Sibelius 为高级用户提供修改默认各个符号的磁性布局功能，选择菜单布局（Layout）|磁性布局选项（Magnetic Layout Options），如图 5.5.6。

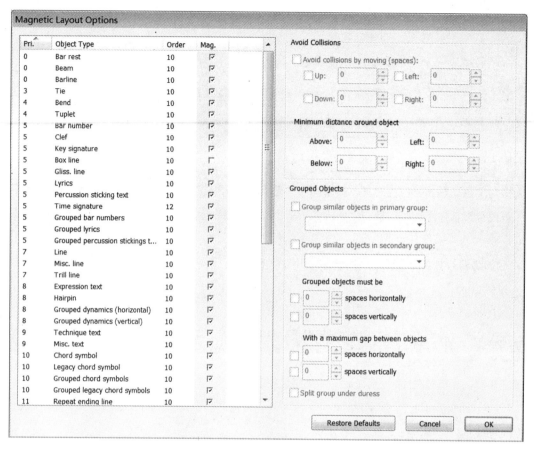

图 5.5.6

在这个对话框中左侧列出了所有支持磁性布局的符号、文本类型，右侧可以对选中的符号进行设置相关参数。

在左侧栏中"Mag."中打勾的项目表示当前该符号支持磁性布局，取消选择后，乐谱中出现的该符号将不再支持磁性布局。

在左侧栏中选定某符号后，右侧栏中可以对该符号的自动避让（Avoid collisions）、群组对象（Grouped Objects）等相关内容进行设置。

这里的相关参数建议在非必要情况下不要做修改，保持默认即可，如果不慎将某参数调乱后，可以按"Restore Defaults"使所有参数恢复默认状态。

第六节 调整页面小节数与谱行数

一、自动分割

自动分割功能可以对乐谱整体页面小节数、谱表组数目等做出合理设置，使乐谱版面布局更加合理、美观，从而节约使用者调整乐谱布局所需的大量时间。

选择菜单布局（Layout）| 自动分割（Auto Breaks），弹出如图 5.6.1 对话框。

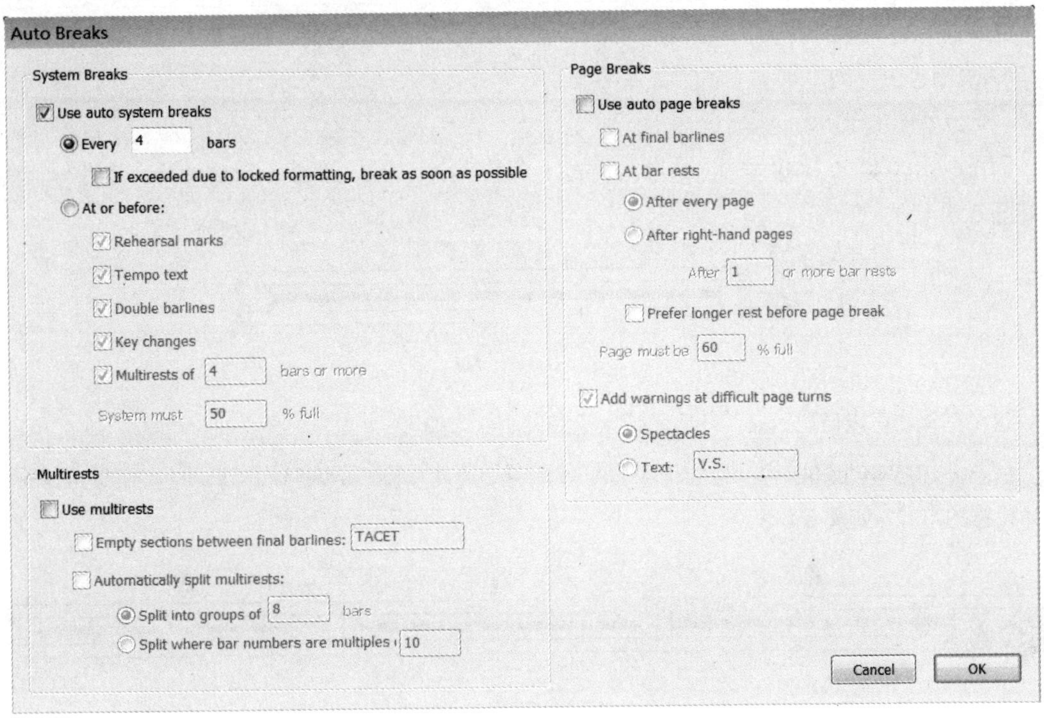

图 5.6.1

在这个对话框中主要分为三部分，系统分割、多休止符设置、页面分割，下面我们了解下自动分割的相关功能。

1. 系统分割

系统分割主要针对每行页面小节数进行的设置，需要勾选“Use auto system breaks”使用自动系统分割按钮后下面的项目才可选。

· Every_n_bars：设定每行谱表多少个小节；

· At or before：乐谱在遇到下面对象时进行自动换行；

– Rehearsal marks：排练标记，如图 5.6.2、图 5.6.3；

– Tempo text：速度文本；

– Double barlines：双小节线；

– Key changes：更改调号的，当在小节结尾更改调号或更改乐器时有效；

– Multirests of_n_bars of more：指定的多小节休止符；

– System must be_n_% full：为避免乐谱间距太宽，在这里输入相应数值可根据乐谱实际情况调整每行小节数。

图 5.6.2 默认每行小节数

图 5.6.3 在排练记号处分割小节

2. 多小节休止符

·Empty sections between final barlines：在终止小节线之间的多小节休止符上使用一个单词表示，如图 5.6.4。

图 5.6.4 长休止符

这个单词也可以自己定义，在后面输入相应说明文字即可。

·Automatically split multirests：自动分割多小节休止符，下面有两个选项，通过这里来分割多小节休止符的方式，如图 5.6.5。

图 5.6.5

如图 5.6.5，共有 12 个小节，分为了三组长休止符的形式，其他形式不再赘述。

多小节休止符的外观有几种样式，可以通过菜单排版样式（House Style）|版式规则（Engraving Rules）|小节休止符（Bar Rests）来进行设定，快捷键为 Ctrl+Shift+E，如图 5.6.6。

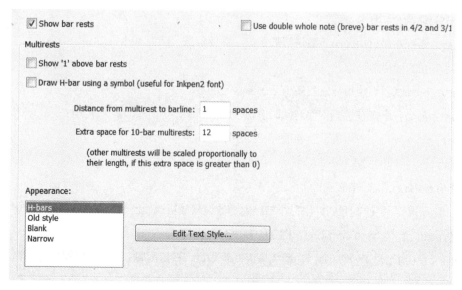

图 5.6.6 小节休止符

认识sibelius 第一章

新建与保存乐谱 第二章

音符输入与编辑 第三章

文本·符号 第四章

五线谱与排版 第五章

播放 第六章

乐理试卷制作 第七章

常用插件介绍 第八章

常用操作问答 第九章

· Show bar resrs：显示小节休止符，取消该项后，乐谱中将不再显示小节休止符，如图 5.6.7。

图 5.6.7 不显示小节休止符

· Use double whole note(breve) bar rests in 4/2 and 3/1：在 4/2、3/1 拍中显示双倍全休止符，取消该项后在这类拍号中将默认显示全休止符，如图 5.6.8、图 5.6.9。

图 5.6.8 显示全休止符 　　　　　　　　　　　　图 5.6.9 显示双倍全休止符

· Show "1" above bar rests：在小节休止符上方显示数字"1"，如图 5.6.10。

图 5.6.10

· Draw H-bar using a symbol：使用符号显示多小节休止符，该符号属于 Inkpen2 字体中的符号，如图 5.6.11、图 5.6.12，这个差别比较细微。

如图 5.6.11 默认长休止符样式 　　　　　　　　图 5.6.12 使用 Inkpen2 字体中长休止符样式

· Distance from multirest to barline n spaces：多小节休止符到小节线的距离。

· Extra space for 10-bar multirests n spaces：10 小节休止符的间距大小，当调整了 10 小节休止符的长度后，其他小节的长度也会随之发生改变。

· Appearance：长休止符的外观，主要有以下四种，如图 5.6.13-5.6.16。

- H-bar：这是默认的长休止符样式；

- Old style：旧样式；

- Blank：空白；

- Narrow：箭头。

图 5.6.13 H-bar 样式 　　图 5.6.14 Old style 样式 　　图 5.6.15 Blank 样式 　　图 5.6.16 Narrow 样式

一旦在这里修改了长休止符的样式，整个乐谱中的所有长休止符都将应用该样式，包括当前乐谱的总谱和分谱。

选择某个外观样式后，点击旁边的编辑文本样式按钮（Edit Text Style）可以对该样式进行编辑，这个对话框的使用在第四章第六节有详细介绍，不再赘述。

在乐谱中一旦使用多休止符后，所有出现的连续多小节全休止都将以长休止符形式显示，如果需要个别不显示多休止符，可以使用分割多休止符来实现，下面我们以图 5.6.17 为例来介绍其操作方法。

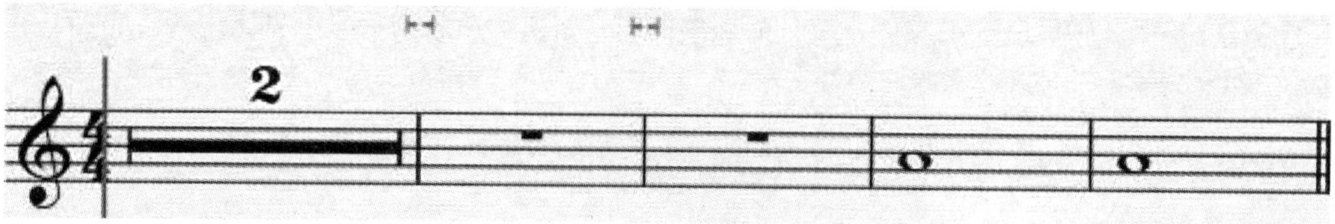

图 5.6.17

第一步，确定菜单布局（Layout）|自动分割（Auto Breaks）|多休止符（Use multirests）处于未启用状态；

第二步，点击第二个小节线，将其选中，选中后该小节线变为紫色；

第三步，选择菜单布局（Layout）|分割（Break）|分割多休止符（Split Multirest），这时在第二个小节线上方出现这个图标 ⊢⊣，表示这里添加了分割多休止符命令；

第四步，使用相同方法给第三个小节线添加分割多休止符；

第五步，选择菜单布局（Layout）|自动分割（Auto Breaks）|多休止符（Use multirests），使其处于启用状态，确定后完成如图 5.6.17，添加了分割多休止符处的小节未以长休止符形式显示。

使用自动分割后在行尾会出现 这个符号，表示使用了自动分割功能，但是该符号不会被打印出来，取消查看（View）|布局标记（Layout Marks）后该符号将不再显示。

3. 页面分割

页面分割功能是指在指定处自动进行分页功能，比如在终止小节处进行分页等，如图 5.6.18。

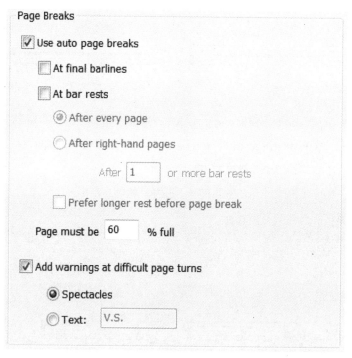

图 5.6.18

首先勾选使用自动页面分割（Use auto page breaks）才能使用页面自动分割功能。

· At final barlines：在终止小节处分页。

· At bar rests：在小节休止符处分割，分以下两种情况。

– After every page：在每个页面的小节休止符处都分割页面，在下面指定全休止的小节数数目；

– After right-hand pages：在右页的小节休止符处分割页面，在下面指定全休止的小节数数目；

* After n or more bar rests：指定全小节休止的小节数，例如，在这里输入 3，当乐谱中出现连续 3 小节是全休止时，在第一个全休止小节处自动进行分页。

· Prefer longer rests before page break：优先长休止符前分割页面，当出现长休止符与个别小节全休止时优先在长休止符处进行页面分割。

· Page must be _n_ % full：如果在乐谱中多次出现小节休止符时，为了避免过早进行分页，导致某页面上小节数较少，页面空白地方较多的状况，在这里设定一个比例，乐谱的比例必须占到整个页面的指定比例才能进行分页。

· Add warnings at difficult page turns：当指定的分割命令不明确，或者乐谱中不存在指定的分页命令时，在难以自动分页处添加警告提示，有以下两种方式：

– Spectacles：眼镜图标 𝄞；

– Text：自定义文本。

当对页面进行自动分页后，在每页的上方或下方会出现这个图标 ⬚，当没有适当的页面分割位置时出现这个图标 ⊠，同时出现眼镜图标，这些图标同样不会被打印出来，如果不需要显示该图标，

取消查看（View）| 布局标记（Layout Marks）后该符号将不再显示。

二、手动分割

1. 增加与减少每行谱表小节数

摇篮曲

[德]勃拉姆斯

如图 5.6.19《摇篮曲》

在这首《摇篮曲》中，我们可以看出第一行的小节数过多，略显拥挤，下面我们以这首歌曲为例来介绍如何手动设置每行小节数。

第一步，设置第一行为 3 小节（注，本曲为弱起，第一小节不计算小节数）。

第一章 认识sibelius

第二章 新建与保存乐谱

第三章 音符输入与编辑

第四章 文本、符号

第五章 五线谱与排版

第六章 播放

第七章 乐理试卷制作

第八章 常用插件介绍

第九章 常用操作问答

操作方法为：

·用鼠标单击"轻轻爬上"小节处前的小节线，将其选中，选中后该小节线颜色为紫色；

·选择菜单布局（Layout）|分割（Break）|小节换行（System Breaks），快捷键为 Enter。这时第一行乐谱效果如图 5.6.20，歌词和音符都显得比较大方、美观。

图 5.6.20

第二步，使用相同方法，依次设置其他谱行的小节数，最终效果图如图 5.6.21 所示。

摇篮曲

[德]勃拉姆斯

图 5.6.21

当手动分割小节后，在当前谱行两端会出现这个图标↵，表示这里进行过手动分割小节操作。

以上主要介绍的是当每行谱表小节数较多，导致谱面比较拥挤时的减少小节操作，下面介绍当小节数较少，导致谱表显得太松散时增加每行小节数的操作，如图 5.6.23，通过这个乐谱我们可以看出，在这个乐谱中每行小节数偏少，下面我们以该图为例来介绍如何增加每行谱表的小节数。

第一步，单击需要合并到同一个谱行的第一小节，然后按住 Shift 键不松，再次点击需要合并到同一个谱行的最后一个小节，如图 5.6.22。

图 5.6.22

樱花

日本民歌

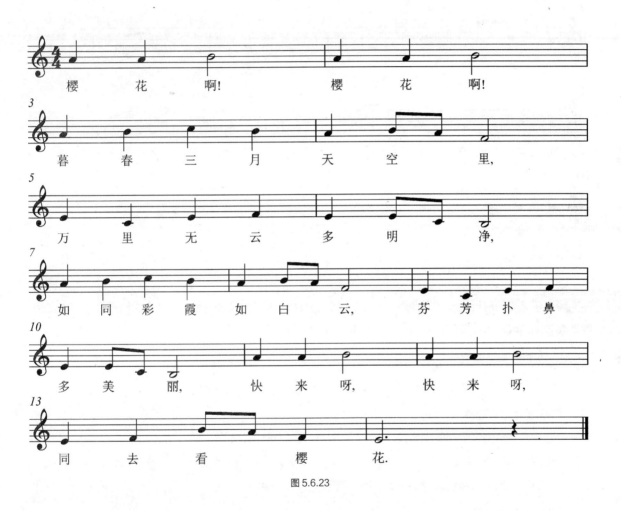

樱 花 啊！ 樱 花 啊！

暮 春 三 月 天 空 里，

万 里 无 云 多 明 净，

如 同 彩 霞 如 白 云， 芬 芳 扑 鼻

多 美 丽， 快 来 呀， 快 来 呀，

同 去 看 樱 花.

图 5.6.23

第二步，选择菜单布局（Layout）| 格式化（Format）| 确定进入新五线谱组（Make Into System），快捷键为 Shift+Alt+M，这时第一行被设置为 3 个小节，如图 5.6.24。

樱 花 啊！ 樱 花 啊！ 暮 春 三 月

天 空 里，

图 5.6.24

认识sibelius 第一章

新建与保存乐谱 第二章

音符输入与编辑 第三章

文本、符号 第四章

五线谱与排版 第五章

播放 第六章

乐理试卷制作 第七章

常用插件介绍 第八章

常用操作问答 第九章

经过以上设置，我们看到第二行只有一个小节，乐谱显得十分松散，再次使用相同方法，依次设置其他谱行的小节数，最终完成小节数设置，如图 5.6.25。

图 5.6.25

经过手动增加每行小节数操作后，在每个小节上方会出现这个图标 ➔←，这个图标不会被打印出来，取消查看（View）| 布局标记（Layout Marks）后该符号将不再显示。

2. 页面分割与整合

这个功能主要是对乐谱进行分页或将相邻页面的小节整合到同一页面中。

（1）乐谱分页功能

·选中需要分割页面处的小节线，选中后该小节线变为紫色；

·选择菜单布局（Layout）| 分割（Break）| 页面分割（Page Break），快捷键为 Ctrl+Enter。

·这时选中的小节线后面的所有小节被分离到新的一页中。

（2）乐谱整合功能

·单击需要整合到同一页中的第一小节，然后按住 Shift 键不松，单击需要整合到同一页中的最后一个小节；

·选择菜单布局（Layout）| 格式化（Format）| 确定进入新页面（Make Into Page），快捷键为 Ctrl+Shift+Alt+M；

·这时选中的所有小节被整合到新的页面中。

经过手动分割页面后，在乐谱中相应位置会出现这个图标 ⬜，整合乐谱后，在新页面中小节上方会出现这个图标 ▤， 这些图标不会被打印出来，取消查看（View）| 布局标记（Layout Marks）后，这些符号将不再显示。

3. 分割系统

这个功能主要是当在同一页面中出现竖排并列两行乐谱时的制作功能，如图 5.6.26。

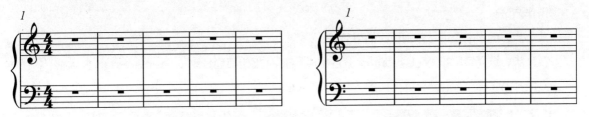

图 5.6.26

在这个乐谱中不但可以实现两排乐谱在同一页面中并列，而且还可以让两组乐谱分别显示各自的小节序号。

我们以图 5.6.26 为例来介绍操作方法，图 5.6.27 为原始图。

图 5.6.27

第一步，点击第五小节后面的小节线，将其选中，选中后该小节线变为紫色；

第二步，选择菜单布局（Layout）| 分割（Break）| 分割系统（Split System），操作完成。

或者：

第一步，点击第六小节后面的小节线，将其选中；选中后该小节线变为紫色；

第二步，选择窗口菜单（Window）| 属性（Properties）| 小节（Bars），在"Gap before bar n"处输入相应输入，比如 8 或 10 等，如图 5.6.28，操作完成。

第三步，创建小节序号，关于自定义小节序号的详细内容详见第四章第十节《小节序号与五线谱名称》第 178 页，不再赘述。

图 5.6.28

第一章 认识sibelius

第二章 新建与保存乐谱

第三章 音符输入与编辑

第四章 文本、符号

第五章 五线谱与排版

第六章 播放

第七章 乐理试卷制作

第八章 常用插件介绍

第九章 常用操作问答

4. 指定页面分割

该功能主要是在指定小节线处创建空白页、新建页边距的操作。

操作方法：

第一步，选中需要进行分割页面的小节线；

第二步，选择菜单布局（Layout）|分割（Break）|指定页面分割（Special Page Break），快捷键为 Ctrl+Shift+Enter，这时弹出如图 5.6.29 对话框。

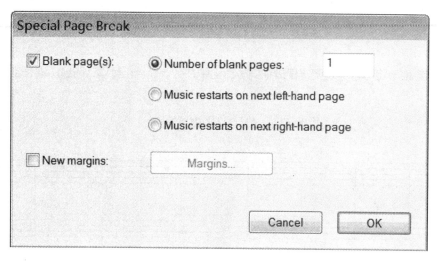

图 5.6.29 指定页面分割

· Blank page(s)：空白页，有以下三个选项：

– Number of blank pages：在指定小节线处分割页面后新建空白页页数；

– Music restarts on next left-hand page：在下一页左页重新开始乐曲；

– Music restarts on next right-hand page：在下一页右页重新开始乐曲。

· New margins：新建页边距，为新建的页面指定新的页边距，详细操作请阅读本章第八节。

当执行了指定页面分割操作后，在页面的相应位置会出现这个图标，该图标不会被打印出来，取消查看（View）|布局标记（Layout Marks）后，该符号将不再显示。

5. 锁定格式化与解除锁定格式化

当指定了相关的分割与整合页面操作后，比如 Make Into Page、Special Page Break 等操作，在页面上都会显示相应的图标，如▤、▯、▯等，删除这些图标，其相应的功能也会被撤消。

删除单个图标时，用鼠标单击将其选中，按电脑键盘的 Delete 键即可将其删除；如果是批量删除这些图标，请双击图标所在的谱行，将该谱行选中，选择菜单布局（Layout）|格式化（Format）|解除锁定格式化（Unlock Format）。

页面分割和整合小节数除了通过菜单和快捷键可以实现外，在窗口菜单（Window）|属性（Properties）|小节（Bars）面板的下拉菜单中也可以进行相应操作，如图 5.6.30，其操作方法与使用菜单和快捷键的方法相似，首先要选定相应的小节线后，在面板的下拉菜单中选择相应的分割方式即可。

图 5.6.30 分割操作

246

6. 系统分隔符

图 5.6.31 设置系统分隔符

系统分隔符显示在两个谱表组的中间，或左侧、或右侧、或左右侧都显示，如图 5.6.32 显示在左侧。

图 5.6.32 系统分隔符

下面我们以图 5.6.32 为例来介绍系统分隔符的添加方法。

选择菜单排版样式（House Style）| 版式规则（Engraving Rules）| 乐器（Instruments），如图 5.6.31。

- · Appear when_n_staves or more：设定当一个页面中出现几个五线谱组时显示页面分隔符；
- · Draw left separator：勾选该项后页面分隔符显示在页面左侧；
- – _n_spaces from left margin：设定页面分隔符到左侧页边距的距离；
- · Draw right separator：勾选该项后页面分隔符显示在页面右侧；
- – _n_spaces from right margin：设定页面分隔符到右侧页边距的距离；

这里选择页面分隔符显示在左侧，并设定相应的到左侧页边距的数值即可完成。

认识sibelius 第一章

新建与保存乐谱 第二章

音符输入与编辑 第三章

文本、符号 第四章

五线谱与排版 第五章

播放 第六章

乐理试卷制作 第七章

常用插件介绍 第八章

常用操作问答 第九章

第七节 对齐谱面元素

当在乐谱中输入了歌词、力度记号、表情记号等这些内容时，Sibelius 会自动把这些内容进行对齐操作，不管是横向对齐还是纵向对齐，如图 5.7.1。

图 5.7.1

在图 5.7.1 中，歌词、力度记号、表情记号无论是横向还是纵向都自动进行了对齐。

本节我们一起来了解，如何手动快速的将各种谱面元素进行对齐。

一、横向对齐谱面元素

以在图 5.7.2 为例，我们来介绍如何将表情记号、歌词在水平方向上进行对齐。

图 5.7.2

单击第一小节的表情记号"**p**"或歌词"Beau"，将其选中，然后按快捷键 Ctrl+Shift+A，将该行所有表情记号或歌词选中，执行菜单布局（Layout）|行对齐（Align in a Row)，这时所有的表情记号或歌词自动保持在水平方向上对齐。

二、纵向对齐谱面元素

在图 5.7.3 中第三行的表情记号"**p**"在垂直方向上没有能够其他几个在一条直线上，按住 Ctrl 键后，依次用鼠标单击这几个表情记号，将其选中，执行菜单布局（Layout）| 列对齐（Align in a Column），这时所有的表情记号自动保持在垂直方向上对齐。

图 5.7.2

住 Ctrl 键后，依次用鼠标单击这几个表情记号，将其选中，执行菜单布局（Layout）| 列对齐（Align in a Column），这时所有的表情记号自动保持在垂直方向上对齐。

三、恢复谱面元素初始状态

1. 恢复连线的初始状态

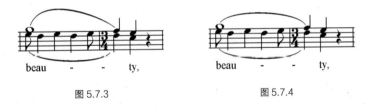

图 5.7.3   图 5.7.4

如图 5.7.3，上方的连线经过了手动调整形状，当需要将其恢复到初始状态时，在这个连线上单击鼠标，将其选中，执行菜单菜单布局（Layout）| 重置设计（Reset Design），这时该连线的形状自动恢复到默认的状态，如图 5.7.4。

2. 恢复乐器名称原始位置

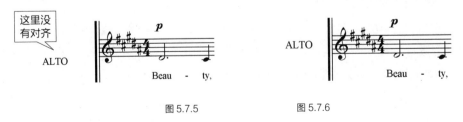

图 5.7.5   图 5.7.6

在图 5.7.5 中，乐器名称没有与五线谱表对齐，用鼠标点击乐器名称"ALTO"，将其选中，执行菜单菜单布局（Layout）| 重置位置（Reset Position），这时该乐器名称的位置自动恢复到默认的状态，如图 5.7.6。

认识sibelius 第一章

新建与保存乐谱 第二章

音符输入与编辑 第三章

文本、符号 第四章

五线谱与排版 第五章

播放 第六章

乐理试卷制作 第七章

常用插件介绍 第八章

常用操作问答 第九章

⌂ 第八节 文档设置

这里的设置将直接影响到打印，选择菜单布局（Layout）|文档设置（Document Setup），快捷键为 Ctrl+D，弹出文档设置对话框，如图 5.8.1。

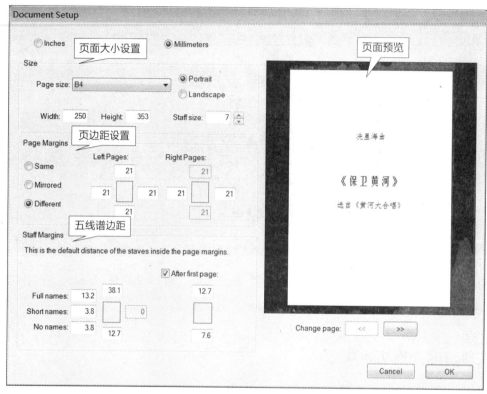

图 5.8.1

在打印乐谱前必须要在这里确定页面的大小、页边距等信息，在进行排版布局时通过这里可以对相关参数进行设置，以达到谱面最佳效果。

这个对话框分四个区域。

1. 页面大小区域

· Page Size：页面大小，在下拉菜单中选择页面尺寸；

· Portrait：纸张方向为纵向；

· Landscape：纸张方向为横向；

· Width：自定义纸张宽度；

· Height：自定义纸张高度

· Staff size：自定义五线谱大小，当谱面整体比较拥挤或松散时，可以调节这里。

2. 页边距区域

Sibelius 制作的乐谱按照装订成册的规格分为左右页，即 Left Pages、Right Pages，在这里填入数值，确定左右页的边距，上下左右的数字分别控制页面上下左右的边距，如图 5.8.2。

· Same：选择该项为左右页的页边距保持一致，只需要设置左侧页边距即可；

· Mirrored：镜像，选择该项即左右页的左右边距翻转，比如，当左侧页左边距为 22 时，右侧页右边距自动变为 22，上下边距相同；

图 5.8.2

· Different：选择该项，左右页的页边距分别独立设置。

3. 五线谱边距

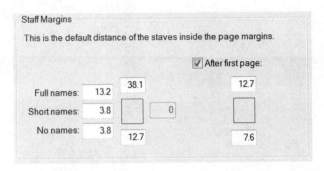

图 5.8.3

如图 5.8.3，五线谱边距设置参数主要有以下几个：

· Full names：显示五线谱名称全称时，五线谱距离页边的距离；

· Short names：显示五线谱名称简称时，五线谱距离页边的距离；

· No names：不显示五线谱名称时，五线谱距离页边的距离；

· After first page：第一页后面，其他页上下距离页边的距离。

4. 页面预览区

如图 5.8.1，显示的是当前页面的预览效果，通过点击下面的更改页面按钮（Change page）可以查阅其他页面的效果预览图，以更好的方便排版布局。

对谱面进行排版布局时，可以结合本章的第五节和第七节以及本节的内容，对谱面进行整体规划，以实现谱面的最佳视觉效果，既美观大方又科学合理。

第一章 认识sibelius

第二章 新建与保存乐谱

第三章 音符输入与编辑

第四章 文本、符号

第五章 五线谱与排版

第六章 播放

第七章 乐理试卷制作

第八章 常用插件介绍

第九章 常用操作问答

第九节 动态分谱

所谓动态分谱是指，在修改了总谱中的乐谱信息后，分谱中的相关乐器声部乐谱信息自动发生调整的功能，这个功能可以节约修改分谱的时间，提高工作的效率。

一、生成分谱

图 5.9.1

图 5.9.2

在工具栏中启用分谱定义对话框，弹出如图 5.9.2 分谱定义对话框，点击新建分谱按钮（New Parts），图标为🗋，弹出如图 5.9.3 提示对话框。

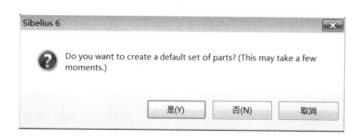

图 5.9.3

对话框的提示大意为："您想根据默认设置创建分谱吗？（该操作可能需要几分钟时间）"，单击"是"，分谱自动创建，单击"否"则退出。这里我们单击"是"，分谱即可生成，如图 5.9.4，这是根据默认设

二、自定义分谱分组

在现实使用过程中，分谱并非全部都是独立的声部，有时是几个乐器声部合为一个分谱，比如在大型交响乐队中，几把不同声部的小提琴有时会合用一份分谱，以方便演奏过程中阅读分谱，Sibelius 可以实现这样的自定义分谱。

在图 5.9.4 对话框中，继续点击新建分谱按钮🗋，这时弹出如图 5.9.5 新建分谱对话框。

图 5.9.5

现有分谱是通过默认设置新建的分谱，新定义的分谱则是在现有分谱的基础上重新群组定义的分谱，通过中间两个按钮添加或删除定义的分谱，不再赘述。添加完毕后点击 OK，确定后分谱对话中自动生成新建的分谱，如图 5.9.6。

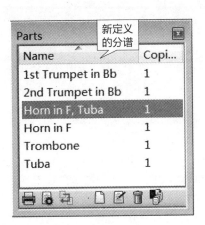

图 5.9.6

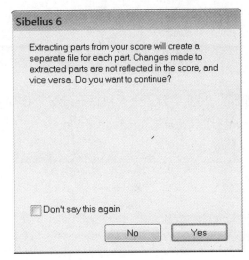

图 5.9.7

关于图 5.9.6 对话框中几个操作做简要说明：

1. 在分谱名称上快速双击，可以查阅当前定义的分谱；

2. 在分谱名称上慢击两下，可以更改当前定义的分谱的名称；

3. 在 Copies 份数这里慢击两下，可以更改当前分谱的打印份数；

4. 单击选中某分谱，通过删除 🗑 按钮 可将该分谱删除；

5. 通过单击提取分谱按钮 📄，可将定义的分谱单独生成一个乐谱文件，这时会弹出如图 5.9.7 的提示。

图 5.9.7 提示大意为："提取的分谱将生成独立的乐谱文件，再次更改总谱时对这些分谱将不会有任何影响，您要继续吗？"单击"是"，这些分谱将自动生成新的乐谱文件，并且与先前的总谱之间不会再有动态的关系，因此在执行该操作前，请确认总谱的各个环节已经全部制作完毕，动态分谱仅对总谱中各个分谱产生动态关系，一旦生成了独立文件，对于总谱的任何修改都将与该分谱无关。

三、自定义分谱样式

单击某个分谱，将其选中，单击定义分谱页面设置按钮 ⚙，可以单独定义该分谱的页面设置的各项参数，这时弹出如图 5.9.9 提示对话框。

该对话框提示大意为："您想更改当前选中的分谱的外观吗？"点击"是"则更改当前分谱的外观，点击"否"则更改所有分谱的外观，根据实际需要进行选择。在弹出的定义分谱外观对话框中对分谱的各个参数进行定义。

第一章 认识 sibelius

第二章 新建与保存乐谱

第三章 音符输入与编辑

第四章 文本、符号

第五章 五线谱与排版

第六章 播放

第七章 乐理试卷制作

第八章 常用插件介绍

第九章 常用操作问答

图 5.9.8 图

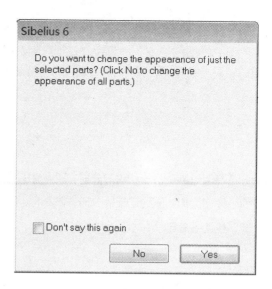

5.9.9

如图 5.9.10 多分谱外观对话框分三个选项卡，分别是文档设置（Document Setup）、布局（Layout）和排版样式（House Style）。

图 5.9.10

文档设置选项卡针对页面大小（Page Size）和五线谱大小（Staff Size）进行个性化定义，如图 5.9.10 中或选择 Same as Score，即分谱与总谱保持一致；或自定义，根据实际需要进行设置。页边距如需自定义，按如图 5.9.10 中页边距按钮（Margins）进行设置，前面章节有相关介绍，不再赘述。

关于布局（Layout）选项卡前面章节有相关介绍，不再赘述。排版样式（House Style）本章第十节有详细介绍，这里做简单介绍。如图 5.9.12 这里主要分五个部分：

1. 乐器名称

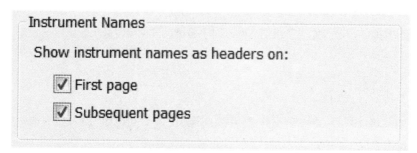

图 5.9.11

这里乐器名称定义的是分谱中页面头部的名称：第一页（First page）和后面其他页（Subsequent pages）是否显示该乐器名称。

254

2. 文本

文本这里指的主要三部分，一是时间码（Timecode）显示位置，二是拍号大小，三是文本样式。关于编辑文本样式，前面章节有详细介绍，不再赘述。

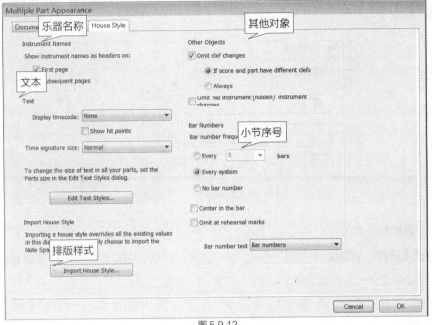

图 5.9.12

3. 导入排版样式

·排版样式的应用直接影响到乐谱的样式，比如乐谱字体、符号字体等信息，点击导入排版样式按钮（Import House Style），弹出如图 5.9.13 对话框。

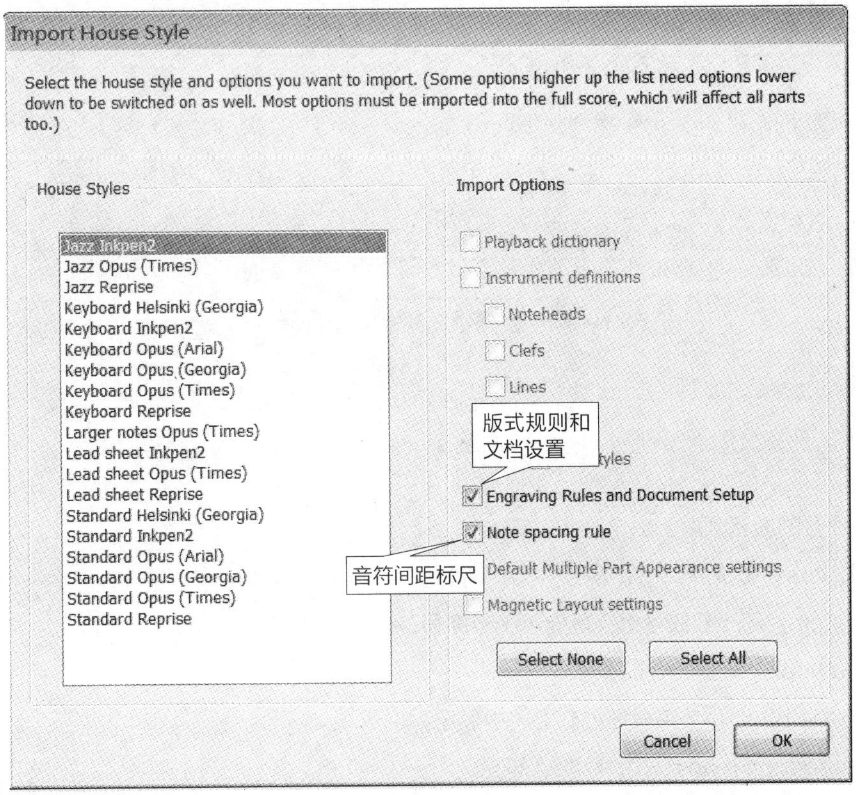

图 5.9.13

第一章　认识Sibelius

第二章　新建与保存乐谱

第三章　音符输入与编辑

第四章　文本、符号

第五章　五线谱与排版

第六章　播放

第七章　乐理试卷制作

第八章　常用插件介绍

第九章　常用操作问答

在图 5.9.13 中，如果勾选版式规则和文档设置、音符间距标尺，应用新的排版样式后，则在新排版样式的板式规则（Ctrl+Shift+E）和文档设置（Ctrl+D）、音符间距标尺中的相关参数设置都将应用到当前乐谱中，更改当前乐谱的外观显示。

4. 其他对象

图 5.9.14

其他对象主要指两个项目：

一是忽略谱号更改。当总谱中乐谱中途发生谱号变化时，比如由高音谱号中途变更为低音谱号，分谱中是否显示该谱号变更，勾选则忽略该变更。

二是忽略隐藏乐器变更。当在乐谱中执行了菜单创建（ Create ）|其他（ Other ）|乐器变更（ Instruments Changes ）中使用了"隐藏乐器（ No Instrument（hidden ） ）"时，在分谱中是否显示该乐器变更，勾选则忽略该变更。

5. 小节序号

图 5.9.15

定义小节序号的显示频率。

Every_n_bars：每隔多少小节显示一次小节序号；

Every system：每个五线谱组行首显示小节序号；

No bar number：不显示小节序号；

Center in the bar：小节序号在小节上居中显示；

Omit at rehearsal marks：忽略排练标记；

Bar number text：小节序号文本样式，可以在下拉菜单中更改。

把常用的乐谱样式制作成模板，以后进行创作时使用模板制作乐谱或创作音乐，可以节约时间，提高工作效率。

本节主要介绍两个内容：模板制作与使用、导入与导出排版样式。

一、模板制作与使用

1. 模板的制作

使用新建向导新建乐谱时把常用的参数依次设置完毕，比如页面尺寸、页边距、拍号、调号、速度、五线谱数目以及乐器编制、乐曲标题、词曲作者、版权信息、文本及歌词字体等。

设置完以上信息后，将乐谱保存，选择菜单文件（File）| 导出（Export）| 模板（Manuscript Paper），这时弹出如图 5.10.1 提示对话框

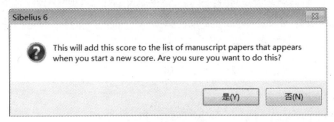

图 5.10.1

提示大意为："将添加当前文件到模板列表，当新建乐谱时会出现该模板，您想继续吗？"，点击是该模板便制作完成，模板的文件名即保存该文件时使用的文件名。

2. 使用自定义模板创建乐谱

单击新建图标按钮，或者点击菜单文件（File）| 新建（New），弹出新建乐谱对话框，如图 5.10.2，在模板（Manuscript Paper）区域，将滑动条拖拉到最底部，即可看到我们自定义的模板，模板的页面尺寸也是我们自定义的A3，而不是默认的A4，同时被应用的信息还包括我们设定的拍号、文本等所有内容。

3. 删除自定义模板

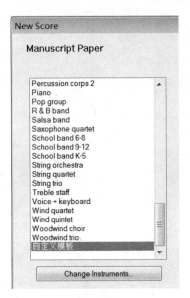

图 5.10.2

第一章 认识sibelius

第二章 新建与保存乐谱

第三章 音符输入与编辑

第四章 文本·符号

第五章 五线谱与排版

第六章 播放

第七章 乐理试卷制作

第八章 常用插件介绍

第九章 常用操作问答

自定义模板被添加后，Windows 7 操作系统下模板文件保存的路径为：

(X):\Users\libaiping\AppData\Roaming\Sibelius Software\Sibelius 6\Manuscript paper

Windows XP 操作系统下模板文件保存的路径为：

(X):\Document and Settings\libaiping\Application Data\Sibelius Software\Sibelius 6\Manuscript paper

路径中的"X"代表 Sibelius 安装的路径，"libaiping"是个人电脑登陆的用户名。

到该路径下删除新建的模板后，软件新建乐谱界面的自定义模板即被删除。

二、导入与导出排版样式

1．导入排版样式

选择菜单排版样式（House Style）|导入排版样式（Import House Style），弹出如图 5.10.3 导入排版样式对话框。

排版样式的内容主要包括以下几个方面。

Playback dictionary：播放字典，即菜单播放（Play）|字典（dictionary）下的所有参数；

Instrument definitions：乐器定义，主要包含以下几个方面的内容，即音符（Noteheads）、谱号（Clefs）、线（Lines）、符号（Symbols）、文本样式（Text styles）；

Engraving Rules and Document Setup：板式规则和文档设置；

Note spacing rule：音符间距规则；

Default Multiple Part Appearace settings：多分谱外观设置；

Magnetic Layout settings：磁性布局设置。

软件内置了 19 种排版样式，每种排版样式都包含以上的参数设置，在图 5.10.3 中选择一种适合需要的排版样式，点击导入后，整个乐谱的外观都将受到影响，软件根据所选排版样式的设置自动对乐谱进行调整。

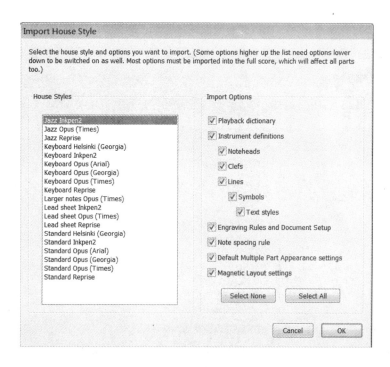

图 5.10.3

使用者也可以根据具体情况，在导入选项中选择需要导入的选项。比如，我们只需要其中一个排版样式的符号，不需要其他任何项目，导入该排版样式时，只勾选 Symbols 即可，这时，这个排版样式中只有符号对该乐谱产生影响，其他项目比如字体等则不会发生变化。

2. 导出排版样式

用户自定义了符号后，该符号仅能在当前乐谱中使用，使用导出排版样式功能可以很方便的保存自定义符号，方便以后的使用。使用排版样式保存自定义符号只是排版样式其中一个项目，在图 5.10.3 中列出的播放字典、乐器定义、板式规则和文档设置等都可以通过排版样式进行保存。

在当前乐谱中将图 5.10.3 列出的导入选项中常用的参数设定完毕，选择菜单排版样式（House Style）| 导出排版样式（Export House Style），弹出如图 5.10.4 导出排版样式对话框。

图 5.10.4

在图 5.10.4 中为导出的排版样式进行重命名，方便以后的使用，完毕后点击"OK"按钮确定，当再次使用该排版样式时，通过导入排版样式可以重新应用该排版样式。

3. 删除自定义排版样式

自定义排版样式被添加后，Windows 7 操作系统下模板文件保存的路径为：

(X):\Users\libaiping\AppData\Roaming\Sibelius Software\Sibelius 6\House Styles

Windows XP 操作系统下排版样式文件保存的路径为：

(X):\Document and Settings\libaiping\Application Data\Sibelius Software\Sibelius 6\House Styles

路径中的"X"代表 Sibelius 安装的路径，"libaiping"是个人电脑登陆的用户名。

到该路径下删除新建的排版样式后，导入排版样式对话框中的自定义排版样式即被删除。

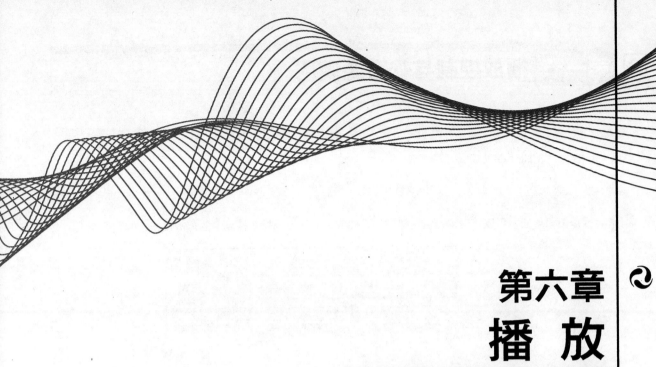

第六章
播 放

本章重点

1. 播放控制；
2. 符号音效设置；
3. 编曲功能；
4. 影视配乐。

本章主要内容概要

本章共三节：

1. 播放控制与软音源调用；
2. 演奏符号音效设置；
3. 编曲功能及影视配乐。

第一章 认识sibelius

第二章 新建与保存乐谱

第三章 音符输入与编辑

第四章 文本、符号

第五章 五线谱与排版

第六章 播放

第七章 乐理试卷制作

第八章 常用插件介绍

第九章 常用操作问答

第一节 播放控制与软音源调用

一、播放控制

1. 播放乐曲

播放整首乐曲，可以按电脑键盘空格键进行播放，或者点击播放控制条的播放按钮，如图6.1.1。

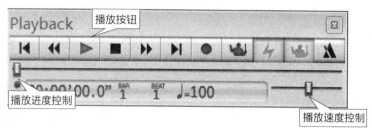

图6.1.1

播放部分谱行，在当前谱行上双击选定当前谱行，点击播放即可单独播放当前谱行；

播放某件乐器声部，在当前乐器谱行上三击，选定当前乐器，点击播放即可；

播放部分小节，按住 Shift，选择需要播放的小节，点击播放即可；

播放某个五线谱系统组，按住 Ctrl，在当前五线谱系统组任意小节双击，选定当前五线谱系统组，点击播放即可。

通过拖拉播放进度条的播放滑块，可以调整乐曲播放的位置。

2. 乐曲速度

通过修改播放控制条上的速度控制滑块，如图6.1.1可以更改乐曲的整体播放速度。

乐曲中途修改速度，选中某个音符或小节，执行菜单创建（Create）| 文本（Text）| 速度（Tempo），这时选区上方出现闪烁的光标，在光标处单击鼠标右键，在弹出的菜单中选择对应的速度术语或直接修改速度，如图6.1.2，选择 Ctrl+Num 4，按后输入 "="，在等号后面输入对应的速度值，按 ESC，确定后，效果图如图6.1.3 所示。

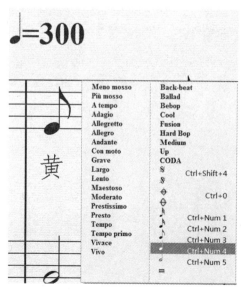

图6.1.2

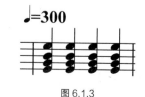

图6.1.3

二、软音源调用

为了获得更好的播放音效，获得更多的音色服务于音乐创作，我们可以调用软音源中的音色进行播放。调用方法详见第一章第十二节，不再赘述，这里介绍如何在乐曲中调用软音源中的音色。

打开调音台，如图 6.1.4，在调音台中列出了当前乐谱中所使用的乐器，在图 6.1.4 中更改音源处点击鼠标，弹出音源选择菜单，选择 Hypersonic 2 软音源，单击后面的软音源设置图标 ⚙，弹出 Hypersonic 2 软音源界面，如图 6.1.5，然后选择需要的音色即可。

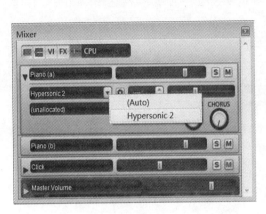

图 6.1.4

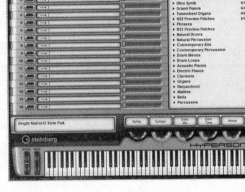

图 6.1.5

其他软音源的调用方法相同，不再赘述。

选择使用软音源作为播放设备时，请使用 ASIO 驱动作为软件的驱动，否则会因软音源占用内存较多而在播放时出现卡的状况。

三、导出音频

使用软音源后，可以将整首乐谱导出为音频格式，方便交流传输。

在导出音频前，请将播放线切换到乐曲开头，并确定所有乐器都已使用了软音源，否则会使得导出的音频文件不完整。设置完毕后，执行菜单文件（File）| 导出（Export）| 音频（Audio），弹出如图 6.1.6 对话框。

图 6.1.6

在这里为音频选择导出路径并重命名，点击确定即可导出音频，音频格式为 wav 无损音频格式。

认识 sibelius | 第一章

新建与保存乐谱 | 第二章

音符输入与编辑 | 第三章

文本、符号 | 第四章

五线谱与排版 | 第五章

播放 | 第六章

乐理试卷制作 | 第七章

常用插件介绍 | 第八章

常用操作问答 | 第九章

第二节 演奏符号音效设置

Sibelius 的各种演奏符号本身已经带有播放效果，非必要情况，不建议修改。

选择菜单播放（Play）| 字典（Dictionary），弹出播放字典对话框，如图 6.2.1。

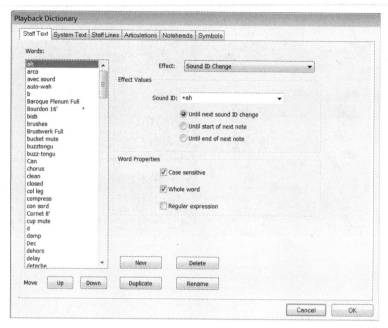

图 6.2.1

这里的符号包括五线谱文字、五线谱组文本、五线谱线、演奏技法、音符、符号等六类，在这里可以针对每个文本、符号进行定义或修改其演奏效果，除此之外，还可以通过新建按钮新建文本、符号，并为其定义演奏效果。

单击选择图 6.2.1 中五线谱文字和五线谱组文字中的某个文本，在右边区域效果（Effect）下拉菜单下更改该文本的演奏效果，主要包括以下演奏效果，如图 6.2.2。

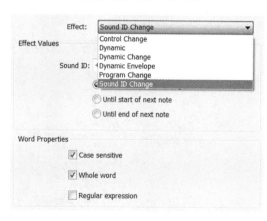

图 6.2.2

控制器更改（Control Change），可以指定一个控制器，比如音量控制器、呼吸控制器，并为其指定的控制器设定一个值；

力度（Dynamic）及力度更改（Dynamic Change）效果，为文本指定力度及触键力度；

力度包络（Dynamic Envelope），为符号指定一个初始力度、延迟及结束力度；

程序更改（Program Change），更改乐器音色；

声音 ID 更改（Sound ID Change），更改声音 ID。

在图 6.2.1 中单击五线谱线、演奏技法、音符、符号这四类，更改演奏效果区的参数如图 6.2.3 所示。

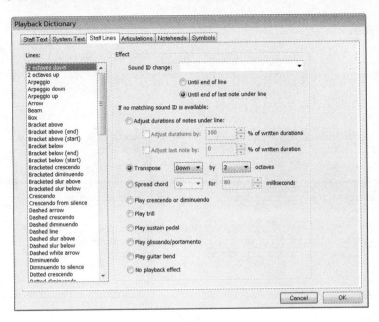

图 6.2.3

以图 6.2.3 为例，左边文本选择的是"2 octaves down"，即向下 2 个八度，右边设置参数中对应的设置为"Transpose Down by 2 octaves"，即向下移调 2 个八度。

在演奏技法（Articulations）标签下可以对 Sibelius 小键盘中符号的演奏效果进行设定，如图 6.2.4、图 6.2.5。

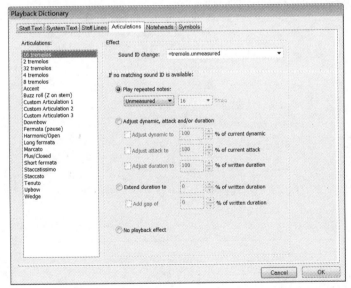

图 6.2.4

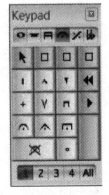

图 6.2.5

包括小键盘中的三个自定义符号 Custom Articulation 1.2.3 都可以进行设定演奏效果。

第一章 认识sibelius

第二章 新建与保存乐谱

第三章 音符输入与编辑

第四章 文本、符号

第五章 五线谱与排版

第六章 播放

第七章 乐理试卷制作

第八章 常用插件介绍

第九章 常用操作问答

第三节 编曲功能及影视配乐

一、编曲功能

这里提供的编曲功能操作十分简单，本节以几个例子来介绍该功能的操作。

例一，将图 6.3.1 的乐谱变为图 6.3.2 的样式。

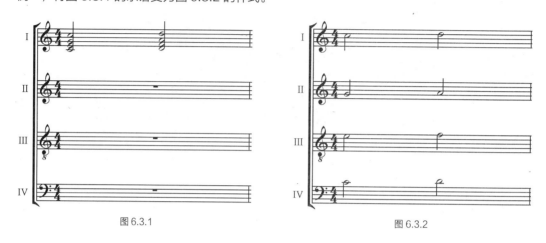

图 6.3.1　　　　　　　　　　图 6.3.2

步骤：

第一步，单击选中第一声部的第一小节，按 Ctrl+C，将其复制；

第二步，按住 Shift，将四个谱行的第一小节全部选中，按 Ctrl+Shift+V，弹出如图 6.3.3 对话框；

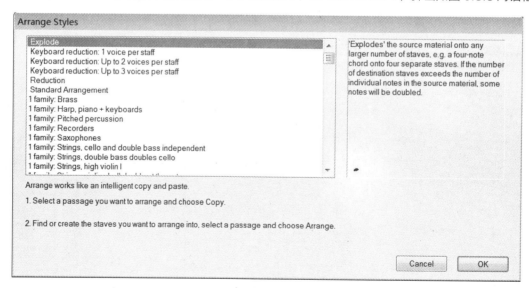

图 6.3.3

第三步，在图 6.3.3 对话框中选择编曲风格 "Explode（User copy）"，单击 "OK" 确定，完成图 6.3.2 制作。

例二：将图 6.3.4 的乐谱变为图 6.3.5 的样式步骤。

第一步，按住 Shift，将四个谱行的第一小节全部选中，按 Ctrl+C，将其复制；

第二步，单击图 6.3.5 选中第一声部的第一小节，按 Ctrl+Shift+V，弹出如图 6.3.3 对话框；

第三步，在图 6.3.3 对话框中选择编曲风格 "Explode（User copy）"，单击确定完成图 6.3.5 制作。

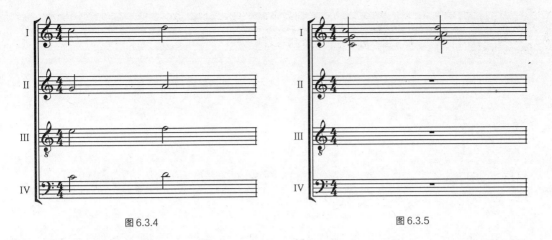

图 6.3.4　　　　　　　　　　　　　　　　图 6.3.5

通过以上两个例子，可以看出，Sibelius 的编曲功能就是一个智能的复制与粘贴的过程，但并非所有的编曲风格都可以使用，要根据需要，有针对性的选择，如图 6.3.6 所示。

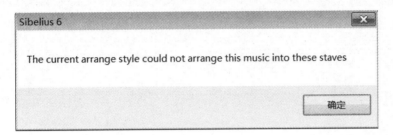

图 6.3.6

当选择的编曲风格不匹配时，则弹出图 6.3.6 提示对话框，提示大意是："当前编曲风格不能将乐曲编入到这些五线谱中"。有些编曲风格仅适用于某种乐器，假如当前乐谱中使用的是人声五线谱，而选择编曲风格时却选择了铜管类的编曲风格时，则会弹出如图 6.3.6 的提示对话框。

编曲功能除了这里介绍的外，使用插件也可以完成部分编曲功能，我们在后面章节中有相关介绍，不再赘述。

二、影视配乐

在 Sibelius 中可以观看着视频画面的同时，根据画面剧情发展需要，实时的为画面编配音乐，按快捷键 Ctrl+Alt+V，启动视频窗口，如图 6.3.7。

图 6.3.7

选择菜单播放（Play）| 视频和时间（Video and Time）| 添加视频（Add Video），将视频添加到软件中，即可根据视频画面编曲，通过添加打击点，可以精确核对画面与音乐的同步。

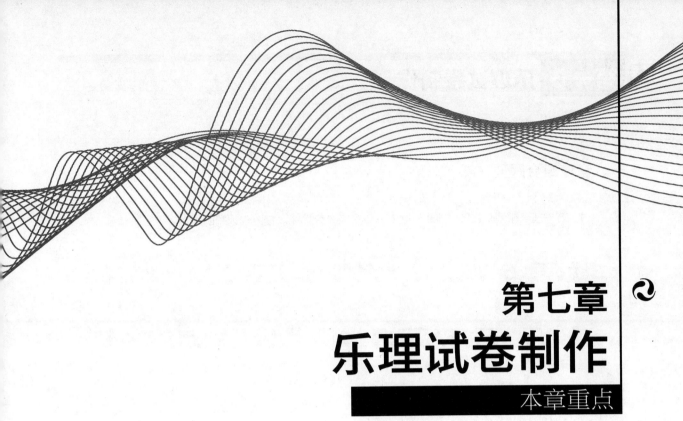

第七章
乐理试卷制作

本章重点

乐理试卷制作

本章主要内容概要

本章共一节：

乐理试卷制作

第一章 认识sibelius
第二章 新建与保存乐谱
第三章 音符输入与编辑
第四章 文本、符号
第五章 五线谱与排版
第六章 播放
第七章 乐理试卷制作
第八章 常用插件介绍
第九章 常用操作问答

第一节 乐理试卷制作

一、音值组合题型

1. 节拍规整题型，如图 7.1.1，每个小节的拍数有规律，拍数较规整的题型。

图 7.1.1

图 7.1.1 试题制作方法步骤：

第一步，新建一个单行五线谱，如图 7.1.2；

图 7.1.2

第二步，分别选中第四和第八条小节线，并按回车键，划分每行 4 个小节，删除多余小节，如图 7.1.3；

图 7.1.3

第三步，双击五线谱名称，名称处出现闪烁的光标，将该名称删除，并修改拍号为 2/4 拍，如图 7.1.4。

图 7.1.4

第四步，更改第二行的拍号为 6/8，按快捷键 T，弹出如图 7.1.5 对话框。

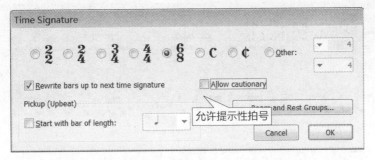

图 7.1.5

在图 7.1.5 拍号选择对话框中选择 6/8，并取消允许提示性拍号复选框，如勾选提示性拍号，则第一行结尾会显示 6/8 拍，以示提醒作用。这里不需要该提示性拍号，故不选择，确定后鼠标变为蓝色的箭头，在第二行谱表第一小节单击鼠标，第二行更改拍号完成，如图 7.1.6 效果图；

图 7.1.6

在图 7.1.6 中输入所有需要的音符，完成后如图 7.1.7 效果图；

图 7.1.7

第五步，在图 7.1.7 中任意小节三击全选乐谱，按快捷键 Ctrl+Alt+Shift+I，弹出更改五线谱对话框，如图 7.1.8 所示，选择"No instrument（barlins shown）"，同时取消勾选"添加谱号"和"在前一个乐器最后一个音符上添加文字提示"复选框，完成后如图 7.1.9；

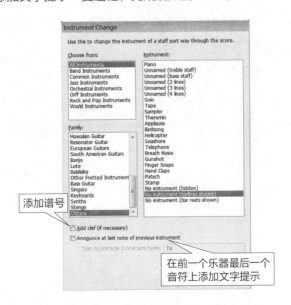

图 7.1.8

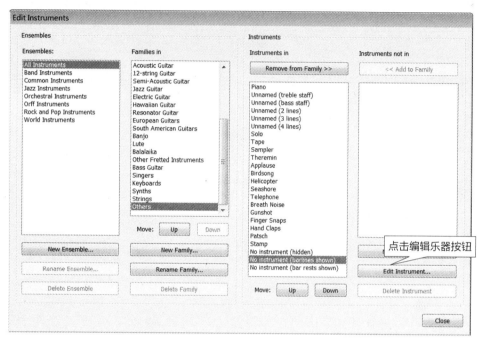

图 7.1.9

第六步，更改图7.1.9的小节线长度，单击任意小节，选择菜单排版样式（House Style）|编辑乐器（Edit instrument），弹出如图7.1.10对话框，选择"No instrument（barlins shown）"，点击编辑乐器（Edit instrument）；

图 7.1.10

弹出如图7.1.11对话框，提示大意为："当前编辑的乐谱正在使用中，编辑该乐器将影响当前乐谱，是否要继续"，点击"是"，弹出如图7.1.12对话框；

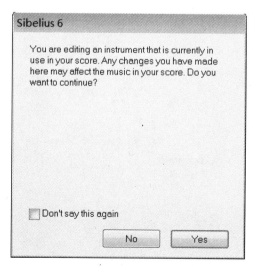

图 7.1.11

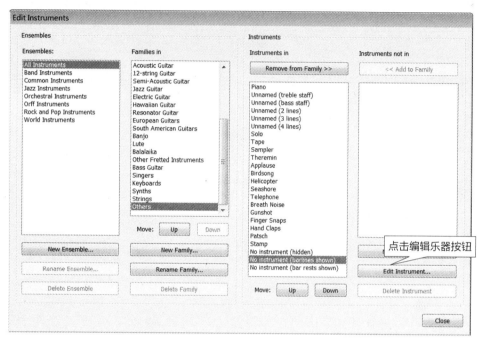の中のラベル情報として:

Edit Instruments

Ensembles

Ensembles:
- All Instruments
- Band Instruments
- Common Instruments
- Jazz Instruments
- Orchestral Instruments
- Orff Instruments
- Rock and Pop Instruments
- World Instruments

Families in:
- Acoustic Guitar
- 12-string Guitar
- Semi-Acoustic Guitar
- Jazz Guitar
- Electric Guitar
- Hawaiian Guitar
- Resonator Guitar
- European Guitars
- South American Guitars
- Banjo
- Lute
- Balalaika
- Other Fretted Instruments
- Bass Guitar
- Singers
- Keyboards
- Synths
- Strings
- Others

Move: Up Down

New Ensemble...   New Family...
Rename Ensemble... Rename Family...
Delete Ensemble   Delete Family

Instruments

Instruments in:
Remove from Family >>
- Piano
- Unnamed (treble staff)
- Unnamed (bass staff)
- Unnamed (2 lines)
- Unnamed (3 lines)
- Unnamed (4 lines)
- Solo
- Tape
- Sampler
- Theremin
- Applause
- Birdsong
- Helicopter
- Seashore
- Telephone
- Breath Noise
- Gunshot
- Finger Snaps
- Hand Claps
- Patsch
- Stamp
- No instrument (hidden)
- No instrument (barlines shown)
- No instrument (bar rests shown)

Instruments not in:
<< Add to Family

点击编辑乐器按钮

Move: Up Down   Edit Instrument...   Delete Instrument

Close

Sibelius 6

You are editing an instrument that is currently in use in your score. Any changes you have made here may affect the music in your score. Do you want to continue?

☐ Don't say this again

No   Yes

272

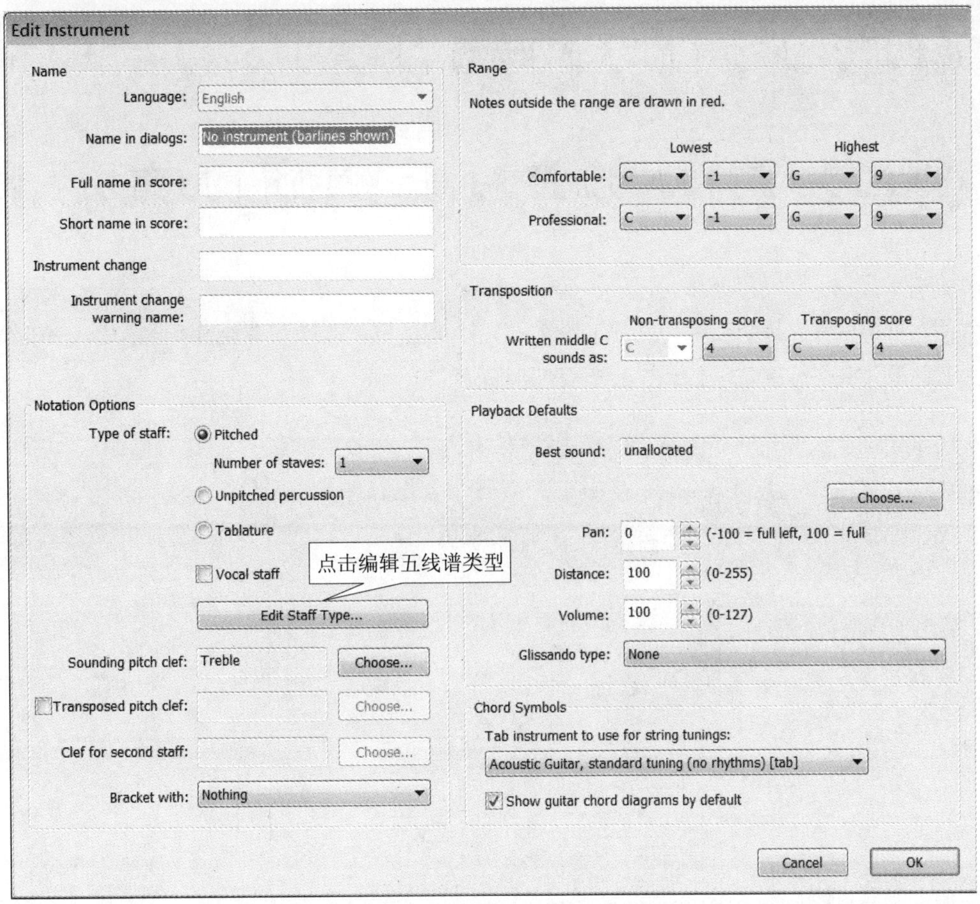

图 7.1.12

在图 7.1.12 中单击编辑五线谱样式（Edit Staff Type）按钮，弹出如图 7.1.13 对话框；

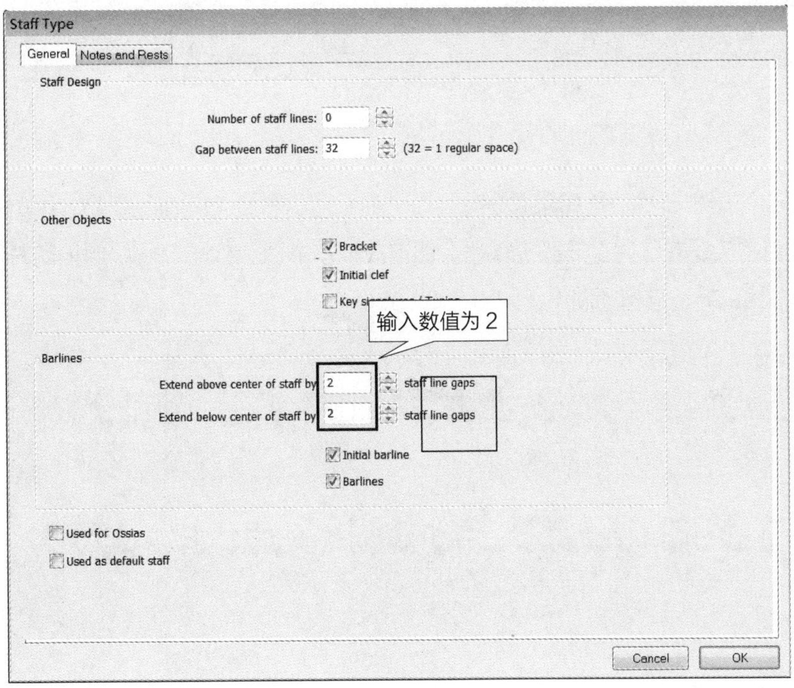

图 7.1.13

在图 7.1.13 中，在小节线区域输入扩展小节线长度为 2，然后确定，依次确定上级对话框，完成后效果图如图 7.1.14 所示；

第一章 认识sibelius

第二章 新建与保存乐谱

第三章 音符输入与编辑

第四章 文本、符号

第五章 五线谱与排版

第六章 播放

第七章 乐理试卷制作

第八章 常用插件介绍

第九章 常用操作问答

图 7.1.14

第七步，取消谱号，按快捷键 Q，弹出如图 7.1.15 对话框，选择无谱号的谱号样式，单击确定后，鼠标变为蓝色箭头，在行首谱号上单击，谱号即隐藏；

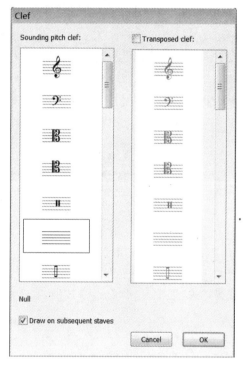

图 7.1.15

第八步，更改行尾小节线，选择菜单创建（Create）| 小节线（barline）| 双小节线（Double），这时鼠标变为蓝色箭头，在行尾小节线上单击，即可改变小节线为双小节线，用相同方法修改第二行行尾小节线为双小节线，完成谱例的制作，如图 7.1.16。

图 7.1.16

2. 节拍不规整题型

节拍不规整的题型，只需要更改拍号即可，如果需要隐藏拍号，单击选中拍号，按快捷键 Ctrl+Shit+H 即可隐藏拍号，完成不规整题型的制作。

二、音级标记题型

如图 7.1.17 的制作。

图 7.1.17

制作方法步骤：

第一步，计算该小节内的拍数，修改拍号为 7/1 拍，如图 7.1.18 所示，确定后鼠标变为蓝色箭头，在拍号处单击，即可更改小节拍号；

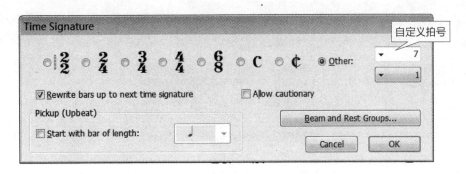

图 7.1.18

第二步，单击拍号，选择快捷键 Ctrl+Shit+H 将拍号隐藏；

第三步，输入音符，并修改小节线样式，完成谱例制作。

三、空白五线谱制作

如图 7.1.19 空白五线谱的制作方法步骤

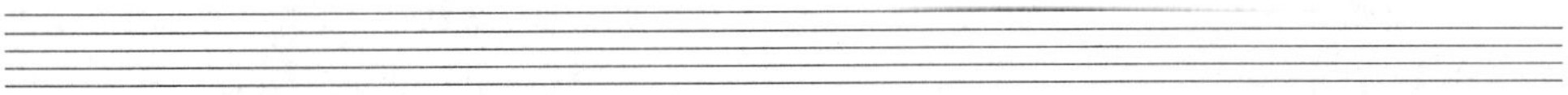

图 7.1.19

第一步，设置每行一个小节；

第二步，单击该小节，选择快捷键 Ctrl+Shit+H 将全休止符隐藏；

第三步，更改谱号为无谱号状态（详见图 7.1.15）；

第四步，单击拍号，选择快捷键 Ctrl+Shit+H 将其隐藏；

第五步，单击选中行尾小节线，执行菜单创建（Create）|小节线（barline）|隐藏小节线（Invisible），隐藏行尾小节线，完成谱例制作。

四、标注音程与和弦类题型

图 7.1.20

第
一
章

认识sibelius

第
二
章

新建与保存乐谱

第
三
章

音符输入与编辑

第
四
章

文本、符号

第
五
章

五线谱与排版

第
六
章

播放

第
七
章

乐理试卷制作

第
八
章

常用插件介绍

第
九
章

常用操作问答

如图 7.1.20 标注音程与和弦类题型的制作方法步骤

第一步，确定每行只有 4 个小节，并将小节线更改为双小节线（操作步骤详见前面章节）；

第二步，按快捷键 Q，为每小节更改谱号，并将音符输入完毕；

第三步，双击任意一小节，将该行谱表选中，通过调节图 7.1.21 中 X 轴数值，将音符在小节内居中；

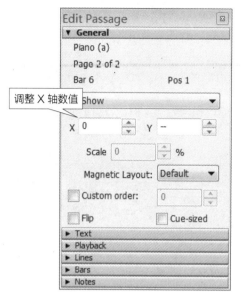

图 7.1.21

第四步，调整音符位置后，谱表位置也随之发生变化，重新输入或者通过拖拉来调整谱号位置，完成谱例制作。

乐理试卷还有其他许多题型，这里就不再一一列举，大家举一反三，根据本节提到的三种题型的制作，可以延伸出许多题型的制作方法。

在制作乐理试卷时，所有的题型可以都在 Sibelius 中完成，您也可以将每道题目制作一个文件，导出图形后插入到排版软件中进行重新排版，比如我们常用的办公软件 Word 中，可以插入在 Sibelius 中导出的图片谱例，进行重新排版布局，当然如果您能够熟练掌握专业排版软件，比如 Adobe InDesign 等也可以在专业排版软件中进行图文混排。为了使得试卷更加专业、美观，排版布局时尽量保证每个谱例的显示比例大小保持统一。

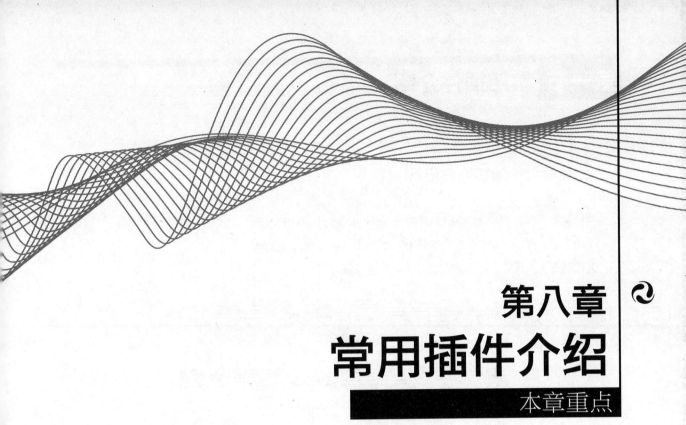

第八章
常用插件介绍

本章重点

常用插件介绍

本章主要内容概要

本章共一节：

常用插件介绍

第一章
认识sibelius

第二章
新建与保存乐谱

第三章
音符输入与编辑

第四章
文本、符号

第五章
五线谱与排版

第六章
播放

第七章
乐理试卷制作

第八章
常用插件介绍

第九章
常用操作问答

第一节 常用插件介绍

一、给所有音符添加临时记号

插件菜单 Plug-ins|Accidentals|Add Accidentals to All Notes。

使用方法：选择一个小节或一个谱行，或整个乐器，执行该插件；

例如图 8.1.1 是执行插件前，图 8.1.2 是执行插件后。

图 8.1.1

图 8.1.2

二、批量将降号改为升号

插件菜单 Plug-ins|Accidentals|Respell Flats as Sharps。

使用方法：选择一个小节或一个谱行，或整个乐器，执行该插件；

例如图 8.1.3 是执行插件前，图 8.1.4 是执行插件后。

图 8.1.3

图 8.1.4

三、批量将升号改为降号

插件菜单 Plug-ins|Accidentals|Respell Sharps as Flats。

使用方法：选择一个小节或一个谱行，或整个乐器，执行该插件。

四、批量简化临时记号

插件菜单 Plug-ins|Accidentals|Simplify Accidentals。

使用方法：选择一个小节或一个谱行，或整个乐器，执行该插件；

例如图 8.1.5 是执行插件前，图 8.1.6 是执行插件后

图 8.1.5

图 8.1.6

五、批量将 midi 文件转化为 sib 文件

插件菜单 Plug-ins|Batch Processing|Connvert Folder of MIDI Files。

使用方法：选择一个包含 midi 文件的文件夹，执行该插件，将 midi 文件转化为 sib 文件。

六、批量将 MusicXML 文件转化为 sib 文件

插件菜单 Plug-ins|Batch Processing|Connvert Folder of MusicXML Files。

使用方法：选择一个包含 Music XML 文件的文件夹，执行该插件，将 Music XML 文件转化为 sib 文件。

七、批量将低版本文件转化为新版文件

插件菜单 Plug-ins|Batch Processing|Connvert Folder of Scores Earlier Sibelius Version。

使用方法：选择一个包含低版本文件的文件夹，执行该插件，将低版本文件转化为新版文件。

八、批量将 Sib 文件转化为图形文件

插件菜单 Plug-ins|Batch Processing|Connvert Folder of Scores to Graphics。

使用方法：选择一个包含 sib 文件的文件夹，执行该插件，将 sib 文件转化为图片文件。

九、批量将 sib 文件转化为 midi 文件

插件菜单 Plug-ins|Batch Processing|Connvert Folder of Scores to MIDI。

使用方法：选择一个包含 sib 文件的文件夹，执行该插件，将 sib 文件转化为 midi 文件。

十、批量给铜管乐器添加指法

插件菜单 Plug-ins|Text|Add Brass Fingering。

使用方法：选择一个小节或一个谱行，或整个乐器，执行该插件，弹出如图 8.1.7 对话框，选择对应的乐器，完成添加指法，如图 8.1.8。

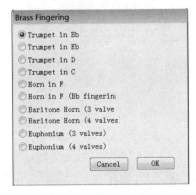

图 8.1.7

图 8.1.8

认识 sibelius 第一章

新建与保存乐谱 第二章

音符输入与编辑 第三章

文本、符号 第四章

五线谱与排版 第五章

播放 第六章

乐理试卷制作 第七章

常用插件介绍 第八章

常用操作问答 第九章

十一、批量给弦乐乐器添加指法

插件菜单 Plug-ins|Text|Add String Fingering。

使用方法：选择一个小节或一个谱行，或整个乐器，执行该插件，弹出如图 8.1.9 对话框，选择对应的乐器，完成添加指法。

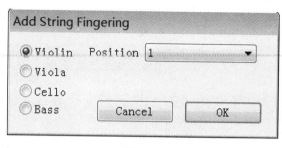

图 8.1.9

十二、批量将当前音符时值延长一倍

插件菜单 Plug-ins|Transformations|Double Note Values。

使用方法：选择一个小节或一个谱行，或整个乐器，执行该插件，弹出如图 8.1.10 对话框，选择对应的选项，点击确定完成时值扩展，图 8.1.11 为扩展前谱例，图 8.1.12 为扩展后谱例。

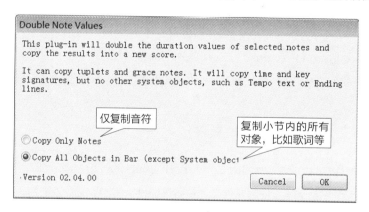

图 8.1.10

图 8.1.11

图 8.1.12

十三、批量将当前音符时值缩短一半

插件菜单 Plug-ins|Transformations|Halve Note Values。

使用方法：选择一个小节或一个谱行，或整个乐器，执行该插件，选择对应的选项，点击确定完成时值减半。

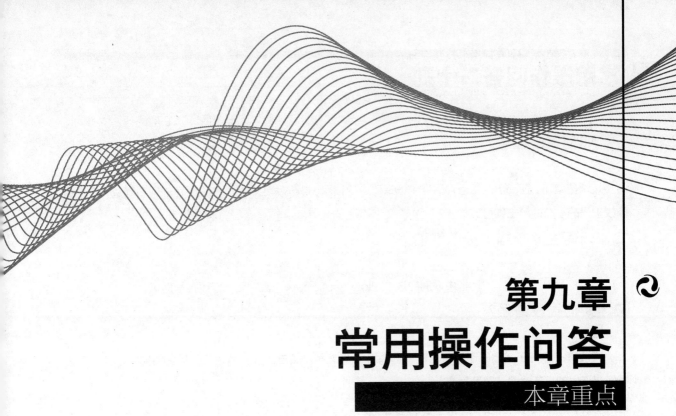

第九章
常用操作问答

本章重点

常用操作问答

本章主要内容概要

本章共一节：

常用操作问答

第一章 认识sibelius

第二章 新建与保存乐谱

第三章 音符输入与编辑

第四章 文本、符号

第五章 五线谱与排版

第六章 播放

第七章 乐理试卷制作

第八章 常用插件介绍

第九章 常用操作问答

常用操作问答二十则

一、如何更改拍号？

答：

按快捷键 T，在弹出的拍号对话框中选择对应的拍号，点击确定，鼠标变为蓝色的向右箭头，在需要修改拍号的小节处单击即可完成。

二、如何去掉行尾的提示性拍号？

答：

更改拍号时，在拍号对话框中取消勾选"Allow cautionary"，然后再修改拍号即可。

三、如何更改谱号？

答：

按快捷键 Q，在弹出的谱号对话框中选择对应的谱号，点击确定，鼠标变为蓝色的向右箭头，在需要修改谱号的小节处单击即可完成。

四、如何输入散拍子的草字头符号？

答：

详见第四章 149 页操作说明。

五、如何输入演奏文本符号？

答：

选中音符，按快捷键 Ctrl+T，在光标闪烁处单击鼠标右键，在弹出的菜单中选择。

六、如何输入力度记号？

答：

选中音符，按快捷键 Ctrl+E，在光标闪烁处单击鼠标右键，在弹出的菜单中选择。

七、如何缩放乐谱比例（影响打印效果的）？

答：

按快捷键 Ctrl+D，在弹出的页面设置对话框中 Size 区域设置 Staff Size 的数值即可。

八、如何批量去掉符干只保留符头？

答：

选中需要操作的小节或谱行，打开菜单窗口（Window）中的 Properties 窗口，Note 标签内共有 30 种音符样式，选择 8 号，即无符干音符。

九、如何中途更改乐曲速度？

答：

选择操作的小节，按快捷键 Ctrl + Alt + T，在光标闪烁处单击鼠标右键，选择音符时值，然后输入"="，在等号后输入乐曲速度即可。

十、如何批量设置每行小节数？

答：

执行插件 Plug-ins | Other | Make Layout Uniform，在弹出的对话框中设定。

十一、如何打出 D.C/D.S 反复记号？

答：

执行菜单 Create | Text | Other System Text | Repeat。

十二、如何把完成的乐谱导出图片格式?

答:

详见第二章第六节 64 页。

十三、如何把空白五线谱只保留小节线和音符?

答:

详见第七章乐理试卷制作流程相关章节。

十四、如何制作旋律的倒影?

答:

选择操作小节或谱行,执行插件 Plug-ins | Transformations | Invert,设置相关参数。

十五、如何输入装饰音音程?

答:

首先输入一个装饰音,然后按键盘上的数字键加叠加音程。

十六、如何隐藏小节线?

答:

点击小节线将其选中,执行菜单 Create | barline | invisible

十七、如何取消力度记号等智能对齐功能?

答:

取消勾选菜单 Layout | Magnetic Layout

十八、在输入歌词时如何保证一直是中文输入法?

答:

请下载安装 Google 输入法,使用 Google 输入法输入歌词即可。

十九、如何输入渐强渐弱等线?

答:

按快捷键 L,在弹出的线对话框中选择对应的线类型,鼠标变为蓝色的向右箭头,在谱表相关小节上单击鼠标即可。

二十、如何单独隐藏某谱行的调号?

答:

选择当前谱表,执行菜单 House Style | Edit Instrument ,在弹出的对话框中右下方 点击 Edit Instrument 按钮,在弹出的对话框中点击 Edit Staff Type 按钮,切换到 Other Objects 标签,取消勾选 Key signatures / Tune 即可。

快捷键	功能	快捷键	功能
Ctrl+N	新建乐谱	P	播放选区
Ctrl+O	打开旧乐谱	Ctrl+[	将播放线移动到开头
Ctrl+S	保存乐谱	Ctrl+]	将播放线移动到结束
Ctrl+Shift+S	乐谱另存为	Shift+Alt+P	添加打击点
Ctrl+P	打印乐谱	Ctrl+Shift+O	实时输入选项
Ctrl+W	关闭乐谱	Ctrl+Shift+V	编曲
Ctrl+Alt+W	关闭所有乐谱	Shift+T	移调
Shift+Y	定位到拖放线位置	Ctrl+Shift+T	移调乐谱
Alt+F4	退出	Ctrl+Shift+Up	移到上行谱表
Ctrl+Z	撤消	Ctrl+Shift+Down	移到下行谱表
Ctrl+Y	重复	Ctrl+B	在结尾添加小节
Ctrl+Shift+Z	撤消记录	Ctrl+Shift+B	添加小节
Ctrl+Shift+Y	重复记录	Alt+B	创建其他小节
Ctrl+X	剪切	Ctrl+K	添加和弦符号
Ctrl+C	复制	Q	添加修改谱号
Ctrl+V	粘贴	Shift+Alt+C	添加注释
Ctrl+R	重复输入	I	创建乐器
Backspace	删除小节中的项目	K	创建调号
Ctrl+ackspace	删除小节	L	创建线
X	翻转方向	Ctrl+R	创建排练标记
Ctrl+J	着色	Z	创建符号
Ctrl+Shift+J	重新着色	T	创建修改拍号
Ctrl+F	查找	Ctrl+E	创建表情记号
Ctrl+G	查找下一个	Ctrl+T	创建演奏技法
Ctrl+Alt+G	跳转到指定小节	Ctrl+L	添加歌词
Ctrl+Shift+G	跳转到指定页面	Ctrl+Alt+T	添加速度
Shift+P	概览乐谱	Ctrl+Shift+Alt+I	中途更改乐器
Ctrl+Alt+F	聚焦乐谱	Space	播放或停止
Ctrl+Alt+H	查看隐藏对象	Ctrl+Space	重新播放
Ctrl+U	全屏	Ctrl+D	文档设置
N	输入音符	Ctrl+Shift+Alt+H	隐藏空白五线谱
Ctrl+Shift+I	重新输入音高	Ctrl+Shift+Alt+S	显示空白五线谱
Ctrl+Shift+F	实时输入	Ctrl+Shift+R	行对齐
Ctrl+Shift+C	列对齐	Ctrl+Shift+Alt+M	整合小节进入一页
Ctrl+Shift+N	重置音符间距	Ctrl+Shift+L	锁定格式
Ctrl+Shift+P	重置位置	Ctrl+Shift+U	解除锁定格式
Ctrl+Enter	页面分割	Ctrl+Shift+Alt+T	编辑文本样式
Shift+Alt+M	整合小节进入一行	Ctrl+Shift+E	板式规则

GM 音色中英文对照表（一）

分类	编号	英文名称	中文名称
钢琴组	001	Acoustic Grand Piano	原声大钢琴
	002	Bright Grand Piano	明亮大钢琴
	003	Electric Grand Piano	电钢琴
	004	Honky-tonk Piano	酒吧钢琴
	005	Electric Piano 1	电钢琴 1
	006	Electric Piano 2	电钢琴 2
	007	Harpsichord	拨弦古钢琴
	008	Clavinet	电子击弦古钢琴
色彩打击乐组	009	Celesta	钢片琴
	010	Glockenspiel	钟琴
	011	Music Box	八音盒
	012	Vibraphone	颤音琴
	013	Marimba	马林巴
	014	Xylophone	木琴
	015	Tubular Bells	管钟
	016	Dulcimer	大洋琴
风琴组	017	Hammond Organ	击杆风琴
	018	Pereussive Organ	打击式风琴
	019	Rock Organ	摇滚风琴
	020	Church Organ	教堂风琴
	021	Reed Organ	簧管风琴
	022	Accordion	手风琴
	023	Harmonica	口琴
	024	Tango Accordion	探戈手风琴
吉他组	025	Acoustic Guitar (nylon)	尼龙弦吉他
	026	Acoustic Guitar (steel)	钢弦吉他
	027	Electric Guitar (jazz)	爵士电吉他
	028	Electric Guitar (clean)	清音电吉他
	029	Electric Guitar (muted)	闷音电吉他
	030	Overdriven Guitar	过激吉他
	031	Distortion Guitar	失真吉他
	032	Guitar Harmonics	吉他和音

GM 音色中英文对照表（二）

分类	编号	英文名称	中文名称
贝司组	033	Acoustic Bass	大贝司（声学贝司）
	034	Electric Bass(finger)	电贝司（指弹）
	035	Electric Bass (pick)	电贝司（拨片）
	036	Fretless Bass	无品贝司
	037	Slap Bass 1	掌击 Bass 1
	038	Slap Bass 2	掌击 Bass 2
	039	Synth Bass 1	电子合成 Bass 1
	040	Synth Bass 2	电子合成 Bass 2
弦乐	041	Violin	小提琴
	042	Viola	中提琴
	043	Cello	大提琴
	044	Contrabass	低音大提琴
	045	Tremolo Strings	弦乐群颤音音
	046	Pizzicato Strings	弦乐群拨弦音色
	047	Orchestral Harp	竖琴
	048	Timpani	定音鼓
合奏 / 合唱	049	String Ensemble 1	弦乐合奏音色 1
	050	String Ensemble 2	弦乐合奏音色 2
	051	Synth Strings 1	合成弦乐合奏音色 1
	052	Synth Strings 2	合成弦乐合奏音色 2
	053	Choir Aahs	人声合唱"啊"
	054	Voice Oohs	人声"嘟"
	055	Synth Voice	合成人声
	056	Orchestra Hit	管弦乐敲击齐奏
铜管	057	Trumpet	小号
	058	Trombone	长号
	059	Tuba	大号
	060	Muted Trumpet	加弱音器小号
	061	French Horn	法国号（圆号）
	062	Brass Section	铜管组（铜管乐器合奏音色）
	063	Synth Brass 1	合成铜管音色 1
	064	Synth Brass 2	合成铜管音色 2

分类	编号	英文名称	中文名称
簧管	065	Soprano Sax	高音萨克斯风
	066	Alto Sax	次中音萨克斯风
	067	Tenor Sax	中音萨克斯风
	068	Baritone Sax	低音萨克斯风
	069	Oboe	双簧管
	070	English Horn	英国管
	071	Bassoon	巴松（大管）
	072	Clarinet	单簧管（黑管）
笛	073	Piccolo	短笛
	074	Flute	长笛
	075	Recorder	竖笛
	076	Pan Flute	排箫
	077	Bottle Blow	瓶笛
	078	Shakuhachi	日本尺八
	079	Whistle	口哨声
	080	Ocarina	奥卡雷那
合成主音	081	Lead 1 (Square)	合成主音 1（方波）
	082	Lead 2 (Sawtooth)	合成主音 2（锯齿波）
	083	Lead 3 (Calliope lead)	合成主音 3
	084	Lead 4 (Chiff lead)	合成主音 4
	085	Lead 5 (Charang)	合成主音 5
	086	Lead 6 (solo voice)	合成主音 6（人声）
	087	Lead 7 (fifths)	合成主音 7（平行五度）
	088	Lead 8 (bass+lead)	合成主音 8（贝司加主音）
合成音色	089	Pad 1 (new age)	合成音色 1（新世纪）
	090	Pad 2 (warm)	合成音色 2（温暖）
	091	Pad 3 (polysynth)	合成音色 3
	092	Pad 4 (choir)	合成音色 4（合唱）
	093	Pad 5 (bowed glass)	合成音色 5
	094	Pad 6 (metallic)	合成音色 6（金属声）
	095	Pad 7 (halo)	合成音色 7（光环）
	096	Pad 8 (sweep)	合成音色 8

GM 音色中英文对照表（四）

分类	编号	英文名称	中文名称
合成效果	097	FX 1 (rain)	合成效果 1 雨声
	098	FX 2 (soundtrack)	合成效果 2 音轨
	099	FX 3 (crystal)	合成效果 3 水晶
	100	FX 4 (atmosphere)	合成效果 4 大气
	101	FX 5 (brightness)	合成效果 5 明亮
	102	FX 6 (goblins)	合成效果 6 鬼怪
	103	FX 7 (echoes)	合成效果 7 回声
	104	FX 8 (sci-fi)	合成效果 8 科幻
民间乐器	105	Sitar	西塔尔（印度）
	106	Banjo	班卓琴（美洲）
	107	Shamisen	三昧线（日本）
	108	Koto	十三弦筝（日本）
	109	Kalimba	卡林巴
	110	Bagpipes	风笛
	111	Fiddle	民族提琴
	112	Shanai	山奈
打击乐器	113	Tinkle Bell	叮当铃
	114	Agogo	阿果果
	115	Steel Drums	钢鼓
	116	Woodblock	木鱼
	117	Taiko Drum	太鼓
	118	Melodic Tom	通通鼓
	119	Synth Drum	合成鼓
	120	Reverse Cymbal	铜钹
声音效果	121	Guitar Fret Noise	吉他换把杂音
	122	Breath Noise	呼吸声
	123	Seashore	海浪声
	124	Bird Tweet	鸟鸣
	125	Telephone Ring	电话铃
	126	Helicopter	直升机
	127	Applause	鼓掌声
	128	Gunshot	枪声